新・数理科学ライブラリ[物理学]=1

物理学入門

宮下精二 著

サイエンス社

サイエンス社のホームページのご案内
http://www.saiensu.co.jp
ご意見・ご要望は　rikei@saiensu.co.jp　まで

🔵 まえがき 🔵

　物理学は，物事を論理的に考察して，自然現象を把握する学問である．理科は一般に，物理，化学，生物，地学と分類されることが多く，高校ではそれらからの選択を余儀なくされるが，自然を理解するという立場からは，それらの間に境界はない．物理学者の多くは，すべての現象が物理学の対象であり，物理学的に解明してこそはじめてわかったことになると思っている．このような考え方は「物理帝国主義」と呼ばれる．これは物理学者の思い上がりをさす言葉でもあるが，物理学の方法論としての側面を考えると，必ずしも大きく的外れの考え方でもないかもしれない．実際，最近の物理学は，生物をはじめとして，非常に複雑な相互作用をしている現象も対象として，自然科学の解明の大きな武器としてその威力を発揮しようとしている．つまり，理科のすべての分野での研究の推進に，自然の法則である物理原理や，そこで起きる諸現象の解析方法としての物理的手法は欠かすことのできないものとなっている．さらに，最近では理科のみならず，多くの社会的，経済的な現象の解明にも物理的な手法の適用が試みられている．

　本書では，初等物理学についてその枠組みの概要を説明し，物理学的なものの捉え方への紹介を試みたつもりである．内容的には高校の物理学の範囲との重複が大きくなったが，復習もかねてもう一度考えてもらえばと思っている．なぜなら重要な物理現象の多くは高校の教科書に現われているからである．また，高校で物理を取らなかった人たちには，それらの記述が理解を助けることを期待したい．しかし，著者の理解の浅薄さや表現の稚拙さのために，どれだけその意図が果たされているかは極めて疑問ではあるが，「ちゃんと考えれば，わかることはわかる．」という感覚をつかんでもらえれば幸いである．多くの部分で，面倒な式変形に紙面を割いているところがあるが，式変形をきちんと追うことは，その現象の理解に対する大きな自信となるので，是非自分でもやってみてほしい．その意味からは，もっと丁寧な導出を与えるべきであったとも思うが，なんとか追ってもらえるのではと思っている．

　物理学のエッセンスは本当にわかるまで理解しようとする態度である．どうしてもわからない部分は「原理」として受け入れるが，その背景にあるより基になる原理は何かに思いを馳せ，自然のあり方を模索するのが，物理学の醍醐味であるはずである．しかし，通常習う物理学では，原理の抽出の部

分は先人の業績として与えられ，それらの原理から，いかにして諸現象の振る舞いを導くかという点に重点が置かれるため，醍醐味が薄れている感がある．さらに，諸現象を導く際にも結果に必要な公式だけが強調される場合さえあるので，ますます物理学の面白さが希薄になっているのではないかと思っている．本書でも，どうしてもその傾向から脱することはできないのであるが，できるだけ'原理'(つまり，論理的に説明できない性質)とされている部分がどこかを明らかにし，さらにそれを認めるとどのようにして多彩な現象が導けるのかをはっきりわかるように心がけた．しかし，多くの部分に著者の思い込みや，論理の飛躍，場合によっては考え違いもあると思われる．読者の皆さんの叱咤をお願いしたい．

　トピックの執筆に関して，佐々木節氏から親切なご助言をいただいた．本書の執筆を強く勧めてくださった，サイエンス社の田島氏，また原稿の推敲や図の作成をしてくださった初鹿野剛，佐藤亨両氏に，心からお礼を申し上げたい．

　　　平成 15 年 10 月

　　　　　　　　　　　　　　　　　　　　　　　　　　　　　宮下精二

目 次

1. 物理学の考え方　1
- 1.1 式による表現 …… 2
- 1.2 自然の表わし方 …… 4

2. 質点の力学　11
- 2.1 方程式で運動を捉える …… 12
- 2.2 運動方程式 …… 15
- 2.3 ニュートンの運動方程式 …… 18
- 2.4 運動方程式を解く …… 20
- 2.5 運動量とエネルギー …… 30
- 2.6 摩擦 …… 34
- 2.7 強制振動 …… 39
- 2.8 惑星の運動 …… 42
- 2.9 慣性系 …… 57
- 2.10 剛体の力学 …… 67
- 2.11 章末問題 …… 78

3. 連続体　79
- 3.1 弾性体力学 …… 80
- 3.2 流体力学 …… 91
- 3.3 章末問題 …… 105

4. 振動・波動　107
- 4.1 振動 …… 108
- 4.2 波動方程式 …… 108

	4.3	音の大きさ，高さ，音色 ································	117
	4.4	ドップラー効果 ··	118
	4.5	フーリエ級数展開 ······································	120
	4.6	章末問題 ··	123

5. 電磁気学　125

	5.1	クーロン相互作用 ······································	126
	5.2	電流と磁場 ··	133
	5.3	電場と電束密度 ··	136
	5.4	磁場と磁束密度 ··	139
	5.5	ローレンツ力 ··	144
	5.6	電磁誘導 ··	146
	5.7	マクスウェルの方程式 ······························	148
	5.8	回路 ··	152
	5.9	半導体とトランジスタ ······························	161
	5.10	章末問題 ··	163

6. 光　学　165

	6.1	幾何光学 ··	166
	6.2	波動光学 ··	171
	6.3	量子光学 ··	179
	6.4	章末問題 ··	180

7. 熱力学　181

	7.1	温度，熱とは ··	182
	7.2	熱力学の法則 ··	183
	7.3	エントロピーと温度 ································	186
	7.4	熱力学ポテンシャル ································	192
	7.5	マクスウェルの関係 ································	194
	7.6	熱の移動 ··	195
	7.7	熱力学的安定性 ··	197
	7.8	理想気体の性質 ··	198
	7.9	混合のエントロピー ································	204
	7.10	実在気体と相転移 ····································	204
	7.11	クラペイロン・クラウジウスの関係 ······	208
	7.12	章末問題 ··	209

8. トピックス　　211

- 8.1 相対性理論 …………………………… 212
- 8.2 量子力学 ……………………………… 218
- 8.3 統計力学と散逸現象 ………………… 222
- 8.4 ランダムウォークと拡散 …………… 224
- 8.5 散逸現象 ……………………………… 230
- 8.6 線形安定性 …………………………… 233
- 8.7 カオス ………………………………… 235
- 8.8 フラクタル …………………………… 241
- 8.9 物質の構造 …………………………… 244
- 8.10 原子核, 素粒子 ……………………… 246

章末問題解答　　251

索　引　　260

物理学の考え方

1

　物理学では自然現象が従っている法則を見いだし，それによって諸現象を統一的な立場から理解し，さらに予言，そして能動的に制御することを目的としている．そのためには，自然現象を客観的な方法で表わせなくてはならない．

　その表現の方法として，まずいろいろな量を定義し，その単位を決める．さらにそれらの運動を式で表わさなくてはならない．まず，物理学で現われる量の単位について考えてみよう．

本章の内容

式による表現
自然の表わし方

1.1 式による表現

物理学の根本は自然を的確に捉えることである．そしてそれを数学的に表現して，その普遍性を見出すことである．その第一歩は，現象を**式**で表わすことである．

物体の運動を表現するためには，位置をどう表わすかを決め，位置の変化(速度)，さらに速度の時間変化(加速度)などを式で表わさなくてはならない．これらは表現の問題であって物理学自身ではないが，示したい状況，知りたい対象が式で書けなくては始まらない．

そのため物理学では式の勉強をし，それらの式が何を表わしているのかということを習うことが中心になる．しかし，あまりに頭ごなしに式を導入すると，式に埋没して肝心な物理を見失う恐れがある．それを避けるためには，まず式を見るのではなく，どのようなことを表わそうとしているのか考え，それを式で書くとしたら自分ならどうするのか考えてみよう．そうすると，教科書で説明されている式がいかにエレガントなものかわかってくるだろう．

直線運動の位置や速度は小学校以来よく習っているので簡単に式で表わせるだろう (図 1.1)．しかし，円運動はどう表わせばよいのだろうか．運動自身についてはよく知っており言葉では説明できるが，式で書けといわれるともう困ってしまうのではないだろうか．波が伝わる様子はどのような式で表わせばよいのであろうか．また，熱が高温から低温に流れることもよく知っているが，それを式で表わすとどんな式がでてくるのであろうか．

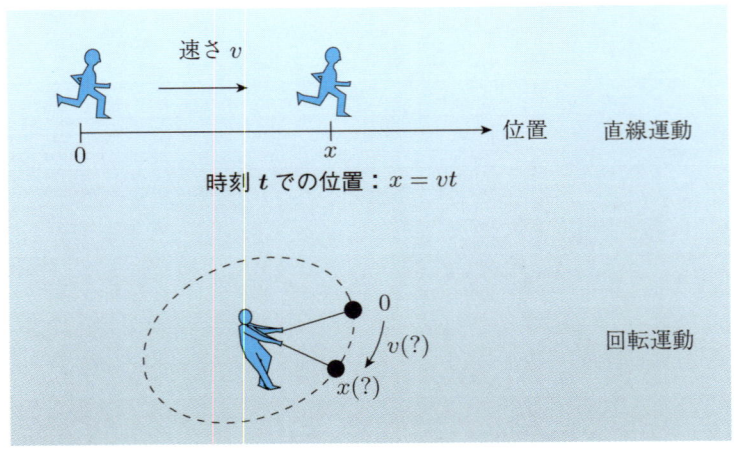

図 1.1　運動を式で表わす．直線運動，円運動

1.1 式による表現

　複雑に見える現象も，式で書けば意外と簡単な共通の形で書けることがあり，そこから現象の普遍性が見出される．それが物理学の目的である．通常，物理学の学習ではこれまでに知られている原理から現象を説明する立場が取られるので，どうしても上から押しつけられる印象がある．本書でもどうしても多くの場合そうなってしまうが，物理学の本当の姿は，多くの観測された現象をまず式で書き，それから**原理**を推察するところである．原理とは理由はわからないが成り立っている関係である．どんな現象も自然界で成り立っているのであるから，すべての現象をそれぞれ原理とすることもできる．起こっていることはすべて起こるべくして起こっているという立場である．その場合，現象の数だけ原理が存在する．しかし，それはむしろ観測と呼ぶべきであろう．一連の現象を総合的に表わす根本的な原理が見つかると，個々の現象はそれから導けるようになる．このように現象を整理した形のものがいわゆる原理と呼ばれている．このようにしてどんどんより基本的な原理が見つかり原理の数は減っていく．それでもまだ多くの原理が残っている．物理学のロマンは究極の原理を追い求めることである．

　本書では，なるべくそのような疑似体験ができるように工夫してみる．読者の皆さんも見馴れない数式が出てくるたびにうんざりしないで，これまで皆さんが知ってはいても式で表わせなかった現象が，どのように表わすことができるか考えるようにしよう．

　いろいろな現象に関して知られている原理を説明し，その単純な実例，さらにどのように現代物理学の中に活かされているかについて説明する．

図 1.2　りんごの落下運動を式で表わす．

1.2 自然の表わし方

自然を表わすためにどのような量を用いればよいのであろうか．物の大きさ，重さという量がまず頭に浮かぶ．

1.2.1 長さ

大きさを表わすのに**長さ**という量を用いる．これによって物体の位置も決められる．その単位はメートル [m] である．歴史的には北極から赤道までの距離の一万分の一を考え，それを表わすのにメートル原器が作られた．しかし，その決定はあまり正確ではなかった．そのため，今では地球の一周は'だいたい' 40000m である (図 1.3)．メートル原器の長さは温度などで変化するため，より客観的な決め方が工夫された．現在では光が真空中を 1/299792458 秒で進む距離を 1m と決めている．ここでは秒，つまり時間がしっかり決まっていないとメートルも決まらない．時間については次で述べるが，単位の決め方はこのように互いに関連している．

1.2.2 時 間

次に，**時間**という重要な量を考えよう．時間とは何かはきわめて哲学的問題であると同時に，物理学でもなぜ時間という量が存在しているのかについての必然的理由はわかっていない．ここでは，時間は時計で測れるものと割りきって考えることにする．時計とは何か．もともとは地球が太陽のまわ

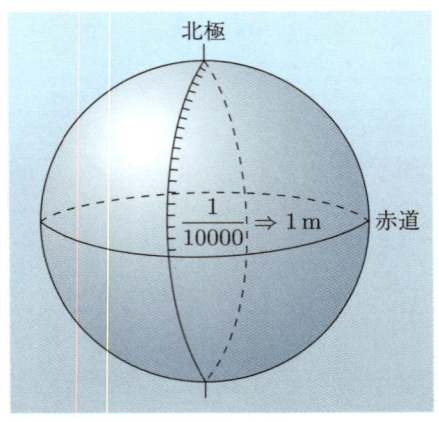

図 1.3 1m

りを一周するのが一年でその $365 \times 24 \times 60 \times 60$ 分の 1 が一秒とされていた．現在では，原子の振動数，具体的にはセシウム (^{133}Cs) のある原子準位間の遷移で放射される光の周期の 9192631770 倍の時間が 1 秒 [1sec] と決められている．この決め方は，本質的には柱時計の振り子の振れる回数を数えるのと同じことで，'時間' を測ったことになっているのかどうか不安にもなるが，一応十分客観的に '測れる' と考えられている量である．

1.2.3 速度

位置が移動する**速さ**を表わすのが**速度**である．ただし，物理学で速度というときは，速さの他にどの方向に向かっての移動かということも同時に表わすことになっている．つまり，速さは速度の大きさである．その速さの決め方として，たとえば，一秒間にどのくらい位置が変化したかを表わすのが秒速で，単位は [m/sec] である．この単位は長さと時間の単位によって決まる副次的なものである．

1.2.4 質量

次に重さであるが，この量も長さと違い目に見えないので少し難しい．だれでも重さを知っているが，どのような量かちゃんと定義してみよといわれると困るのではないだろうか．重さは物体が地球に引かれる力 (重力) の大きさであるが，力とは何かがわかっていないので，説明しにくい．ここではとりあえず物体の**質量**という量があるとする．単位は [kg] である．質量は重さ

図 1.4　時間を測る

ではない．1kg の質量が地上で受ける重力が 1kg 重という力の大きさで，普通重さといっているのはこの量である．しかし，質量は重量とは異なる量で，月に行くと 1kg の質量が受ける重力は 1kg 重よりはるかに小さい (約 1/6)．そこで質量として，キログラム原器 (図 1.5) で決めた物体と同じ重力を受ける物体の量を考え，その大きさを 1kg とすることに決められている．1kg はもともと 1000cm^3 の水が最大密度 (1 気圧で約 3.98°C) でもつ質量として決められたが，取り扱いの便宜のため白金とイリジウムの合金でできたキログラム原器を基準としている．長さや時間の単位が自然現象を基準に決められているのに対し，kg はこの人工物を基準にしている．

このように考えると，質量を決めるのに重力が必要となるように思われるが，概念上は重力ではなくてもよい．キログラム原器にある操作をして動かした (加速した) 場合と同じ動きをする物体の量が 1kg である．つまり，ものの動きにくさを表わす量が質量である．おわかりいただけるだろうか (?)．ひとまず，物体の量を表わす物体固有の量として質量というものがあることにして次に進もう．

1.2.5 力

さて，力とは何であろうか．これも見えない量であるが，上で導入した，長さ，時間，質量という量を認めるとそれらから定義できる．1kg の物体に一秒間操作して，1m/sec の速度を与えることができる操作の量が力である．このときの力の単位は N (ニュートン)

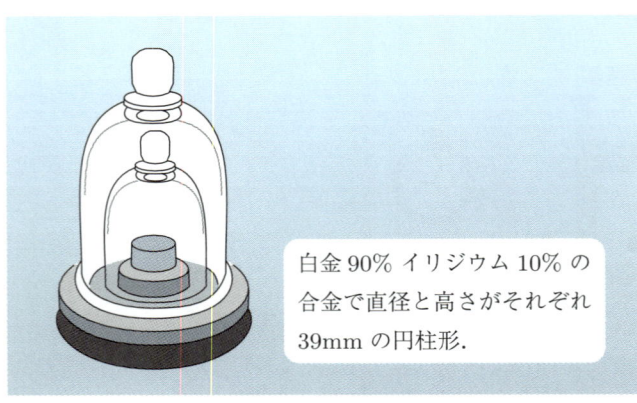

白金 90% イリジウム 10% の合金で直径と高さがそれぞれ 39mm の円柱形．

図 1.5　国際キログラム原器

$$N = kg \cdot m/sec^2 \tag{1.1}$$

と呼ばれる．つまり，力を加えると速度が変化するのである．速度の時間的変化は**加速度**といい，その単位はm/sec^2である．つまり，1秒間に$1m/sec$ずつ速度が変化するとき加速度は$1m/sec^2$である．そして$1kg$の物体に$1m/sec^2$の加速度を与える力が$1N$である．同じ力を加えた場合，加速度は質量に反比例する．

ちなみに，重力は$1kg$の物体を1秒間で約$9.8m/sec$加速するので，$1kg$の物体が地球に引かれる力として$1kg$重という単位も用いられる．これが，日常生活でいうところの$1kg$の重さである．実際には重力の大きさは場所によって異なるが，平均的な量として

$$1kg 重 = 9.80665N \tag{1.2}$$

と決められている．

1.2.6 仕　事

さらに，物理学では，仕事あるいはエネルギーと呼ばれる量も考える．この量は，物体をどれだけの力で，どれだけ動かしたかということを表わす量で，日常的な意味での仕事のイメージと一致する．仕事の単位はJ（ジュール）で，$1N$の力で$1m$物体を動かしたときの仕事量

$$1N \times 1m = 1kg \cdot m^2/s^2 = 1J（ジュール） \tag{1.3}$$

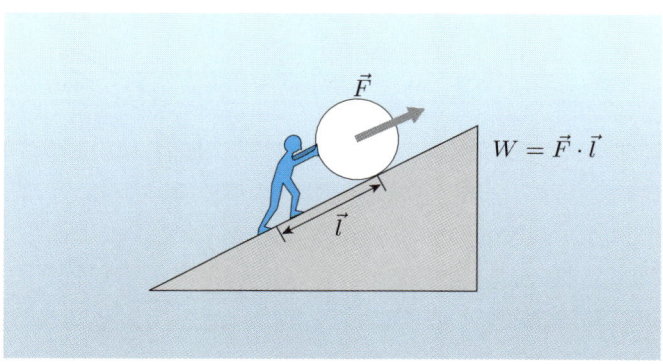

図 1.6　仕事

である.熱もエネルギーの一種であることがわかっており(第7章),熱の単位もJであるが,日常的にはカロリー (cal) も用いられる.

$$1\text{cal} = 4.18605\text{J} \tag{1.4}$$

1.2.7 電荷

さらに物質に関する量として,電荷というものがある.その大きさを表わす単位はクーロン [C] である.また,電荷の流れである電流の大きさはアンペア [A] で表わされる.クーロンを決めれば,それでアンペアは表わせ,またその逆も可能である.つまり,1C の電荷が一秒間に通過する電流が 1A となり,1A の電流で一秒間に運ばれる電荷が 1C である.さらにその他,磁化や磁場,温度,光の強さなどといった量があり,それぞれに単位がある.これらの単位は,それぞれの量を説明するときに導入する.

1.2.8 いろいろな単位

以上述べてきたように,単位は互いにすべて独立なものではない.そのうち独立なものは四つであることがわかっている.独立なものとして質量,長さ,時間,電流の大きさがとられる.それらを [kg],[m],[sec],[A] で表わす単位系を **MKSA 単位系**という.自然に考えれば,電気に関する量は電荷をとればよいように思えるが,歴史的な理由で電流の大きさが選ばれている.

この単位系が現在推奨されているものであるが,物理の対象に応じていろ

図 1.7 電荷

1.2 自然の表わし方

いろな単位系を採ることがある．単位系はどのようなものでも，変換すると等価であり状況に応じて便利なものを用いればよい．

自然界の定数である光の速さ c，プランク定数 h と呼ばれる力×長さ×時間の次元をもった量を 2π で割った量 ($\hbar = h/2\pi$)，電子の質量 m_e をそれぞれ 1 とする単位系が自然な単位系とみることができ**自然単位系**と呼ばれる．MKSA 単位系では，これらの量は

$$c = 2.99792458 \times 10^8 \text{m/sec} \tag{1.5}$$

$$\hbar = 1.05457266 \times 10^{-34} \text{N} \cdot \text{m} \cdot \text{sec} \tag{1.6}$$

$$m_e = 9.1093897 \times 10^{-31} \text{kg} \tag{1.7}$$

であるので，逆に自然単位系で kg, m, sec を表わすと

$$1\text{kg} = \frac{[m_e]}{9.109 \times 10^{-31}}, \quad 1\text{m} = \frac{[\hbar/m_e c]}{3.86 \times 10^{-13}}, \quad 1\text{sec} = \frac{[\hbar/m_e c^2]}{1.29 \times 10^{-21}} \tag{1.8}$$

である．このことからもわかるように，微視的な世界を記述するのに都合がよいが，自然単位系は日常生活ではあまり便利ではない．

量	広く用いられる記号	単位	読み方
距離	x	[m]	メートル
時間	t	[s]	秒
質量	m	[kg]	キログラム
電気量	Q	[C]	クーロン

その他の量	広く用いられる記号	単位	読み方
速さ	v	[m/s]	メートル毎秒
加速度	a	[m/s^2]	メートル毎秒毎秒
力	F	[N]=[kg·m/s^2]	ニュートン
仕事 (エネルギー)	W	[J]=[kg·m^2/s^2]	ジュール
圧力	P	[Pa]=[N/m^2]	パスカル，hPa = 100Pa (ヘクトパスカル) 一気圧 (1atm)=1.013hPa=76cm(水銀柱)
電流	I	[A]	アンペア [Cm/s]
電圧	V	[V]	ボルト [V]=[J/C]
電力	P	[W]	ワット [W]=[VA]
磁場	H	[A/m]	アンペアパーメータ [A/m]=[N/Wb]
磁気量	M	[Wb]	ウェーバー [Wb]=[J/A]
磁束密度	B	[T]=[Wb/m^2]	テスラー
熱	Q	[J]	ジュール　1 カロリー [cal]=4.19J
温度	T	[K]	ケルビン

単位には桁を表わす記号をつけて用いることが多い．たとえば基本的な単位 m（メートル）に対し，その 100 分の 1 は cm（センチメートル），1000 分の 1 は mm（ミリメートル），あるいは 1000 倍は km（キロメートル）などである．物理で扱う長さの単位は人間の大きさを 1 としてミクロ（～10^{-27}m）からマクロ（～10^{23}m）まで広範なもので，その全体像を理解するため，素粒子の世界から宇宙の構造までの研究が進められている．いろいろな長さの関係を表わす図としてウロボロスの図 (図 1.8) がある．

単位の桁	10^{12}	10^{9}	10^{6}	10^{3}	10^{2}	10	10^{-1}	10^{-2}	10^{-3}	10^{-6}	10^{-9}	10^{-12}
呼び方	テラ	ギガ	メガ	キロ	ヘクト	デカ	デシ	センチ	ミリ	マイクロ	ナノ	ピコ
記号	T	G	M	k	h	da	d	c	m	μ	n	p

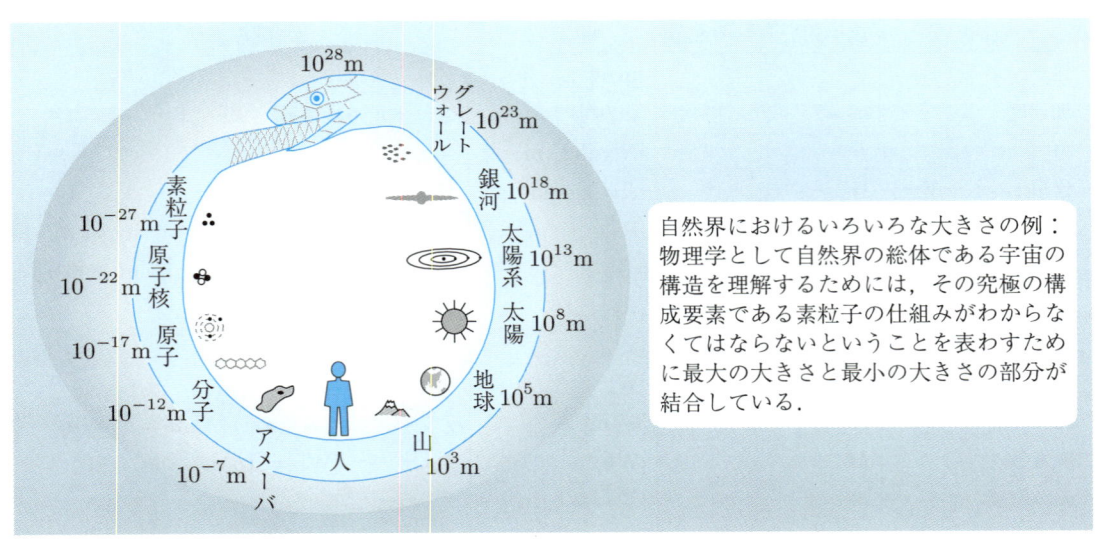

自然界におけるいろいろな大きさの例：物理学として自然界の総体である宇宙の構造を理解するためには，その究極の構成要素である素粒子の仕組みがわからなくてはならないということを表わすために最大の大きさと最小の大きさの部分が結合している．

図 1.8　ウロボロスの図

質点の力学

2

物理学の第一歩として力学から始めよう．力学は物体の運動を記述する方法である．りんごが木から落ちる様子から惑星の運行の仕方まで多様な運動形態が，力学によっていかに手際よく記述されるかを説明する．見かけの複雑さに反してそれらの運動がいかに簡単な法則に従っているかがわかる．

これから説明する個々の運動も重要であるが，まず強調しておきたいのは，'運動を式を用いて表わす' ということを力学で学習してほしいということである．

本章の内容

方程式で運動を捉える
運動方程式
ニュートンの運動方程式
運動方程式を解く
運動量とエネルギー
摩　擦
強制振動
惑星の運動
慣性系
剛体の力学

2.1 方程式で運動を捉える

2.1.1 位 置

　空間のどの場所に物体があるかを表わすために**座標**というものを導入する．座標は空間の各点に一意的な'番地'をつけるもので，具体的にはいろいろなつけ方がある．最も簡単なものとして，直交座標系 (x,y,z) がある．これはデカルト座標と呼ばれることもある．図 2.1 で点 P は (x,y,z) の位置にあるという．この座標を決めるには，まず原点 O を決め，さらに x,y,z 軸の方向を決める．位置を表わすのにベクトルを用いた表現が便利である．ベクトルとは空間上の矢印で，長さと方向がある量である (次頁参照)．x 方向を表わす単位ベクトルを $\boldsymbol{e}_x$，同様に y,z 方向を示す単位ベクトルをそれぞれ $\boldsymbol{e}_y$, $\boldsymbol{e}_z$ とする．単位ベクトルは長さが 1 のベクトルであり，方向を示すのに用いる．ベクトルに数 a をかけると長さがその a 倍のベクトルになる．長さ a の x 方向のベクトル $\boldsymbol{a}$ は

$$\boldsymbol{a} = a \times \boldsymbol{e}_x = a\boldsymbol{e}_x \tag{2.1}$$

と表わされる．物体の位置 P は原点からのベクトル $\boldsymbol{r}$ で表わされる (図 2.1)．

$$\boldsymbol{r} = x\boldsymbol{e}_x + y\boldsymbol{e}_y + z\boldsymbol{e}_z \tag{2.2}$$

　このように物体の位置を表わす原点からのベクトルを**位置ベクトル**という．デカルト座標ではこの位置ベクトルを

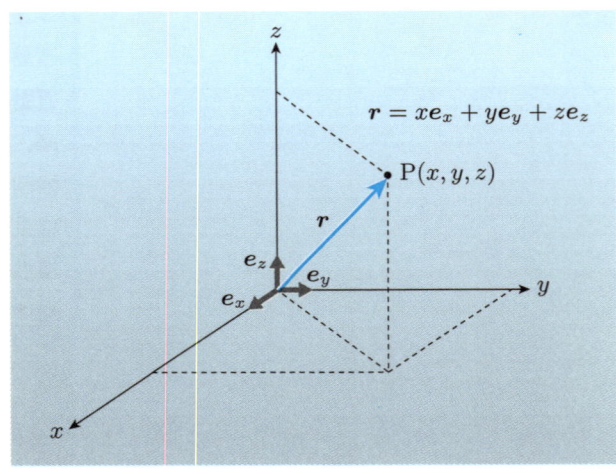

図 2.1　直交座標

$$r = \begin{bmatrix} x \\ y \\ z \end{bmatrix} \tag{2.3}$$

と表わす．

2.1.2 ベクトルの平行移動と和

ベクトルというとき，長さと方向は決まっているがどこから始まるかは決まっていない．つまり，点 O から始まるベクトル $\overrightarrow{OB}$ と，平行移動して点 A から始まって，$\overrightarrow{OB}$ と同じ向きに同じ長さをもつベクトル $\overrightarrow{AC}$ は同じベクトルとする．

$$\overrightarrow{OB} = \overrightarrow{AC} \tag{2.4}$$

ベクトルの和はベクトルを表わす矢印をつないだものとする (図 2.2)．

$$\overrightarrow{OA} + \overrightarrow{OB} = \overrightarrow{OA} + \overrightarrow{AC} + \overrightarrow{OC} \tag{2.5}$$

$\overrightarrow{OC}$ は $\overrightarrow{OA}$, $\overrightarrow{OB}$ の二つのベクトルによって作られる平行四辺形の対角線になっているので**平行四辺形の法則**と呼ばれることもある．

2.1.3 速　度

次に位置の移動を考えよう．ある時刻 t_0 に場所 r_0 にあった物体が Δt 後に場所 r_1 に移ったとする (図 2.3)．ここで移動を表わすベクトルは

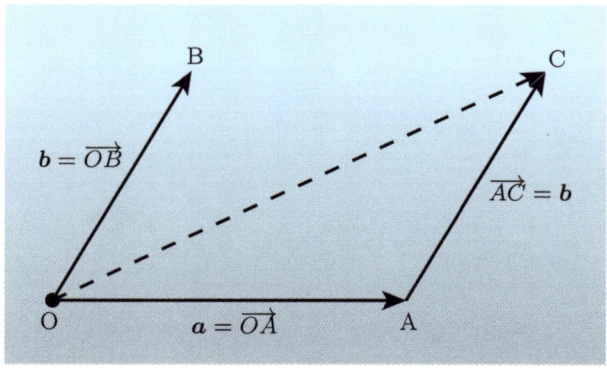

図 2.2　ベクトルの和

$$\Delta \bm{r} = \bm{r}_1 - \bm{r}_0 \tag{2.6}$$

である．この移動は Δt の間に起こっているので，その運動を記述する方法として**速度**という量を考える．この移動の平均的な速度は

$$\bm{V} = \frac{\Delta \bm{r}}{\Delta t} \tag{2.7}$$

である．Δt を短くしていくとその間に速度が変化しないとみなせるので，時刻 t での瞬間的な速度として

$$\bm{v} = \lim_{\Delta t \to 0} \frac{\Delta \bm{r}}{\Delta t} \tag{2.8}$$

が定義される (図 2.4)．以後，特に断らない限り速度はこの瞬間的な速度を意味するものとする．

時刻 t での位置が時間の関数

$$\bm{r} = \bm{r}(t) \tag{2.9}$$

として与えられる場合には (2.8) の関係は微分で表わされる．

$$\bm{v} = \lim_{\Delta t \to 0} \frac{\bm{r}(t + \Delta t) - \bm{r}(t)}{\Delta t} = \frac{d\bm{r}(t)}{dt} \tag{2.10}$$

つまり，物体は時刻 t に場所 $\bm{r}(t)$ にあり，速度 $\bm{v} = d\bm{r}(t)/dt$ で動いていると表わすのである．

さらに，速度が時間的に変化している場合，速度の時間変化は

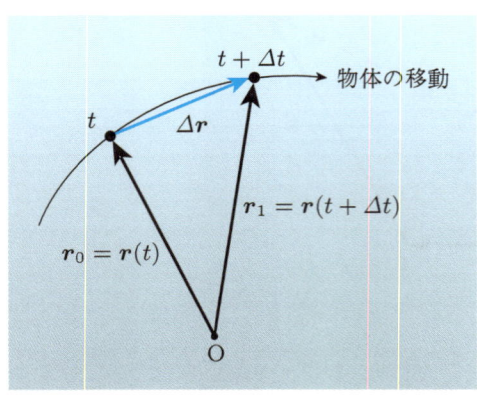

図 2.3 位置の移動 $\Delta \bm{r}$

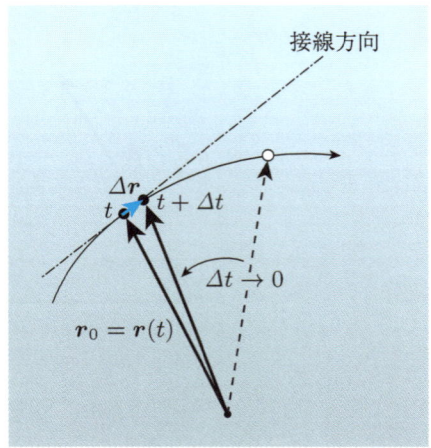

図 2.4 (瞬間的な) 速度 $\bm{v} = \lim\limits_{\Delta t \to 0} \dfrac{\Delta \bm{r}}{\Delta t}$

$$\boldsymbol{a} = \frac{d\boldsymbol{v}(t)}{dt} = \frac{d^2\boldsymbol{r}(t)}{dt^2} \tag{2.11}$$

で表わされ，それを**加速度**という．図 2.5 に，一定の速さ v_0 での運動の後，しばらく停止し，その後，加速度 a_0 で加速する運動における位置 x，速度 v，加速度 a の時間変化を示す．

2.2 運動方程式

物体の運動を表わすのに，物体の位置を時間の関数として $\boldsymbol{r}(t)$ の形で表わすのは非常に煩雑である．実際，個々の惑星の運動を記録することはこの $\boldsymbol{r}(t)$ を調べていくことであり，古代から天文観測として膨大なデータが蓄積されてきた．ケプラーはそれらの中にある規則性を見つけ，ケプラーの法則としてまとめた．ニュートンはその法則を数学的に整理し，力という考え方に到達し，運動の法則を発見したのである．そして，複雑で個性にあふれた個々の惑星の運動が万有引力という力のもとで簡単な形の'力学法則'によって統一的に記述されることがわかった．

惑星の運動は複雑なので後述することとし，ここでは力の発見を物体の落下運動で疑似体験してみよう．この節では図 2.6(a) に示す座標をとる．

2.2.1 運動の記述

運動をよく観測し，その様子を式で表わすことが物理学における状況把握の第一歩である．まず，落下に関するいろいろな現象を式で表わしてみよう．

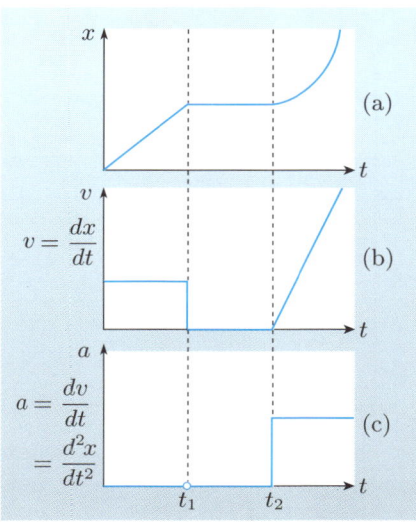

(a) に示す位置の変化 $x(t)$ での速度 $v(t)$，加速度 $a(t)$．

注) 時刻 t_1 や t_2 では微分できないので，その点の速度や加速度は決められない．t_1 では瞬間的に減速されたと考える．

図 2.5　(a) 位置，(b) 速度，(c) 加速度

(a) **落下**：よく知られているように物体を高さ h で静かに放す ($\boldsymbol{r}_0 = (x_0, h)$, $\boldsymbol{v}_0 = (0,0)$) とした場合の運動を観測するとその軌跡は

$$\begin{cases} x &= x_0 \\ y &= h - \dfrac{1}{2}gt^2 \end{cases} \tag{2.12}$$

で与えられる．

(b) **投げ上げ，投げ下ろし**：上向きに速さ $v_0(>0)$ で投げ上げると

$$\begin{cases} x &= x_0 \\ y &= h + v_0 t - \dfrac{1}{2}gt^2 \end{cases} \tag{2.13}$$

で与えられる．$v_0 < 0$ の場合は投げ下ろしである．

(c) **斜方投射**：投げ出す方向が，鉛直方向でなく，水平成分を持っている場合斜方投射という．特に，投げ出す方向が水平方向の場合には**水平投射** (c') といい

$$\begin{cases} x &= x_0 + v_0 t \\ y &= h - \dfrac{1}{2}gt^2 \end{cases} \tag{2.14}$$

である．一般に斜め方向に速度 $\boldsymbol{v} = (v_x^0, v_y^0)$ で投げ出すと，いわゆる斜方投射

$$\begin{cases} x &= x_0 + v_x^0 t \\ y &= h + v_y^0 t - \dfrac{1}{2}gt^2 \end{cases} \tag{2.15}$$

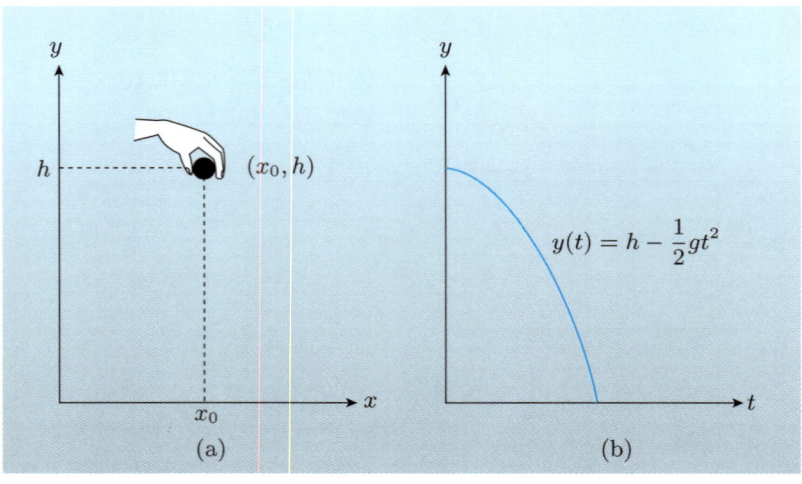

図 2.6　(a) 物体の落下を表わすための座標と (b) 落下の時間変化 (2.13)，$v_0 = 0$ の場合

2.2 運動方程式

となる．この運動は，(a),(b) で見た鉛直方向の運動 $y(t)$ と，水平方向の等速直線運動との組み合わせである．これらの場合を図 2.7 に示すが運動形態は投げ出し方によって実に多様である．

2.2.2 運動の整理

前項で見た種々の落下の観測から何か一般性が見出せないであろうか．上のそれぞれの運動を位置ではなく速度で表わすと，いずれの場合にも，投げ出し (初期) 速度 ($\bm{v} = (v_0^x, v_0^y)$) を用いて

$$\begin{cases} v_x = \dfrac{dx(t)}{dt} = v_x^0 \\ v_y = \dfrac{dy(t)}{dt} = v_y^0 - gt \end{cases} \tag{2.16}$$

とまとめられることに気づくだろう．さらに，加速度で表わすとすべての場合が

$$\begin{cases} a_x = \dfrac{dv_x(t)}{dt} = 0 \\ a_y = \dfrac{dv_y(t)}{dt} = -g \end{cases} \tag{2.17}$$

となる．つまり，多様な落下運動はすべて加速度の大きさが $-g$ の運動であるとまとめられる．このことから上の個別の運動 (2.12)-(2.15) を個々に表わす代わりに (2.17) とまとめて表わすことができるということが発見できた．おおげさにいえば，多様な落下運動の原因として '重力加速度' を発見したと

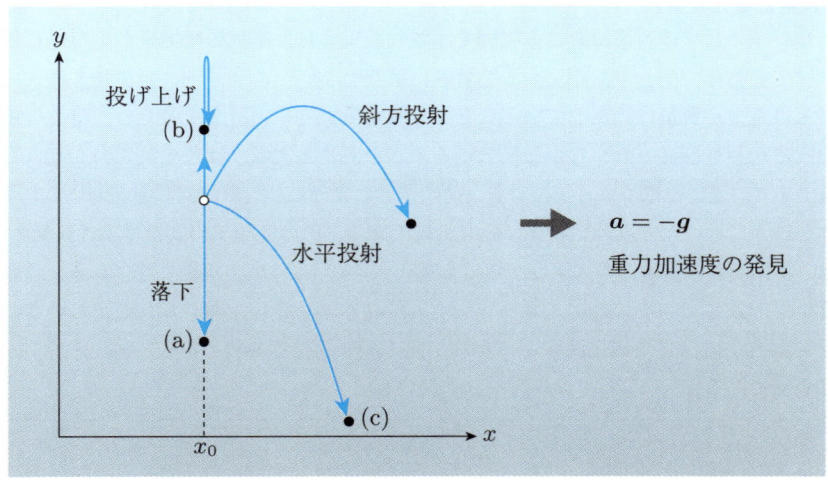

図 2.7 いろいろな落下の軌跡

いってもよいだろう．惑星の運動を整理すると，もう少し複雑ではあるが基本的には，この項での議論と同様にして，すべての運動が万有引力と呼ばれる力に起因する加速度による運動としてまとめられる (2.8.4 項参照)．

2.3 ニュートンの運動方程式

前節では落下の問題を扱ったが，一般に運動は (2.17) の両辺に物体の質量 m をかけて

$$m\bm{a} = \bm{F} \tag{2.18}$$

の形で表わすことができる．このように加速度の原因となるものを力とし，運動を (2.18) の形で記述するのがニュートンの**運動方程式**である．この右辺の $\bm{F}$ を**力**と呼ぶ．前節の落下の場合，力は下向きで大きさ mg のベクトル

$$\bm{F} = -mg\bm{e}_y \tag{2.19}$$

で表わされ，**重力**と呼ばれる．

ここで，運動の原因という発想が生まれたことに注目しよう．それまでのデータは運動の記録や整理であったが，ニュートンの運動方程式の出現により，整理の段階から未知の現象を予言できることになったのである．そのことにより，現在では人を月に送り込むことができるようになった．つまり，ニュートンの運動方程式によって，物理法則は人類にとって能動的に使える知識となったのである．

【慣性質量と重力質量】

有名なガリレイのピサの斜塔における実験で示されたように，空気の摩擦を考えなければ重力による加速はすべての物体で同じである．つまり質量に依存しない．ニュートンの運動方程式で考えるとき，このことは重力が**質量**に比例していることを意味する ($F = mg$)．そのため，落下現象では質量が運動方程式に現われなかった．しかし後でみるように，たとえば，ばねの復元力などは物体の質量とは無関係であり，運動の様子は質量による．前に述べたように，質量は同じ力がかけられたとき，どれだけ物体が動きにくいかを表わす物体に固有の量である．この意味での質量は**慣性質量**と呼ばれる．それに対し，物体が受ける重力の大きさを mg と書くときの m は**重力質量**と呼ばれる．これら二つの意味での質量が一致していることは，ガリレイの実験以外にも詳しく調べられ，正しいことが知られている．なぜ重力が慣性質量に比例するのかは，興味深い問題である (アインシュタインの一般相対論の動機になっている)．

2.3.1 ニュートンの法則

力がない時 ($\bm{F}=0$) は加速度が生じない．そのような状況での運動を**慣性運動**という．つまり，力が働かないので速度は変化せず等速直線運動を行っている運動である．静止状態も速度 0 の等速直線運動の一種である．力が働かないとき物体が等速直線運動することを**ニュートンの第 1 法則 (慣性の法則)** という．

上で出てきた (2.18) の関係を**ニュートンの第 2 法則 (運動の法則)** という．力が働かないので加速度が生じないのか，加速度がないから力がないというのかトウトロジーのような感じもあるが，運動のしかたを加速度を通して整理していると考えればよい．つまり，ニュートンの運動法則は，運動を力というものを通して (2.18) の形で考えるとわかりやすく，また見通しがよく整理されることを示している．人為的で変な運動を考えると，加速度ではなく，加速度をさらに時間で微分した量 (加加速度 (?)) を用いて整理した方が見通しがよいかもしれない．しかし，自然界は加速度あるいは，力で整理したときが単純に見えるようである．つまり，落下や惑星運動，ばねの運動を考えるとき，加速度を調べるとそれは物体の位置だけの関数で決まる量になっており，その加速度の原因を重力，万有引力，ばねの復元力などの力を考えると，うまくまとめられる．そのため，運動を考えるとき，運動自身 $\bm{r}(t)$ ではなく力という量を考えて，それによって運動が引き起こされると考えると便利なのである．

また，力の性質として，力は物体間に働く相対的なものであり，物体 A か

図 2.8 ニュートンとプリンピキア

ら物体Bに働く力と，物体Bから物体Aに働く力は方向が逆で同じ大きさである．このことをニュートンの第3法則(**作用反作用の法則**)という．前節の例として取り上げた重力の場合，物体が受けている力を与えているのは地球であり，地球は物体によって同じ大きさの力で引かれている(図2.9)．同様に，人が壁を押したとき壁から押し返される力は反作用である．

この二つの力の関係は，静止した物体において力が釣り合っていることとは違うので注意しよう．机の上に置かれた物体を下向きに引く重力の反作用は，上に述べたように地球が物体によって引かれる力であり，机が物体を押し返している机からの抗力ではない(図2.10)．抗力は，物体が机を押す力に対する反作用である．

2.4 運動方程式を解く

ニュートンの運動方程式を用いていろいろな運動を考えてみよう．上で見たように，加速度によって運動を表わすと運動が見通しよく整理できるが，逆に与えられた力から個別の運動を導く，つまり，位置を時間の関数として求めることを運動方程式を解くという．そのためには，初期の位置と速度を与える必要がある．これらの情報を**初期条件**という．初期条件が運動に個性を与えるのである．

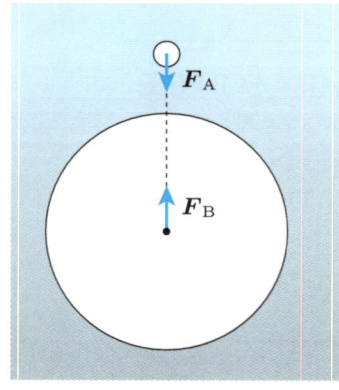

図2.9 作用反作用の法則：F_A と F_B は大きさが同じで向きが逆であり，同一線上にある．

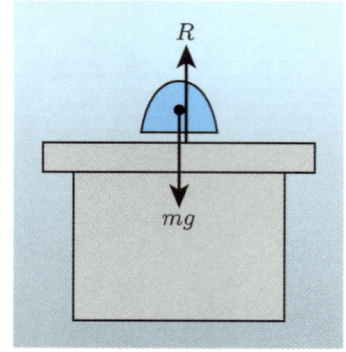

図2.10 抗力と重力

2.4.1 落下

まず，重力のもとでの落下運動を考える．これについては 2.2.1 項で扱ったが，ここでは鉛直下方に質量に比例する大きさ mg の力のもとでの運動方程式を与えそれを解くことで運動 (位置の時間変化) を導いてみよう．

運動方程式は

$$m\boldsymbol{r} = -m\boldsymbol{g}, \quad \begin{cases} m\ddot{x} &= 0 \\ m\ddot{y} &= 0 \\ m\ddot{z} &= -mg \end{cases} \tag{2.20}$$

となる．両辺を時間で積分して

$$\begin{cases} \dot{x} &= v_x^0 \\ \dot{y} &= v_y^0 \\ \dot{z} &= v_z^0 - gt \end{cases} \tag{2.21}$$

ここで，(v_x^0, v_y^0, v_z^0) は $t=0$ での速度で**初期速度**である．さらに，もう一度積分して

$$\begin{cases} x &= x_0 + v_x^0 t \\ y &= y_0 + v_y^0 t \\ z &= z_0 + v_z^0 t - \frac{1}{2}gt^2 \end{cases} \tag{2.22}$$

となる．ここで (x_0, y_0, z_0) は $t=0$ での**初期位置**である．これら，初期の位置，速度が運動の**初期条件**である (図 2.11)．

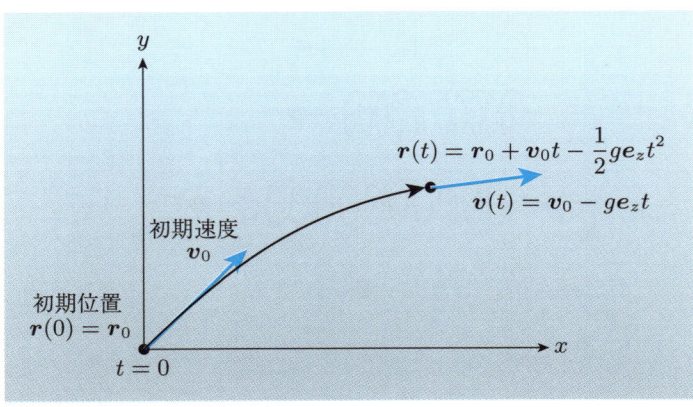

図 2.11　初期条件

2.4.2 ばねの運動

次にばねの運動を考えよう．ばねは自然長からの変位が小さいときには変位に比例する復元力をもつことが知られている (**フックの法則**)．ここでは変位を x とし，簡単のために一次元のばねを考える (図 2.12)．ばねの復元力は，ばね定数を k とすると

$$F = -kx \tag{2.23}$$

で与えられるので，運動方程式は

$$m\ddot{x} = -kx \tag{2.24}$$

となる．このように関数 $x(t)$ の導関数を含む方程式は，**微分方程式**と呼ばれる．

落下の場合 (2.21) も微分方程式であるが，導関数が単独で入っているため単なる積分で解けた．それは特殊に簡単な例である．(2.24) では，落下の場合のように両辺を時間で積分したのでは，解が得られない．つまり，微分の階数†が違うものが入っているので両辺を積分しても階数の差は変わらず

$$\begin{aligned} m\dot{x} &= -k \int_0^t x(t')dt', \\ mx &= -k \int_0^t dt' \int_0^{t'} x(t'')dt'' \\ &\vdots \end{aligned} \tag{2.25}$$

(?) [どこまで積分しても問題は解決しない]

† ある関数を何回微分したかを表わす数を階数とよぶ．

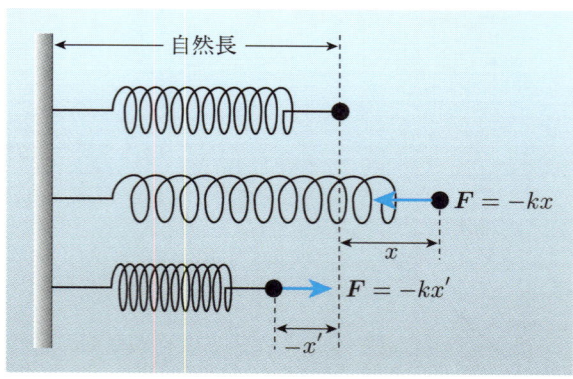

図 2.12　ばねとフックの法則

のように意味のない変形になってしまう．

そこで一般に微分方程式はその形に応じてうまい工夫をしなくては解けない．多くの解法が開発されているが，ここでは機械的な方法で解ける線形微分方程式の解法を説明する．(2.24) では，方程式のどの項にも x あるいはその微分が一次式の形で含まれている．このような場合，方程式は x に関して**線形**であるという．

線形の方程式の場合には，次のような解法がある．まず，

$$x = e^{\lambda t} \tag{2.26}$$

とおいて (2.24) に代入すると

$$\frac{dx}{dt} = \lambda e^{\lambda t}, \quad \frac{d^2 x}{dt^2} = \lambda^2 e^{\lambda t} \tag{2.27}$$

であるので

$$m\lambda^2 e^{\lambda t} = -k e^{\lambda t} \tag{2.28}$$

となる．この関係を満たすためには

$$m\lambda^2 = -k, \quad \lambda = \pm i\sqrt{\frac{k}{m}} \tag{2.29}$$

とすればよい．つまり，

$$x(t) = e^{\pm i\sqrt{k/m}\,t} \tag{2.30}$$

【線形とは】

関数 $f(x)$ が線形とは，

$$f(ax) = af(x)$$
$$f(x+y) = f(x) + f(y)$$

まとめると

$$f(ax + by) = af(x) + bf(y)$$

となる場合である．この関係を満たすのは，$f(x)$ が x の一次式，つまり，x に比例する場合だけである．

$$f(x) = cx, \quad c は定数$$

微分方程式が線形とは，方程式の各項に関数 $x(t)$ が一次，つまり $x(t)^2$ や $1/x(t)$ などでなく $x(t)$，あるいはその微分形で入っているときである．(2.24) では，左辺は $\ddot{x}(t)$，右辺は $x(t)$ と線形に入っている．この場合，$x_1(t)$ と $x_2(t)$ がそれぞれ解であれば $ax_1(t) + bx_2(t)$ も解になることがわかるだろう．つまり，方程式が線形であれば，**解の重ね合わせも解になる**．

の形が (2.24) の解になっている．ここで通常

$$\omega = \sqrt{\frac{k}{m}} \tag{2.31}$$

と置かれることが多い．このとき解は

$$x(t) = e^{\pm i\omega t} \tag{2.32}$$

である．

　方程式が線形であるので，異なる解 $e^{i\omega t}$ と $e^{-i\omega t}$ を重ね合わせたもの，つまり，任意の係数 A, B で $Ae^{\omega t} + Be^{-\omega t}$ としたもの (線形結合) が解になっている．このことは，係数をかけて方程式を直接足し合わせて見ればわかる．

$$\begin{array}{rl}
A \times (& m\dfrac{d^2x}{dt^2}e^{i\omega t} = -ke^{i\omega t}) \\
+) \ B \times (& m\dfrac{d^2x}{dt^2}e^{-i\omega t} = -ke^{-i\omega t}) \\
\hline
& m\dfrac{d^2x}{dt^2}(Ae^{i\omega t} + Be^{-i\omega t}) = -k(Ae^{i\omega t} + Be^{-i\omega t})
\end{array} \tag{2.33}$$

これより一般に解は

$$x(t) = Ae^{i\omega t} + Be^{-i\omega t} \tag{2.34}$$

の形をもつことがわかる．

　ここでの係数 A, B は，初期条件で決まる．たとえば，時刻 $t = 0$ で変位 a

【オイラーの関係】

　ここで三角関数と指数関数の関係を調べておこう．三角関数，$\cos(ax)$ や $\sin(ax)$ を x で二回微分すると

$$\begin{aligned}
\frac{d^2}{dt^2}\cos(ax+c) &= -a\frac{d}{dt}\sin(ax+c) &= -a^2\cos(ax+c) \\
\frac{d^2}{dt^2}\sin(ax+c') &= a\frac{d}{dt}\cos(ax+c') &= -a^2\sin(ax+c')
\end{aligned} \quad ①$$

と同じ関数系に戻る．これは指数関数 e^{ct} と同じである．

$$\frac{d^2}{dt^2}e^{ct} = c\frac{d}{dt}e^{ct} = c^2 e^{ct} \quad ②$$

　二つの関数が同じ微分方程式に従うということは，x を変化させたときの変化が同じであるということであるので，(途中の変化の仕方に異常なことがなければ)，同じところから出発 (初期条件を一致) させれば，その二つは同じ動きをする (二つの関数は一致する)．

　たとえば，(2.1) で $x = 0$ での値を 1，微係数を 0 とすると，その解として ① の上からは $\cos(ax)$，下からは $\sin(ax + \pi)$ が得られるがそれらは同じである．

$$\cos(ax) = \sin(ax + \pi) \quad ③$$

を与えて，静かに放した場合，つまり

$$x(0) = a, \quad v(0) = 0 \tag{2.35}$$

の場合には

$$\begin{array}{rcl} x(0) &=& A + B &=& a, \\ \dfrac{d}{dt}x\bigg|_{t=0} &=& A(i\omega) + B(-i\omega) &=& 0 \end{array} \tag{2.36}$$

より

$$A = B = \frac{a}{2} \tag{2.37}$$

と決まる．これにより質点の運動は

$$x(t) = a\frac{e^{i\omega t} + e^{-i\omega t}}{2} \tag{2.38}$$

と求められた．ここでは指数関数を用いているが，**オイラーの関係**（下の⑤）

$$\cos(x) = \frac{e^{ix} + e^{-ix}}{2} \tag{2.39}$$

を用いると

$$x(t) = a\cos(\omega t) \tag{2.40}$$

と表わせる．また，速度は

また，①と②を一致させるためには

$$-a^2 = c^2, \quad c = \pm ia \qquad ④$$

とすればよい．このことから，$e^{\pm iax}$ と $\sin(ax), \cos(ax)$ とは本質的に同じ関数であると考えられる．そこで，上の $x=0$ での値を 1，微係数を 0 である場合を $e^{\pm iax}$ で表わすと，それが $\cos(ax)$ と一致するはずである．そのような組み合わせを探すと $(e^{iax} + e^{-iax})/2$ であるので

$$\cos(ax) = \frac{e^{iax} + e^{-iax}}{2} \qquad ⑤$$

であることがわかる．これがオイラーの公式である．同様にして

$$\sin(ax) = \frac{e^{iax} - e^{-iax}}{2i} \qquad ⑥$$

も得られる．逆に表わすと

$$e^{\pm iax} = \cos(ax) \pm i\sin(ax) \qquad ⑦$$

である．この関係は非常によく用いられる関係なので覚えておこう．

$$v(t) = -a\omega \sin(\omega t) \tag{2.41}$$

となる．物体が最初に自然長の位置を通過するときの時間は $\cos(\omega t) = 0$ より $t = \pi/2\omega$ で，そのときの速度は内向きに大きさ $a\omega$ である．引き続き物体は伸び縮みの周期運動を行い (図 2.13)，その**周期**は

$$T = \frac{2\pi}{\omega} \tag{2.42}$$

である．

> **例題** 初期条件として $t=0$ で自然長のところにある $(x=0)$ 質点に速度 v を与えた時の解を求めよ．
> **解**
> $$x(t) = v\sqrt{\frac{m}{k}} \sin\left(\sqrt{\frac{k}{m}} t\right) \tag{2.43}$$

2.4.3 単振り子

振動的な運動をするものとして振り子がある．特に，質量が無視できる伸び縮みしない糸 (長さ l) や細い棒などの先に質点 (質量 m) をつけて，鉛直面内で運動するものを単振り子という．

振り子の運動は，図 2.14 のように，曲線 (円周上の) 運動であるが，振幅が小さい場合は，近似的に水平運動として扱える．

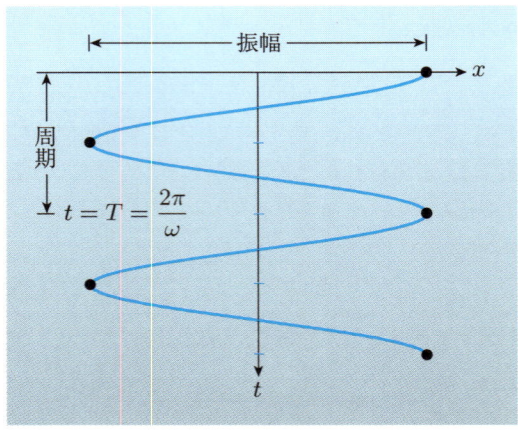

図 2.13　ばねの単振動 $x(t) = a\cos(\omega t)$ (2.40)

2.4 運動方程式を解く

質点にかかる力は，図 2.14 のように重力 (鉛直下方:mg), 糸の張力 (糸の方向:S とする．), 遠心力 (糸の方向:mv^2/l, 2.8.1 項, 2.9.2 項参照) であるので，それらを振り子の糸の方向 (動径方向) と回転方向に分けて考える．回転方向には，重力を分解した成分だけであるので

$$ma_{回転方向} = -mg\sin\theta \tag{2.44}$$

である．動径方向は，上の三つの力の和で

$$ma_{動径方向} = mg\cos\theta - S + m\frac{v^2}{l} \tag{2.45}$$

である．ここで速度は回転方向で大きさは

$$v = l\frac{d\theta}{dt} \tag{2.46}$$

である．動径方向は糸の長さが変わらないのであるから $a_{動径方向} = 0$ であり，(2.45) を 0 と置いた方程式が張力を決める式になっている．

$$S = mg\cos\theta + m\frac{v^2}{l} \tag{2.47}$$

振動の角度が小さい場合 $\theta \ll 1$

$$\sin\theta \simeq \tan\theta \simeq \theta \tag{2.48}$$

であるので，(2.44) は

$$ma_{回転方向} = -mg\sin\theta \simeq -mg\theta \tag{2.49}$$

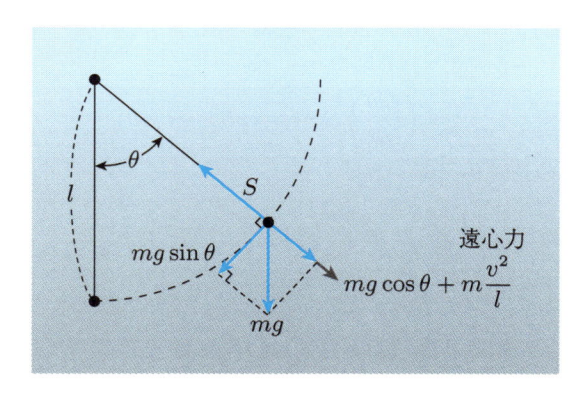

図 2.14 単振り子

となり，

$$ma_{回転方向} = m\frac{dv}{dt} = ml\frac{d^2\theta}{dt^2} \tag{2.50}$$

に注意すると，

$$ml\frac{d^2\theta}{dt^2} = -mg\theta \tag{2.51}$$

となる．これは単振動の運動方程式と同じである．最大の振れ幅の角度を θ_0 とすると

$$\theta(t) = \theta_0 \cos(\sqrt{\frac{g}{l}}t + \phi) \tag{2.52}$$

である．ここで，ϕ は $t=0$ での角度を $\theta(0) = \theta_0 \cos(\phi)$ と表わした初期位相である．周期 T は

$$T = 2\pi\sqrt{\frac{l}{g}} \tag{2.53}$$

であり，質点の質量や振れ幅に依存しない．この性質は振り子の**等時性**と呼ばれる．質量に依存しないことは厳密に成り立つが，振れ幅が大きくなると，近似的な方程式 (2.48) が成り立たなくなり，もとの (2.44)

$$\frac{d^2\theta}{dt^2} = -\frac{g}{l}\sin\theta \tag{2.54}$$

を厳密に解かなくてはならない．この微分方程式の解は三角関数を一般化し

【振り子の厳密な運動】

(2.54) を解く代わりに，エネルギー保存則から

$$v^2 = \left(l\frac{d\theta}{dt}\right)^2 = v_0^2 - gl(1-\cos\theta) \qquad ①$$

を考える．最大の振れ幅の角度 θ_0 を用いれば

$$\left(\frac{d\theta}{dt}\right)^2 = \frac{4g}{l}\left(\sin^2\frac{\theta_0}{2} - \sin^2\frac{\theta}{2}\right) \qquad ②$$

である．ここで，$k = \sin\frac{\theta_0}{2}$，$kx = \sin\frac{\theta}{2}$ とし，

$$\left(\frac{d\theta}{dt}\right) = \left(\frac{d\theta}{dx}\right)\left(\frac{dx}{d\theta}\right), \qquad ③$$

$$\frac{dx}{d\theta} = \frac{1}{2k}\cos\frac{\theta}{2} = \frac{1}{4k}\sqrt{1 - \sin^2\frac{\theta}{2}} = \frac{1}{4k}\sqrt{1-(kx)^2} \qquad ④$$

などを用いて変形すると，

$$\left(\frac{dx}{d\theta}\right)^2 = \frac{g}{l}(1-x^2)(1-k^2x^2) \qquad ⑤$$

2.4 運動方程式を解く

た楕円関数と呼ばれる関数で表わされることがわかっており，そこでは振れ幅が大きくなるに従って，周期が長くなることがわかっている．振り子の枝が硬い棒でできており，最下点での速さ v_0 が

$$\frac{m}{2}v_0^2 = 2mgl \tag{2.55}$$

であると，力学的エネルギーの保存から最上点まで上がって停止するが，その場合の周期は無限大である．

ここで，糸のたるみについて考察しておこう．θ が $\pi/2$ より大きくなると，$mg\cos\theta$ が負になり，(2.47) が負になることがあり，糸がたるむ．力学的エネルギーの保存より，最下点での速さが v_0 の場合，角度 θ での速さ v は

$$\frac{m}{2}v_0^2 = \frac{m}{2}v^2 + mgl(1-\cos\theta) \tag{2.56}$$

で与えられるので，(2.47) に代入すると $S=0$ となるのは

$$0 = mg\cos\theta + \frac{1}{l}\left(mv_0^2 - 2mgl(1-\cos\theta)\right) \tag{2.57}$$

つまり，

$$\cos\theta = \frac{2}{3} - \frac{v_0^2}{3gl} \tag{2.58}$$

のときである．上で考えた，(2.55) の場合には，$v_0^2 = 4gl$ であるので，振り子の枝が糸の場合には

$$\cos\theta = -\frac{2}{3} \tag{2.59}$$

つまり，

$$\sqrt{\frac{g}{l}}dt = \frac{dx}{(1-x^2)(1-k^2x^2)} \quad ⑥$$

であるので，積分し

$$\sqrt{\frac{g}{l}}t = \int_0^x \frac{du}{\sqrt{(1-u^2)(1-k^2u^2)}} \equiv \mathrm{sn}^{-1}x \quad ⑦$$

となる．この関係を sn を用いて，逆に

$$x = \mathrm{sn}(\sqrt{\frac{g}{l}}t, k) \quad ⑧$$

と書く．この sn は Jacobi の楕円関数と呼ばれるものの一つである．ここで $k=0$ と近似すると，上の積分は三角関数によって実行でき，近似的に求めた

$$x = \sin(\sqrt{\frac{g}{l}}t) \quad ⑨$$

に一致する．

のところで円周軌道から離れて斜方投射で考えた放物線軌道になる．この様子を図 2.15 に示す．

糸の場合に円周上をまわるためには，最上点での張力が正である必要があるので (2.47) で $\cos\theta = -1$ として，

$$S = -mg + \frac{1}{l}\left(mv_0^2 - 4mgl\right) > 0 \tag{2.60}$$

より

$$v_0^2 > 5gl \tag{2.61}$$

でなくてはならない．

2.5 運動量とエネルギー

2.5.1 運動量

運動を特徴づける量として速度 $\boldsymbol{v}$ があるが，運動方程式からは速度ではなく速度に質量をかけた**運動量**

$$\boldsymbol{p} = m\boldsymbol{v} \tag{2.62}$$

の方がより基本的な量と考えることができる．運動量は，運動の勢いのようなものと思えばよい．同じ速さでも重いものの方が勢いは強い．この様子を表わすのが運動量である．力によって変化するのは運動量である．物体が力 $\boldsymbol{F}$ を Δt の間受けると

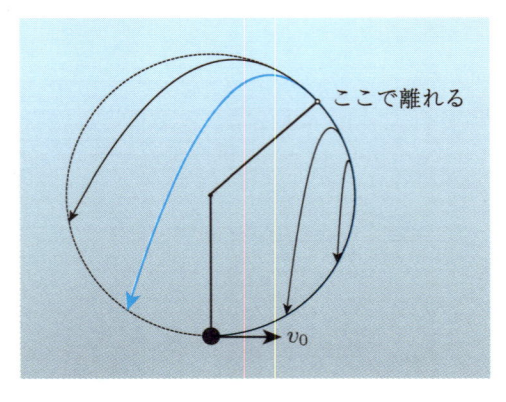

図 2.15 糸の振り子のたるみ

糸の振り子において，最下点を速さ v_0 で通過した振り子の軌跡：$v_0 < 5gl$ の場合に，しばらくは円弧上を進むが角度が 90° 以上になると途中で糸のたるみが起こる．青色の軌跡は $v_0 = 4gl$ の場合．

2.5 運動量とエネルギー

$$\int_t^{t+\Delta t} \frac{d\boldsymbol{p}}{dt}dt = \int_t^{t+\Delta t} \boldsymbol{F}dt \tag{2.63}$$

より，

$$\Delta \boldsymbol{p} = \boldsymbol{p}(t+\Delta t) - \boldsymbol{p}(t) = \boldsymbol{F}\Delta t \tag{2.64}$$

であり運動量は力×時間だけ変化する．このことから外から力が働かないと運動量は保存することがわかる．この，力×時間，は**力積**と呼ばれる．

二つの物体の衝突でお互いに及ぼし合う力は作用反作用の法則から互いの逆向きで大きさが同じであり，それらの和は 0 である．このような力は**内力**と呼ばれる．外からの力が働かない場合，衝突時に物体 1 が物体 2 に及ぼす力積 $\Delta \boldsymbol{p}$ とすると

$$\begin{cases} m_1 \boldsymbol{v}_1' &= m_1 \boldsymbol{v}_1 - \Delta \boldsymbol{p} \\ m_2 \boldsymbol{v}_2' &= m_2 \boldsymbol{v}_2 + \Delta \boldsymbol{p} \end{cases} \tag{2.65}$$

であるので，衝突前のそれぞれの物体の運動量を，$\boldsymbol{p}_1, \boldsymbol{p}_2$ 衝突後のそれぞれの物体の運動量を，$\boldsymbol{p}_1', \boldsymbol{p}_2'$ とすると，**運動量保存**

$$\boldsymbol{p}_1 + \boldsymbol{p}_2 = \boldsymbol{p}_1' + \boldsymbol{p}_2' \tag{2.66}$$

が成り立つ (図 2.16)．

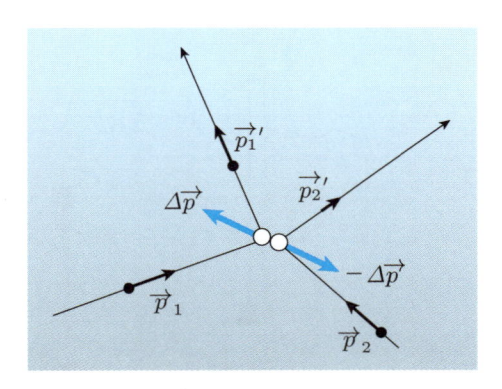

図 2.16 運動量の保存 $\boldsymbol{p}_1 + \boldsymbol{p}_2 = \boldsymbol{p}_1' + \boldsymbol{p}_2'$ と力積 $\Delta \boldsymbol{p} = \boldsymbol{p}_1' - \boldsymbol{p}_1 = \boldsymbol{p}_2 - \boldsymbol{p}_2'$

2.5.2 エネルギー

力 $\boldsymbol{F}$ を受けて物体が力の方向に距離 $\Delta \boldsymbol{r}$ だけ動いた場合，力は大きさ $\Delta W = \boldsymbol{F} \cdot \Delta \boldsymbol{r}$ の**仕事**をしたといい，物体は仕事 ΔW を**された**という．一般に

$$dW = \int_{\boldsymbol{r}}^{\boldsymbol{r}+d\boldsymbol{r}} \boldsymbol{F} \cdot d\boldsymbol{r} \tag{2.67}$$

と書ける．運動方程式を $\boldsymbol{r}$ で積分すると

$$\int_{\boldsymbol{r}}^{\boldsymbol{r}+d\boldsymbol{r}} \boldsymbol{F} \cdot d\boldsymbol{r} = \int_{\boldsymbol{r}}^{\boldsymbol{r}+d\boldsymbol{r}} \frac{d\boldsymbol{p}}{dt} \cdot d\boldsymbol{r} \tag{2.68}$$

であり，右辺は

$$\frac{d\boldsymbol{p}}{dt} \cdot d\boldsymbol{r} = m \frac{d^2 \boldsymbol{r}}{dt^2} \cdot \frac{d\boldsymbol{r}}{dt} dt = \frac{m}{2} \frac{d}{dt} \left(\frac{d\boldsymbol{r}}{dt}\right)^2 dt \tag{2.69}$$

と書けるので，(2.67) と (2.68) を比較すると仕事は

$$dW = \frac{m}{2} \left(\frac{d\boldsymbol{r}}{dt}\right)^2 \bigg|_{t=t+\Delta t} - \frac{m}{2} \left(\frac{d\boldsymbol{r}}{dt}\right)^2 \bigg|_{t} \tag{2.70}$$

と書けることがわかる．このことから物体が力を受け，つまり加速されて，速度が $\boldsymbol{v}_1$ から $\boldsymbol{v}_2$ に変化する現象では

$$\frac{m}{2} v(t+\Delta t)^2 = \frac{m}{2} v(t)^2 + dW \tag{2.71}$$

が成り立つ．ここで，速さがもつエネルギーを**運動エネルギー**として

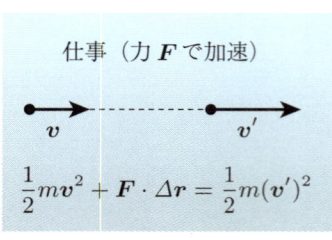

図 2.17 運動エネルギーの増加

図 2.18 仕事とエネルギー保存

$$T = \frac{m}{2}\boldsymbol{v}^2 \tag{2.72}$$

と書くと，系にされた仕事が運動エネルギーの増加になったと見ることができる (図 2.17).

力がある関数 $v(\boldsymbol{r})$ の位置に関する微分で表わされるとき，

$$\boldsymbol{F} = -\frac{dU(\boldsymbol{r})}{d\boldsymbol{r}} \tag{2.73}$$

そのような力を**保存力**という．このとき，$U(\boldsymbol{r})$ を位置のエネルギーと呼ぶ．

力が保存力の場合，物体が $d\boldsymbol{r}$ 移動する間にされる仕事の量 (dW) は

$$dW = \int_{\boldsymbol{r}_1}^{\boldsymbol{r}_2} \boldsymbol{F} \cdot d\boldsymbol{r} = -\left.U(\boldsymbol{r})\right|_{\boldsymbol{r}_1}^{\boldsymbol{r}_2} = U(\boldsymbol{r}_1) - U(\boldsymbol{r}_2) \tag{2.74}$$

と書ける．これと (2.71) より

$$\frac{m}{2}\boldsymbol{v}(t_1)^2 + U(\boldsymbol{r}_1) = \frac{m}{2}\boldsymbol{v}(t_2)^2 + U(\boldsymbol{r}_2) \tag{2.75}$$

が成り立つ．このことから保存力の場合には

$$E = T + U \tag{2.76}$$

が保存する．これを**エネルギー保存則**という．この，E はエネルギーと呼ばれる．

例題 重力下にある質量 m の位置のエネルギーを求めよ．また，エネルギーも求めよ (図 2.18).
解 適当な基準点から測った高さを h，速度を $\boldsymbol{v}$ とすると

$$U = mgh, \quad E = mgh + \frac{m}{2}\boldsymbol{v}^2 \qquad ①$$

例題 物体が斜面に沿って降下した場合と，鉛直に降下した場合の重力のする仕事を比較せよ．
解 斜面に沿っての力は $mg\sin\theta$ であり，斜面の長さは $h/\sin\theta$ であるので，仕事は

$$W = g\sin\theta \times \frac{h}{\sin\theta} = mgh \qquad ②$$

であり，鉛直に降下した場合 $W = mg \times h = mgh$ と一致する．

2.6 摩擦

次に摩擦のある場合を考えよう．摩擦は複雑な機構で起こるので，摩擦力の表式はその大きさは状況に応じていろいろな表式で表わされる．

2.6.1 斜面での摩擦

斜面においた物体が滑り落ちずに止まっているのは重力の斜面方向の力 $-mg\sin\theta$ を摩擦力，$\boldsymbol{F}_{摩擦}$，が打ち消しているのである（図 2.19）．

$$-mg\sin\theta + F_{摩擦} = 0 \tag{2.77}$$

この $\boldsymbol{F}_{摩擦}$ は**静止摩擦力**といって，止まっている物体を動かそうとするときに働く力である．動かそうとする力が，最大静止摩擦力より小さい間は物体は動かない．最大静止摩擦力は物体が面から受ける抗力の大きさ R に比例する．

$$|\boldsymbol{F}_{摩擦}| = \mu R = \mu mg\cos\theta \tag{2.78}$$

物体が動き出すと，**動摩擦力**が働く．動摩擦力 $\boldsymbol{F}'$ も物体が面から受ける抗力 R に比例する．

$$F_{摩擦} = \mu' R = \mu' mg\cos\theta \tag{2.79}$$

ここで μ' は動摩擦係数という．一般に μ' は μ より小さい．斜面を滑り落ち

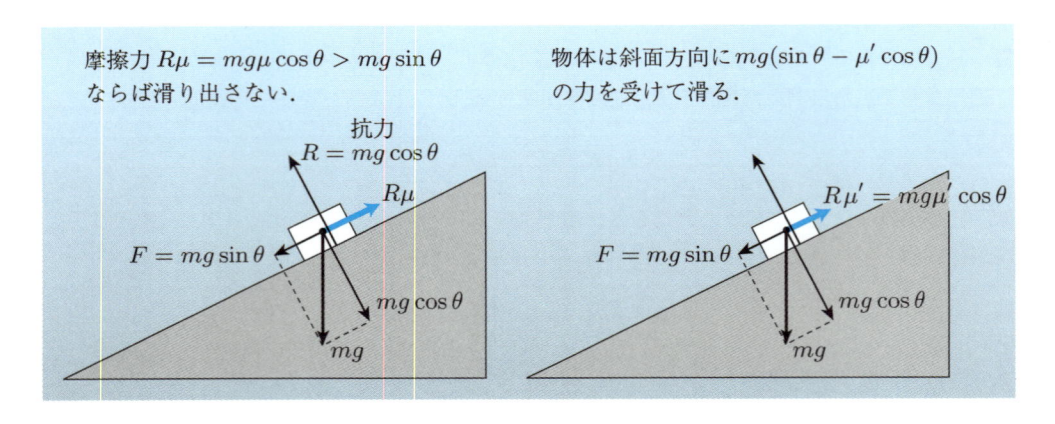

図 2.19 斜面での摩擦 (a) 静摩擦力　(b) 動摩擦力

る場合の動摩擦係数は速度にあまり依存しない．そこでそれを一定とし，摩擦が働いている場合の運動は

$$m\frac{d^2x}{dt^2} = -mg\sin\theta + \mu' mg\cos\theta \tag{2.80}$$

と表わされる (図 2.19(b))．

この場合には斜面方向の力が全体として小さくなり，加速が小さくなる．そのため，高さ h の斜面を滑り下りたときの物体の速度は，摩擦がない場合の大きさ

$$v = \sqrt{2gh} \tag{2.81}$$

より小さくなる．つまり，

$$\frac{1}{2}mv'^2 = (mg\sin\theta - \mu' mg\cos\theta) \times \frac{h}{\sin\theta} \tag{2.82}$$

より

$$v' = \sqrt{2g(h - \mu'\cot\theta)} < v \tag{2.83}$$

このため，この場合，エネルギー保存則は成り立たなくなる．これは，摩擦によってエネルギーが**散逸**され，熱エネルギーに変わったためである．

2.6.2 流体内での摩擦

流体中を物体が動く場合に物体が受ける摩擦力は速度にほぼ比例する．

例題 自由落下の際に摩擦が働いているときの運動を求めよ．
解

$$m\frac{d^2x}{dt^2} = -mg - b\frac{dx}{dt} \qquad ①$$

$$v(t) = \frac{mg}{b}\left(e^{-\frac{b}{m}t} - 1\right) \qquad ②$$

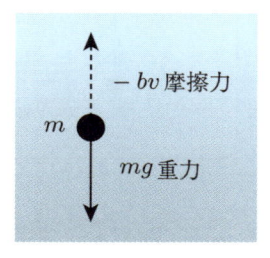

図 2.20 速さに比例する摩擦が働く場合

$$\boldsymbol{F}_{摩擦} = -b\frac{d\boldsymbol{r}}{dt} \tag{2.84}$$

そこで液体中などでばねが振動する場合の運動は

$$m\frac{d^2x}{dt^2} = -kx - b\frac{dx}{dt} \tag{2.85}$$

と表わされる．空気中を物体が落下する場合の運動も同様な形

$$m\frac{d^2x}{dt^2} = -mg - b'\frac{dx}{dt} \tag{2.86}$$

で与えられる．ここで，b や b' は流体による摩擦係数である．半径 r の球体が受ける摩擦力の係数は，液体の粘性係数 μ を用いて

$$b = 6\pi r\mu \tag{2.87}$$

の形で与えられる (**ストークスの法則** (3.87) 参照)．

　摩擦力は重力やばねの復元力のように自発的に働く力でなく，運動を妨げる向きに起こり，性質が異なる力であることに注意しよう．重力は物体が上向きに進んでいても，下向きに進んでいても，下向きに働くが，摩擦力は物体が上向きに進んでいると下向きに，下向きに進んでいると上向きに働く．つまり，摩擦力は運動の邪魔をするように働くのである．このような力を**散逸力**という．上で述べたように，このような力のもとでは力学的なエネルギーは保存しない．

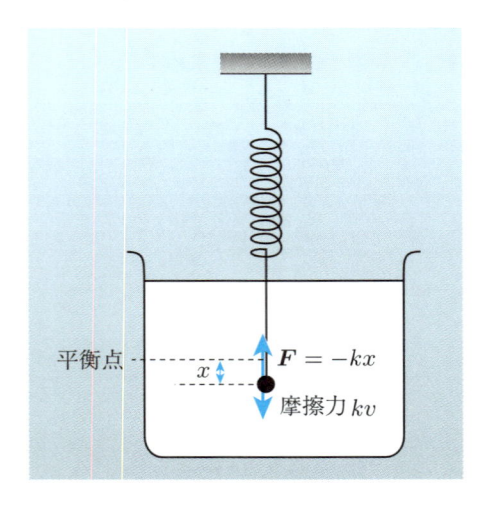

図 2.21　流体内での振動

2.6.3 摩擦力のもとでのばねの運動

摩擦が働いている場合のばねの運動 (2.85) を調べてみよう (図 2.21).

$$m\frac{d^2x}{dt^2} = -kx - b\frac{dx}{dt}$$

この場合も方程式は線形であるので，$x = e^{\lambda t}$ とおいて代入する．

$$m\lambda^2 = -k - b\lambda \quad \rightarrow \quad \lambda^2 + \frac{b}{m}\lambda + \frac{k}{m} = 0 \tag{2.88}$$

ここで

$$\frac{b}{m} = 2c, \quad \frac{k}{m} = \omega_0^2 \tag{2.89}$$

とおくと

$$\lambda_\pm = -c \pm \sqrt{c^2 - \omega_0^2} \tag{2.90}$$

となる．そこで解は一般に

$$x(t) = Ae^{\lambda_+ t} + Be^{\lambda_- t} \tag{2.91}$$

で表わされる．いろいろな c と ω の場合の解の様子を調べてみよう．

● 減衰振動

摩擦があまり大きくなく $c^2 - \omega_0^2 < 0$ の場合には λ は複素数になる．そこで

$$x(t) = x_0 e^{-ct}\left(\frac{c}{\omega}\sin\omega t + \cos\omega t\right)$$

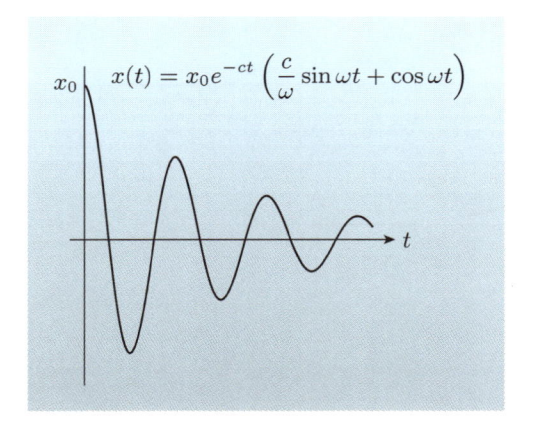

図 2.22 減衰振動

$$\omega^2 = \omega_0^2 - c^2 \tag{2.92}$$

と書くと，解は

$$x(t) = e^{-ct}\left(Ae^{i\omega t} + Be^{-i\omega t}\right) \tag{2.93}$$

と書け，ばねは角振動数 ω で振動しながら振幅は指数関数的に減衰する (図 2.22)．このような運動を減衰振動という．摩擦が大きくなると c が大きくなり，減衰が激しくなるとともに振動の周期 ($=2\pi/\omega$) は長くなる．

$$\omega = \sqrt{\omega^2 - c^2} < \omega_0 \tag{2.94}$$

● 過減衰

逆に摩擦が非常に大きく，$c^2 - \omega_0^2 > 0$ の場合には $\lambda_\pm$ は実数になる．この場合の解は

$$x(t) = \left(Ae^{\lambda_+ t} + Be^{\lambda_- t}\right) \tag{2.95}$$

であり，$\lambda_- < \lambda_+ < 0$ であり指数関数的に緩和する．つまり，摩擦が強すぎて振動せずに単調に平衡位置 (自然長) に戻る．この運動を過減衰という (図 2.23)．

● 臨界減衰

それではちょうど上の二つの場合の境界ではどうなるのであろうか．この

$$x(t) = x_0 e^{-ct}\left(\frac{c}{\sqrt{c^2 - \omega_0^2}} \sinh\left(\sqrt{c^2 - \omega_0^2}\,t\right) + \cosh\left(\sqrt{c^2 - \omega_0^2}\,t\right)\right)$$

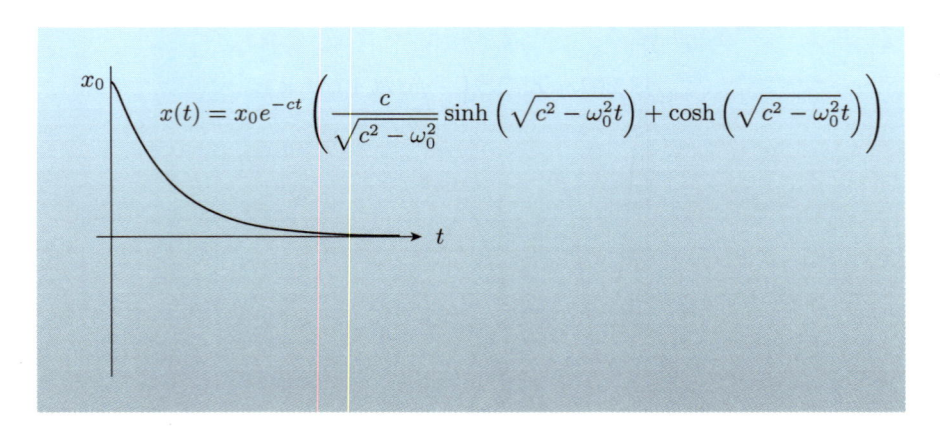

図 2.23　過減衰

場合には，λ は重根

$$\lambda = -c \tag{2.96}$$

をもつ．この場合，解は

$$x(t) = Ae^{-ct} \tag{2.97}$$

であろうか．これでは初期条件を合わせる係数が A 一つしかないので位置と速度の両方の初期条件を合わせることができない．このように重根を持つ場合には取り扱いに注意が必要である．今の場合，(2.93) または (2.95) で

$$c^2 \to \omega_0^2 \tag{2.98}$$

の極限をとると

$$x(t) = e^{-ct}(A + Bt) \tag{2.99}$$

の形の解があることがわかる (図 2.24)．この運動は臨界緩和と呼ばれる．

2.7　強制振動

さらに外部から振動数 ω で振動を駆動する場合を考えよう．外力が

$$F(t) = -F_0 \cos(\Omega t) \tag{2.100}$$

で与えられているとする．運動方程式は

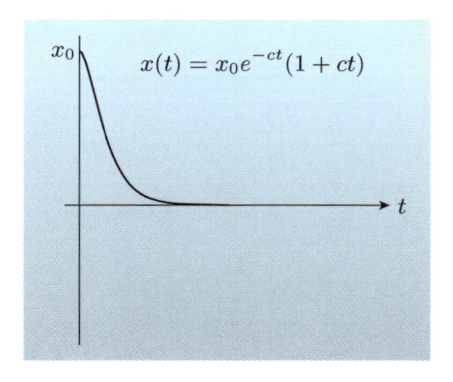

図 2.24　臨界減衰

$$m\frac{d^2x}{dt^2} = -kx - b\frac{dx}{dt} - F\cos(\Omega t) \tag{2.101}$$

となる．この方程式の最後の項には x が含まれないので，線形ではない．線形の方程式に x に関係のない項が付け加わった場合は，**非同次線形方程式**と呼ばれる．その場合，少し工夫すれば解くことができる．まず，外力のない場合の解 $x_0(t)$ がわかっているとする．実際，前節で $x_0(t)$ は求まっている．ここで，何らかの方法で (2.101) の解 $x_s(t)$ の一つ（初期条件など気にせず，とにかく方程式を満たす解で**特解**という）を見つけることができると，$x_0(t)$ との和，$x_s(t) + x_0(t)$，を作ることで任意の初期条件に対する一般的な解を作ることができる．

そこで，特解を求めてみよう．外から振動数 ω で駆動しているのであるから，それに応じた振動が起こると考え，

$$X(t) = A\cos(\Omega t + \phi) \tag{2.102}$$

の形の解を探す．この形を (2.101) に代入してみよう．

$$-mA\Omega^2\cos(\Omega t + \phi) = -kA\cos(\Omega t + \phi) + bA\Omega\sin(\Omega t + \phi) - F\cos(\Omega t) \tag{2.103}$$

であるので，整理して

$$A(-m\Omega^2 + k)\cos(\Omega t + \phi) - Ab\Omega\sin(\Omega t + \phi) = -F\cos(\Omega t) \tag{2.104}$$

であるので，左辺を三角関数の合成

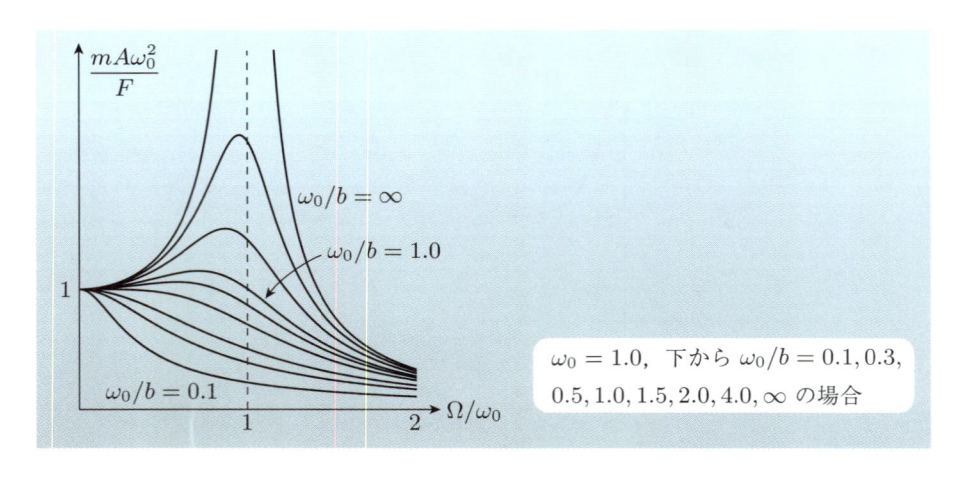

図 2.25　特解と共振曲線

2.7 強制振動

$$a\cos(x) + b\sin(x) = \sqrt{a^2+b^2}\cos(x+\delta), \quad \tan(\delta) = -\frac{b}{a} \quad (2.105)$$

を用いて，両辺を比較すると

$$F = A((k-m\Omega^2)^2 + b^2\Omega^2)^{1/2}, \quad \tan\phi = \frac{b\Omega}{m\Omega^2 - k} \quad (2.106)$$

ととれば (2.102) が解になっていることがわかる．この解は振幅も位相も決まっており与えられた初期条件には対応できない．そこで，前節で求めた $F=0$ の場合の解 $x_0(t)$ を付け加えることで外力のもとでの一般解が得られる．

$$x(t) = X(t) + x_0(t) \quad (2.107)$$

$x_0(t)$ は時間が経つと減衰してしまうので，長時間後の定常解は $X(t)$ で与えられることもわかる．(2.106) の振幅の表式 ($\omega_0^2 = k/m$)

$$A = \frac{F}{m\sqrt{(\omega_0^2 - \Omega^2)^2 + b^2\Omega^2/m^2}} \quad (2.108)$$

をみると，外力の振動数 ω が系固有の振動数 ω_0 に近づくと振幅が大きくなることがわかる．この現象は**共鳴**と呼ばれる．共鳴の強さを表わすには $m\omega_0^2 A/F$ が用いられ，共振曲線と呼ばれる (図 2.25)．共鳴の強さは摩擦力の強さとともに小さくなる．

また，一周期にばねのする仕事，つまり摩擦によって散逸する仕事は

$$\int_0^{2\pi/\Omega} F\cos(\Omega t) \frac{dx}{dt} dt = b\Omega\pi A^2 \quad (2.109)$$

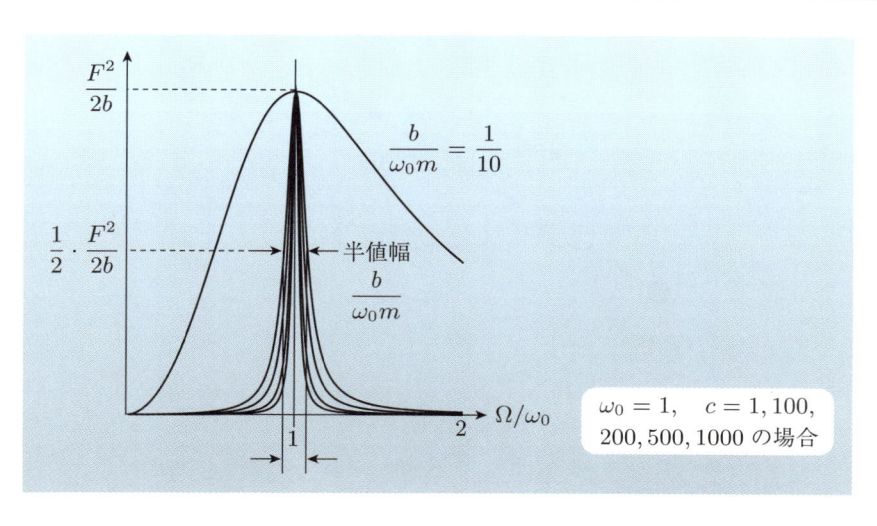

図 2.26 エネルギー共鳴と半値幅

であり，単位時間当たりの量に直すと

$$\frac{b\Omega\pi A^2}{2\pi/\Omega} = \frac{bF^2}{2}\frac{\Omega^2/m^2}{(\omega_0^2-\Omega^2)^2+b^2\Omega^2/m^2} \tag{2.110}$$

である．この単位時間当たりのエネルギー消費率を Ω/ω_0 の関数として図 2.26 に示す．やはり $\Omega/\omega_0 = 1$ で共鳴を表わすピークを示す．この関係は**エネルギー共鳴**と呼ばれる．この量が最大値の半分になるところでの Ω/ω_0 の幅を**半値幅**と呼び，その逆数は **Q 値**と呼ばれる．

$$\text{半値幅} = \frac{b}{m\omega_0}, \quad \text{Q 値} = \frac{m\omega_0}{b} \tag{2.111}$$

2.8 惑星の運動

これまで直線的な運動を考えてきたが，次に太陽の周りを運動する惑星の運動を考えよう．前に述べたように，本当は個別の惑星運動から万有引力が導出されたのであるが†，ここでは万有引力から惑星の運動を導いてみよう．

† 2.8.4 項：ケプラーの法則から万有引力の発見へ参照

万有引力は質量 M と m の二つの物体の間で，大きさが質量の積に比例し，物体間の距離 r の二乗に反比例する引力である．

$$\boldsymbol{F} = -G\frac{Mm}{r^2}\boldsymbol{e}_r, \quad \boldsymbol{e}_r = \frac{\boldsymbol{r}}{r} \tag{2.112}$$

ここで G は万有引力定数

$$G = 6.67259 \times 10^{-11} \text{Nm}^2/\text{kg}^2 \tag{2.113}$$

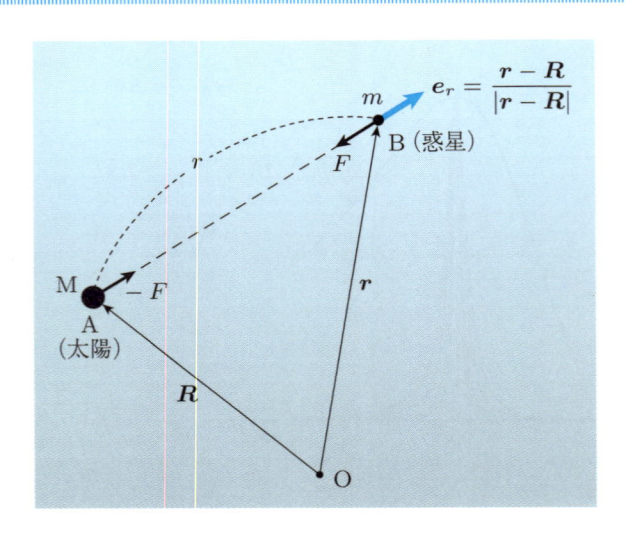

図 2.27 万有引力 $\boldsymbol{F} = -\frac{GMm}{r^2}\boldsymbol{e}_r, \boldsymbol{e}_r = \frac{\boldsymbol{r}-\boldsymbol{R}}{|\boldsymbol{r}-\boldsymbol{R}|}$

であり，e_r は物体間を結ぶ方向の単位ベクトルである (図 2.27)．万有引力は保存力であり，その位置のエネルギー (万有引力ポテンシャル) は

$$U(\boldsymbol{r}) = -G\frac{Mm}{r}, \quad \boldsymbol{F} = -\frac{d}{d\boldsymbol{r}}U(\boldsymbol{r}) \tag{2.114}$$

で与えられる

質量 M の物体 A の位置を $\boldsymbol{R} = (X, Y, Z)$，質量 m の物体 B の位置を $\boldsymbol{r} = (x, y, z)$ として運動方程式を書いてみよう．AB 間の距離を

$$R_{\mathrm{AB}} = |\boldsymbol{r} - \boldsymbol{R}| = \sqrt{(x-X)^2 + (y-Y)^2 + (z-Z)^2} \tag{2.115}$$

として

$$\begin{cases} M\dfrac{d^2 X}{dt^2} = -G\dfrac{Mm(X-x)}{R_{\mathrm{AB}}^3} \\ M\dfrac{d^2 Y}{dt^2} = -G\dfrac{Mm(Y-y)}{R_{\mathrm{AB}}^3} \\ M\dfrac{d^2 Z}{dt^2} = -G\dfrac{Mm(Z-z)}{R_{\mathrm{AB}}^3} \end{cases} \begin{cases} m\dfrac{d^2 x}{dt^2} = -G\dfrac{Mm(x-X)}{R_{\mathrm{AB}}^3} \\ m\dfrac{d^2 y}{dt^2} = -G\dfrac{Mm(y-Y)}{R_{\mathrm{AB}}^3} \\ m\dfrac{d^2 z}{dt^2} = -G\dfrac{Mm(z-Z)}{R_{\mathrm{AB}}^3} \end{cases} \tag{2.116}$$

となる．ここで物体 A と物体 B が受ける力は大きさが同じで方向が逆 (作用反作用の法則) であるので，

$$\frac{d^2(MX + mx)}{dt^2} = 0, \frac{d^2(MY + my)}{dt^2} = 0, \frac{d^2(MZ + mz)}{dt^2} = 0 \tag{2.117}$$

である．つまり全体の運動量

【勾配 (グラディエント)】

$\dfrac{d}{d\boldsymbol{r}}U(\boldsymbol{r})$ は，三次元での微分

$$\frac{d}{d\boldsymbol{r}}U(\boldsymbol{r}) = \begin{bmatrix} \dfrac{\partial}{\partial x}U(\boldsymbol{r}) \\ \dfrac{\partial}{\partial y}U(\boldsymbol{r}) \\ \dfrac{\partial}{\partial z}U(\boldsymbol{r}) \end{bmatrix} \quad \text{①}$$

の略記であり，勾配 (gradient) と呼ばれる．

$$\frac{d}{d\boldsymbol{r}}U(\boldsymbol{r}) = \mathrm{grad}U(\boldsymbol{r}) = \nabla U(\boldsymbol{r}) \quad \text{②}$$

などとも書かれる．

$$M\frac{d\bm{R}}{dt} + m\frac{d\bm{r}}{dt} = \text{一定} \tag{2.118}$$

が保存することがわかる．これは，系の重心

$$\bm{r}_0 = \frac{M\bm{R} + m\bm{r}}{M + m} \tag{2.119}$$

が加速度運動しないことを示している．

また，物体 A と物体 B の相対位置，つまり物体 A に対する物体 B の座標

$$\bm{r}' = \bm{r} - \bm{R} \tag{2.120}$$

を新しい変数とすると，

$$\begin{cases} Mm\dfrac{d^2(X-x)}{dt^2} = -G(M+m)\dfrac{Mm(X-x)}{R_{\text{AB}}^{3/2}} \\[6pt] Mm\dfrac{d^2(Y-y)}{dt^2} = -G(M+m)\dfrac{Mm(Y-y)}{R_{\text{AB}}^{3/2}} \\[6pt] Mm\dfrac{d^2(Z-z)}{dt^2} = -G(M+m)\dfrac{Mm(Z-z)}{R_{\text{AB}}^{3/2}} \end{cases} \tag{2.121}$$

である．ここで

$$\mu = \frac{Mm}{M+m} \tag{2.122}$$

とすると

$$\mu\frac{d^2\bm{r}'}{dt^2} = -GMm\frac{\bm{r}'}{r'^3} \tag{2.123}$$

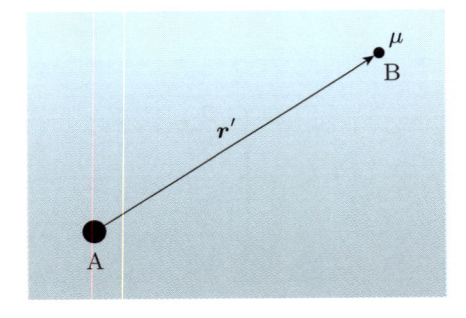

図 2.28 相対距離 $\bm{r}' = \bm{r} - \bm{R}$ と換算質量 $\mu = \dfrac{Mm}{M+m}$

となる．この μ は**換算質量**と呼ばれる．このことから，物体 B の運動は物体 A の周りを万有引力を受けて運動する質量 μ の運動とみなすことができる (図 2.28)．つまり，質量 M と m をもつ二つの物体の運動 (2 体問題) が，質量 μ をもつ 1 体の問題に帰着した．これは，2 体の運動が全体の重心運動と相対運動に分離され，重心運動は (2.119) で与えられるので，解くべき問題は相対運動 $\bm{r}'$ だけであるからである．

$M \gg m$ のときは

$$\bm{r}_0 = \frac{M\bm{R} + m\bm{r}}{M + m} \to \bm{R}, \quad \mu = \frac{Mm}{M + m} \to m \tag{2.124}$$

であり，重心は物体 A の位置となり，換算質量は m となる．このとき，静止した A の周りを B が万有引力を受けて運動するとみなせる．太陽と惑星の関係はこの A と B の関係を満たしている．以後，$\bm{r}'$ を $\bm{r}$，μ を m と書く．

重力のように，原点の方向を向いている力は**中心力**と呼ばれる．このような場合，直交座標系を用いると上で見たように (x, y, z) の連立方程式となり扱いにくい．万有引力の場合，運動は二次元平面内の運動になるが，それでも (x, y) が絡まりあい複雑になる．そこで，運動方程式を極座標で表わすと簡潔になることがわかっている．

2.8.1 極座標での速度，加速度のベクトル表示

運動方程式を極座標で表わすため，位置や速度，加速度の表わし方をもう一度考えてみよう．

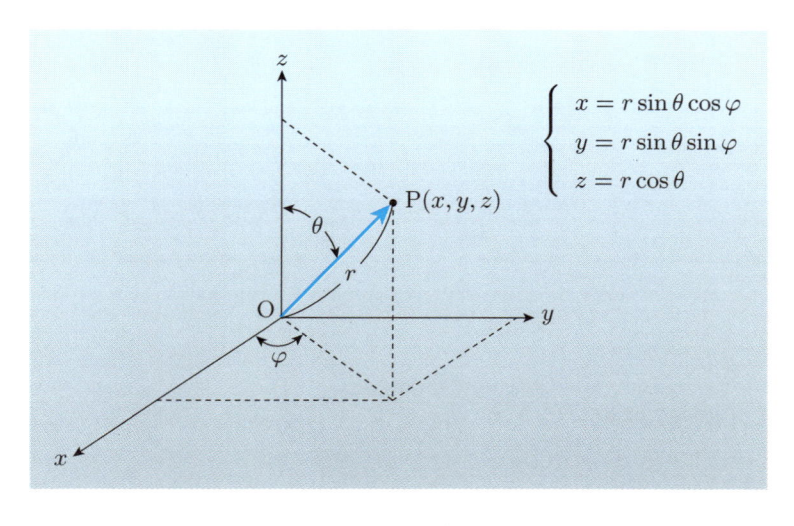

図 2.29 極座標

直交座標系では，x, y, z 方向を指定する単位ベクトル $\bm{e}_x, \bm{e}_y, \bm{e}_z$ を用いて，座標 (x, y, z) で与えられる点 $\bm{r}$ は

$$\bm{r} = x\bm{e}_x + y\bm{e}_y + z\bm{e}_z \tag{2.125}$$

で与えられた．速度は $\bm{r}$ を t で微分して

$$\frac{d\bm{r}}{dt} = \frac{dx}{dt}\bm{e}_x + x\frac{d\bm{e}_x}{dt} + \frac{dy}{dt}\bm{e}_y + y\frac{d\bm{e}_y}{dt} + \frac{dz}{dt}\bm{e}_z + z\frac{d\bm{e}_z}{dt} \tag{2.126}$$

である．しかし，直交座標系の単位ベクトル $\bm{e}_x, \bm{e}_y, \bm{e}_z$ は時間によらないので

$$\frac{d\bm{e}_x}{dt} = 0, \quad \frac{d\bm{e}_y}{dt} = 0, \quad \frac{d\bm{e}_z}{dt} = 0 \tag{2.127}$$

であり

$$\frac{d\bm{r}}{dt} = \frac{dx}{dt}\bm{e}_x + \frac{dy}{dt}\bm{e}_y + \frac{dz}{dt}\bm{e}_z \tag{2.128}$$

となる．同様にして加速度は

$$\frac{d^2\bm{r}}{dt^2} = \frac{d^2x}{dt^2}\bm{e}_x + \frac{d^2y}{dt^2}\bm{e}_y + \frac{d^2z}{dt^2}\bm{e}_z \tag{2.129}$$

である．このように，単位ベクトルが時間によらないときは速度や加速度の表現は簡単である．

$$\bm{r} = \begin{bmatrix} x \\ y \\ z \end{bmatrix}, \quad \bm{v} = \begin{bmatrix} \dot{x} \\ \dot{y} \\ \dot{z} \end{bmatrix}, \quad \bm{a} = \begin{bmatrix} \ddot{x} \\ \ddot{y} \\ \ddot{z} \end{bmatrix} \tag{2.130}$$

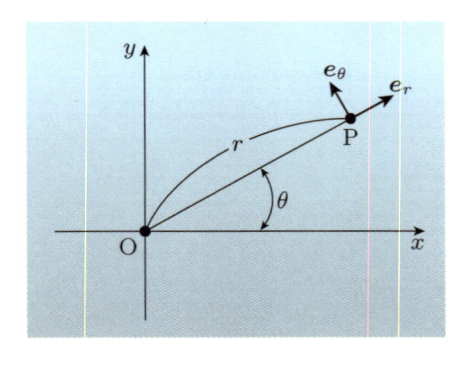

図 2.30 円筒座標の単位ベクトル

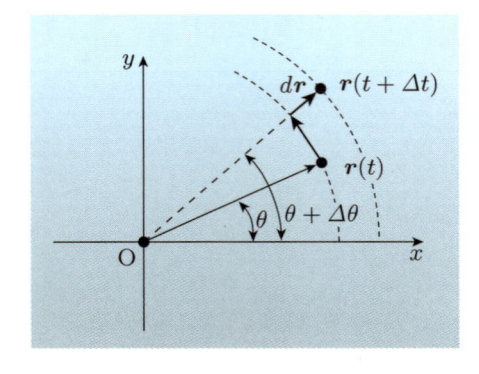

図 2.31 円筒座標での位置の変化

2.8 惑星の運動

しかし，極座標などでは単位ベクトルの方向が時間とともに変化し，速度や加速度の表現が少し面倒になる．**円筒座標** (二次元の極座標：図 2.30)

$$\begin{cases} x &= r\cos\theta \\ y &= r\sin\theta \\ z &= z \end{cases} \qquad (2.131)$$

の場合に速度や加速度の表現を具体的に求めてみよう．まず，円筒座標での単位ベクトル，$e_r, e_\theta,$ は図 2.30 のように与えられる．この場合，座標 (r,θ) で与えられる点の位置は

$$\bm{r} = r\bm{e}_r \qquad (2.132)$$

である．速度は $\bm{r}$ を t で微分して

$$\frac{d\bm{r}}{dt} = \frac{dr}{dt}\bm{e}_r + r\frac{d\bm{e}_r}{dt} \qquad (2.133)$$

である．今の場合，直交座標系と違って $\bm{e}_r, \bm{e}_\theta$ は粒子の位置とともに動き，時間とともに変わる．

単位ベクトルの時間変化を調べてみよう．時間 Δt 後に図 2.31 のように点が移動したすると，動径方向を表わす単位ベクトル $\bm{e}_r$ は

$$\bm{e}_r \to \bm{e}_r + \Delta\theta\bm{e}_\theta, \qquad (2.134)$$

となり

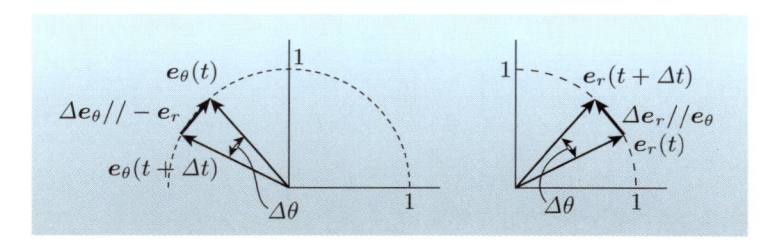

図 2.32 円筒座標の単位ベクトルの時間発展

$$\Delta \boldsymbol{e}_r = \Delta\theta \boldsymbol{e}_\theta \tag{2.135}$$

だけ変化する (図 2.32). ここで角度方向の変化率を

$$\dot{\theta} = \frac{d\theta}{dt} \tag{2.136}$$

とすると

$$\frac{d\boldsymbol{e}_r}{dt} = \lim_{\Delta t \to 0} \frac{\Delta \boldsymbol{e}_r}{\Delta t} = \lim_{\Delta t \to 0} \frac{\Delta\theta}{\Delta t} \boldsymbol{e}_\theta = \dot{\theta} \boldsymbol{e}_\theta \tag{2.137}$$

となる. つまり, 速度は

$$\boldsymbol{v} = \frac{d\boldsymbol{r}}{dt} = \frac{dr}{dt}\boldsymbol{e}_r + r\frac{d\theta}{dt}\boldsymbol{e}_\theta \tag{2.138}$$

と表わせ, 成分ごとに書くと

$$v_r = \frac{dr}{dt}, \quad v_\theta = r\frac{d\theta}{dt} \tag{2.139}$$

となる. 同様にして加速度は

$$\begin{aligned}
\frac{d^2\boldsymbol{r}}{dt^2} &= \frac{d\boldsymbol{v}}{dt} \\
&= \frac{d}{dt}\left(\frac{dr}{dt}\boldsymbol{e}_r + r\frac{d\theta}{dt}\boldsymbol{e}_\theta\right) \\
&= \frac{d^2 r}{dt^2}\boldsymbol{e}_r + 2\frac{dr}{dt}\frac{d\theta}{dt}\boldsymbol{e}_\theta + r\frac{d^2\theta}{dt^2}\boldsymbol{e}_\theta + r\frac{d\theta}{dt}\frac{d\boldsymbol{e}_\theta}{dt} \\
&= \frac{d^2 r}{dt^2}\boldsymbol{e}_r + 2\frac{dr}{dt}\frac{d\theta}{dt}\boldsymbol{e}_\theta + r\frac{d^2\theta}{dt^2}\boldsymbol{e}_\theta - r\left(\frac{d\theta}{dt}\right)^2 \boldsymbol{e}_r
\end{aligned} \tag{2.140}$$

【円筒座標 (2.131) での速度と加速度のまとめ】

$$\begin{cases} x = r\cos\theta \\ y = r\sin\theta \\ z = z \end{cases} \quad ①$$

の場合は二次元に比べて面倒であるが, 同様にして計算すると

$$\boldsymbol{r} = \begin{bmatrix} r \\ \theta \\ z \end{bmatrix}, \quad \boldsymbol{v} = \begin{bmatrix} \dot{r} \\ r\dot{\theta} \\ \dot{z} \end{bmatrix}, \quad \boldsymbol{a} = \begin{bmatrix} \ddot{r} - r\dot{\theta}^2 \\ r\ddot{\theta} + 2\dot{r}\dot{\theta} \\ \ddot{z} \end{bmatrix} \quad ②$$

の形となる.

となる.ここで,角度方向の単位ベクトルの時間微分が

$$\frac{d\bm{e}_\theta}{dt} = -\frac{d\theta}{dt}\bm{e}_r \tag{2.141}$$

であることを用いた.まとめると加速度は

$$\bm{a} = \left(\frac{d^2r}{dt^2} - r\dot{\theta}^2\right)\bm{e}_r + \left(r\ddot{\theta} + 2\frac{dr}{dt}\frac{d\theta}{dt}\right)\bm{e}_\theta \tag{2.142}$$

となる.成分ごとに書くと

$$a_r = \frac{d^2r}{dt^2} - r\dot{\theta}^2, \quad a_\theta = r\ddot{\theta} + 2\frac{dr}{dt}\frac{d\theta}{dt} = \frac{1}{r}\frac{d}{dt}\left(r^2\frac{d\theta}{dt}\right) \tag{2.143}$$

となる.

ここで,動径成分の第二項 $-r\dot{\theta}^2$ は回転によって生じる動径方向の加速度である.運動方程式にすると

$$ma_r = \frac{d^2r}{dt^2} - r\dot{\theta}^2 = F_r \tag{2.144}$$

であり,

$$m\frac{d^2r}{dt^2} = F_r + mr\dot{\theta}^2 \tag{2.145}$$

となる.この $mr\dot{\theta}^2$ は回転によって生じる動径方向の見かけの力であり,**遠心力**と呼ばれる.

中心力の場合,力は動径方向のみであるので運動方程式は

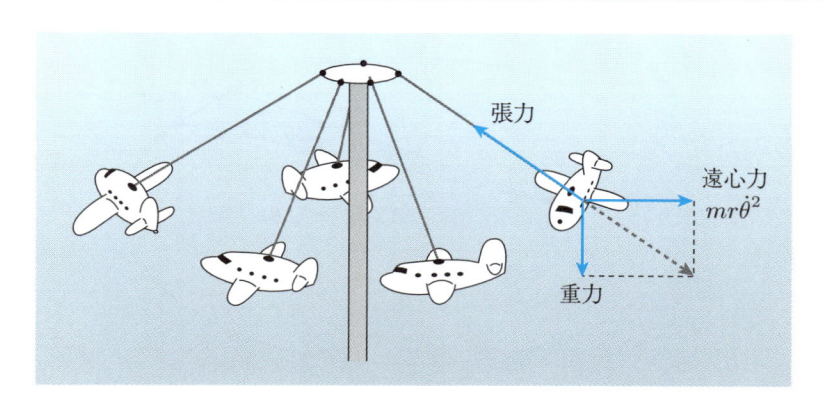

図 2.33 遠心力

$$\begin{cases} ma_r = m\left(\dfrac{d^2 r}{dt^2} - r\dot\theta^2\right) = F(r) \\ ma_\theta = m\dfrac{1}{r}\dfrac{d}{dt}\left(r^2 \dfrac{d\theta}{dt}\right) = 0 \end{cases} \quad (2.146)$$

である．

2.8.2　角運動量の保存

式 (2.146) において，第二式はすべての中心力について成り立つ一般的性質である．これより直ちに，

$$mr^2 \frac{d\theta}{dt} = 一定 \quad (2.147)$$

であることが結論できる．この一定の量は原点からの距離 (r)× 質量 (m)× 回転方向の速度 ($r\dot\theta$) であるので角運動量に他ならない．これを以後

$$h = mr^2 \frac{d\theta}{dt} \quad (2.148)$$

と書く．つまり，中心力の系では角運動量が保存する．この関係は，動径が掃引する面積 (**面積速度**) の変化 (図 2.34) つまり

$$\Delta S = \frac{1}{2} \times r \times r\frac{d\theta}{dt} \cdot \Delta t \rightarrow \frac{dS}{dt} = \frac{1}{2}r^2 \frac{d\theta}{dt} = \frac{h}{2m} \quad (2.149)$$

が一定と表わすこともできる．この面積速度一定という性質はケプラーの第 2 法則と呼ばれ，惑星運動において発見されている．この性質はすべての中心力に共通であることがわかる．

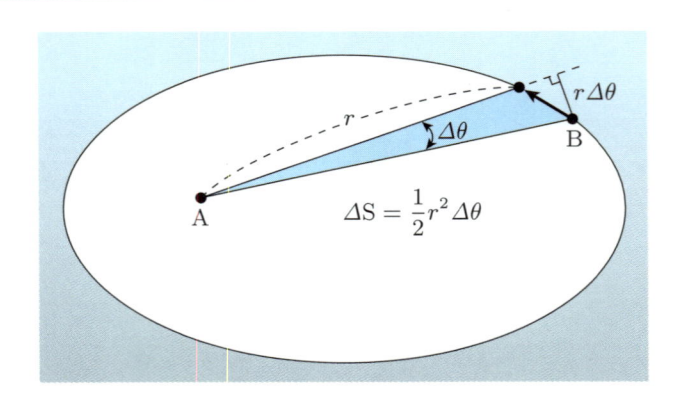

図 2.34　面積速度一定 (ケプラーの第 2 法則)

2.8.3 惑星の運動

式 (2.146) の第一式は万有引力の場合に

$$m\left(\frac{d^2r}{dt^2} - r\dot{\theta}^2\right) = -GMm\frac{1}{r^2} \qquad (2.150)$$

である．この方程式の解は

$$r = \frac{l}{1+\varepsilon\cos\theta} \qquad (2.151)$$

で与えられる (p.52 の下の解法を参照)．ここで，

$$l = \frac{h^2}{GMn^2}, \quad \varepsilon^2 = 1 + \frac{2Eh^2}{G^2M^2m^3} \qquad (2.152)$$

E は系の全エネルギーである．系の全エネルギー E は運動エネルギーと位置のエネルギーの和であるので

$$v_\theta^2 = r^2\dot{\theta}^2 = r^2 \times \left(\frac{h^2}{mr^2}\right)^2 = \frac{h^2}{m^2r^2} \qquad (2.153)$$

の関係を用いると

$$E = \frac{m}{2}\left(v_r^2 + v_\theta^2\right) + U(r) = \frac{m}{2}v_r^2 + \frac{h^2}{2mr^2} - \frac{GM}{r} \qquad (2.154)$$

となる．右辺第二項は回転による動径方向の見かけのポテンシャルで**遠心力ポテンシャル**と呼ばれる．

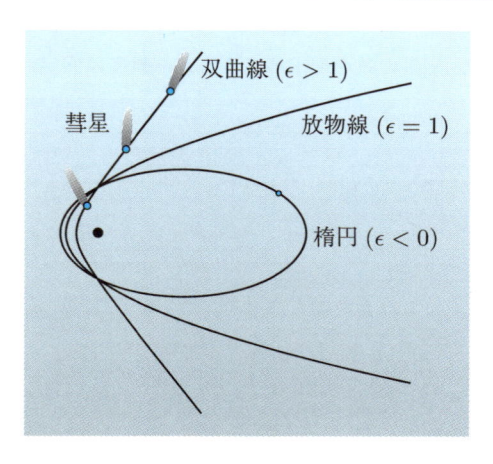

図 2.35 楕円，放物線，双曲線 $r = \dfrac{l}{1+\varepsilon\cos\theta}$
(ケプラーの第 1 法則)

● 楕円軌道

$\varepsilon < 1$, つまり $E < 0$ の場合, 分母は常に正で, すべての θ に対して r は有限の値をとる. (2.151) のこれは極座標での楕円の式である. このことから惑星の運動は太陽を焦点とした楕円の軌道を描くことがわかる (図 2.35). つまり, これはケプラーの第 1 法則を表わしている.

楕円の長半径 a, 短半径 b がそれぞれ

$$a = \frac{l}{1-\varepsilon^2} = -\frac{GMm}{2E}, \quad b = al = h\sqrt{\frac{-1}{2Em}} \qquad (2.155)$$

と表わされるので, 楕円の面積は πab である (以下の説明参照). これを面積速度で割ると回転の周期 T

$$T = \frac{\pi ab}{h/2m} = \frac{2\pi a^{3/2}}{\sqrt{GM}} \qquad (2.156)$$

となる. この関係は周期が長半径の 3/2 乗に比例するというケプラーの第 3 法則である.

● 双曲線軌道

$E > 0 (\varepsilon > 1)$ の場合, (2.151) は $\cos\theta < \dfrac{1}{\varepsilon}$ に対して r は実数解をもたない. 図示すると図 2.35 のようになり, 原点を一つの焦点とする双曲線になっている. これは一過性の彗星の軌道を示している. ただし, ハレー彗星など周期的に現われる彗星は長細い楕円軌道をもつ惑星である.

【解 (2.151) の導き方】

方程式 (2.150) を利用して, 惑星の軌道を求めてみよう. **軌道**は惑星が通る軌跡を

$$r = r(\theta) \qquad \text{①}$$

の形に表わしたものである. そこで (2.148) に注意し,

$$\theta = \theta(t), \quad \frac{d}{dt} = \frac{d\theta}{dt}\frac{d}{d\theta} = \frac{h}{mr^2}\frac{d}{d\theta} \qquad \text{②}$$

を利用して, θ を変数として上の方程式を書き直そう.

$$\frac{h}{mr^2}\frac{d}{d\theta}\left(\frac{h}{mr^2}\frac{dr}{d\theta}\right) - \frac{h^2}{m^2 r^3} = -\frac{GM}{r^2} \qquad \text{③}$$

ここで, $1/r^2 (d/d\theta)$ の形に注目して

$$u = \frac{1}{r}, \quad \frac{du}{d\theta} = \frac{d}{d\theta}\left(\frac{1}{r}\right) = -\frac{1}{r^2}\frac{dr}{d\theta} \qquad \text{④}$$

の変数変換をすると

● **放物線軌道**

楕円軌道から双曲線軌道へ移り変わる境目 ($E=0, \varepsilon=1$) では放物線軌道となる．

参考のために，直交標での楕円，放物線，双曲線を与えておこう．式(2.151)を $r=\sqrt{x^2+y^2}, r\cos\theta = x$ として書き直すと

$$\frac{\left(x+\frac{l\varepsilon}{1-\varepsilon^2}\right)^2}{l^2/(1-\varepsilon^2)^2} + \frac{y^2}{l^2/(1-\varepsilon^2)} = 1 \tag{2.157}$$

である．

2.8.4　ケプラーの法則から万有引力の発見へ

逆に，観測事実としてのケプラーの法則から，どのようにして万有引力が導かれるか見てみよう．

加速度の回転方向 a_θ，動径方向 a_r を考えるとき，まず，面積速度(2.149)一定

$$C = \frac{1}{2}r^2\dot\theta \tag{2.158}$$

から

$$a_\theta = 0 \tag{2.159}$$

がわかる．

より

$$u^2 \frac{d}{d\theta}\left(-\frac{du}{d\theta}\right) - u^3 = -\frac{GMm^2}{h^2}u^2 \qquad ⑤$$

より

$$\frac{d^2u}{d\theta^2} - u = -\frac{GMm^2}{h^2} \qquad ⑥$$

となる．この解は

$$u = A\cos\theta + \frac{GMm^2}{h^2} \qquad ⑦$$

である．これより

$$r = \frac{l}{\varepsilon\cos\theta + 1}, \quad l = h^2/GMm^2, \quad \varepsilon = Ah^2/GMm^2 \qquad ⑧$$

であることがわかる．この式をエネルギーの式に代入すると ε がエネルギーの関数として求められる．

次に，軌道が楕円であること

$$r = \frac{a(1-\varepsilon^2)}{1+\varepsilon\cos\theta} \qquad (2.160)$$

と，面積速度一定より，$\dot{\theta}$ が r で表わせることを利用して，r の時間微分を r, θ で表わすようにする．

$$\frac{dr}{dt} = \frac{dr}{d\theta}\frac{d\theta}{dt} = \frac{2C}{r^2}\frac{dr}{d\theta} = -2C\frac{d}{d\theta}\left(\frac{1}{r^2}\right) \qquad (2.161)$$

また，二階微分は

$$\frac{d^2r}{dt^2} = \frac{d\theta}{dt}\frac{d}{d\theta}\left[-2C\frac{d}{d\theta}\left(\frac{1}{r^2}\right)\right] \qquad (2.162)$$

$$= -\frac{(2C)^2}{r^2}\frac{d^2}{d\theta^2}\left(\frac{1}{r^2}\right) = -\frac{(2C)^2}{r^2}\frac{\varepsilon}{a(1-\varepsilon^2)}(-\cos\theta)$$

$$= \frac{(2C)^2}{r^2}\frac{1}{a(1-\varepsilon^2)}\left(\frac{a(1-\varepsilon^2)}{r}-1\right) \qquad (2.163)$$

であるので，加速度は

$$a_r = \frac{d^2r}{dt^2} - r(\dot{\theta})^2 = \frac{(2C)^2}{r^3} - \frac{(2C)^2}{a(1-\varepsilon^2)r^2} - \frac{(2C)^2}{r^3} = -\frac{(2C)^2}{a(1-\varepsilon^2)r^2} \qquad (2.164)$$

となる．これから，加速度，つまり力は距離の二乗に反比例することがわかる．θ への依存性が消えてしまったのは，この力の回転対称性のためである．そのため，最終結果が非常にきれいな形になる．

さらに，面積速度が周期 T と楕円の長径 a によって

【ケプラーの法則のまとめ】

(1) 惑星は太陽を一つの焦点とする楕円軌道をもつ (図 2.35)．

(2) 太陽から一つの惑星にひいた動径ベクトルは，等しい時間内に一定の面積を掃過する (図 2.34)．

(3) 軌道の長半径の 3 乗は周期の 2 乗に比例する (2.166)．

$$C = \frac{\pi a^2 \sqrt{1-\varepsilon^2}}{T} \tag{2.165}$$

と表わされることから

$$a_r = -\left(\frac{4\pi^2 a^3}{T^2}\right)\frac{1}{r^2} \tag{2.166}$$

となり，軌道の長半径の三乗が周期の二乗に比例するというケプラーの第3法則からこの加速度は惑星によらず共通であることもわかる．つまり，'万有'である．

2.8.5 クーロン力による運動

クーロン力も距離の二乗に半比例する力であり，万有引力と同じである (第5章参照)．ただし，力は異種電荷では引力であるが，同種電荷では斥力である．斥力の場合，エネルギー E は常に正となり軌道は双曲線となる．

この軌道を考察して原子内の正電荷の分布を調べたものとして有名なラザファードの実験がある．彼は，正電荷をもつ粒子 (アルファ線) をぶつけた場合に跳ね返ってくる粒子の角度依存性から原子内で正電荷の分布を調べた．つまり，もし正電荷が点状に分布しているとすると図 2.36 のように正電荷の近くに打ち込まれた粒子だけが大きな角度で跳ね返されることに注目し，粒子を単位面積当たり一様に打ち込んだ場合の粒子跳ね返りの角度分布を調べた．

中心から s 離れたところに入射した粒子の散乱角度を θ とすると

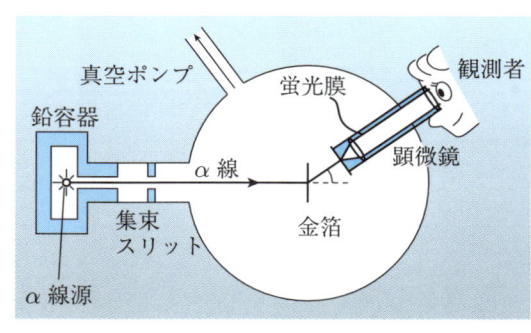

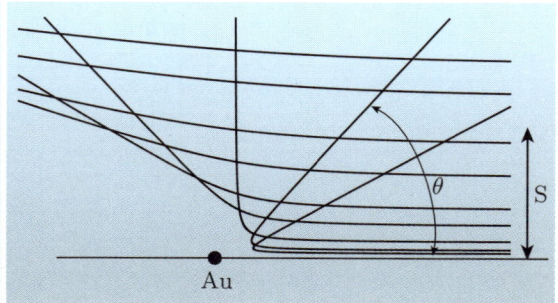

図 2.36 原子核による α 線の散乱と散乱角の分布

図 2.37 金 (Au) 原子によるアルファ線の散乱の様子．角度 θ の方向への散乱の割合が (2.170) で与えられる．

$$\tan\left(\frac{\theta(s)}{2}\right) = \frac{kq_1q_2}{msv_\infty^2} \tag{2.167}$$

であることがわかる．ここで，v_∞ は無限に離れたところでのアルファ線の速度，つまり入射速度である．また，q_1, q_2 はそれぞれの電荷の大きさである．また，k はクーロン力の大きさを表わす係数である (第 5 章参照)．中心から $s \sim s+ds$ のところに入射する粒子数 $N(s)$ は，単位面積当たりに入射する粒子数を N とすると

$$dN(s) = 2\pi s ds \times N \tag{2.168}$$

である．粒子が一様に入射したとき角度 $\theta \sim \theta+d\theta$ に散乱される個数は (2.167) を用いて

$$ds = -\frac{kq_1q_2}{2mv_\infty^2}\frac{d\theta}{\sin^2(\theta/2)} \tag{2.169}$$

となるので

$$N(\theta)d\theta = N\left(\frac{kq_1q_2}{2mv_\infty^2}\right)^2 \frac{2\pi\sin\theta}{\sin^4(\theta/2)}d\theta \tag{2.170}$$

の分布を持つことになる．この角度 θ への散乱の割合は**散乱断面積**と呼ばれる．この量は単位面積当たり，どのくらいの面積に入射した粒子が角度 θ に散乱されるかを表わす量，つまり (2.168)，を表わすからである．実際の実験はこの分布でよく表わされた．

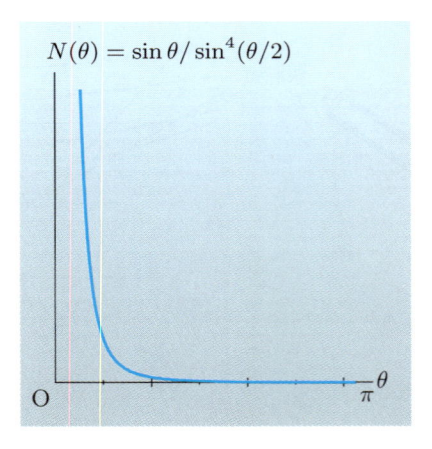

図 2.38　粒子の検出頻度 $N(\theta)$

2.9 慣性系

2.9.1 並進加速系

力が加わらないとき加速度が生じない，つまり等速直線運動をすることが，ニュートン力学の前提 (力学の第 1 法則) であった．この前提が満たされている系を**慣性系**という．しかし，慣性系に対して加速度運動している座標系からみると見かけの加速度が働く．このような座標系は**非慣性系**と呼ばれる．

身近な例からはじめよう．電車やバスが動き始めるとき体が後ろに引かれるように思う (図 2.39) のは，乗り物の座標系 S′ で判断するからである．慣性系 S(地上) から測った位置を r，乗り物の中で測った位置を r' とする．いま，乗り物，つまり S′ の原点，の慣性系での位置を h とすると

$$r = h + r' \tag{2.171}$$

である．乗り物が動き始めるときの加速度を a とすると

$$\frac{d^2 h}{dt^2} = a \tag{2.172}$$

である．(2.171) を時間で二回微分すると

$$\frac{d^2 r}{dt^2} = \frac{d^2 h}{dt^2} + \frac{d^2 r'}{dt^2} \tag{2.173}$$

であり，乗り物内での見かけの加速度は

$$\frac{d^2 r'}{dt^2} = \frac{d^2 r}{dt^2} - a \tag{2.174}$$

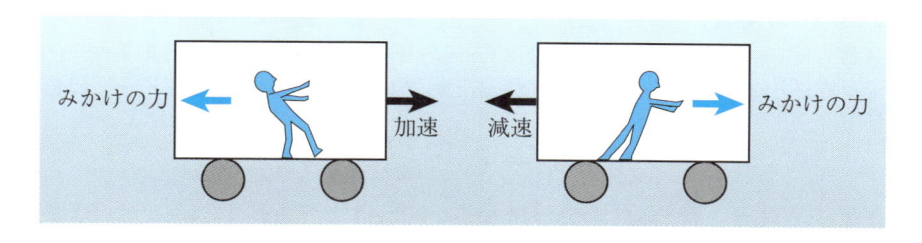

図 2.39　非慣性系 (並進加速系) でのみかけの力

である．ここで右辺第一項は慣性系での加速度であり，物体にかかっている力で表わせる (F/m)．乗り物内での見かけの運動は

$$m\frac{d^2\boldsymbol{r}'}{dt^2} = \boldsymbol{F} - m\boldsymbol{a} \tag{2.175}$$

となる．この式から乗り物内では見かけの力

$$\boldsymbol{F}' = -m\boldsymbol{a} \tag{2.176}$$

は働いているように見えることがわかる．つまり，乗り物が動き始めるときは後向きに見かけの力を感じるのである．急ブレーキで前に押されるのもこの効果である．このように座標系が加速度運動すると，その座標系で運動を記述しようとすると見かけの力が働く．

2.9.2 回転座標系

次に，回転座標系を考えよう．図 2.40 のように，座標系がある軸の周りに角速度 ω で回転しているとしよう．回転座標系から見ると止まっている質点 A の，慣性系での運動を調べてみよう．この質点が時刻 t から $t+\Delta t$ の間に動く変化の大きさは原点 O を回転軸上にとり，質点の座標を $\boldsymbol{r}$ とすると

$$\Delta r = |\boldsymbol{r}|\omega \Delta t \sin\theta \tag{2.177}$$

である．変化の向きは $\boldsymbol{r}$ および回転軸の両方に垂直な方向である．

このような三次元の空間的な関係は表現しにくい．そこでベクトルの外積と

【ダランベールの原理】

どんな運動をしている物体でも，その物体といっしょに動く座標系から見ると止まっているように見える．非慣性系の座標の運動 $\boldsymbol{h}$ として，慣性系での運動そのもの $\boldsymbol{r}(t)$ を取ると，(2.175) は

$$m\frac{d^2\boldsymbol{r}'}{dt^2} = \boldsymbol{F} - m\frac{d^2\boldsymbol{r}}{dt^2} = 0 \qquad ①$$

となり，物体といっしょに動く座標系では力が働かないように見えるからである．この場合，物体には真の力 $\boldsymbol{F}$ と見かけの力 $m\frac{d^2\boldsymbol{r}}{dt^2}$ がつり合っているとみなすことができる．この関係は**ダランベールの原理**と呼ばれる．

2.9 慣性系

いう表現法を考える．まず，回転を表わすベクトルとして，**角速度ベクトル** $\boldsymbol{\omega}$ を導入する．このベクトルの向きは回転軸に平行で右ねじの方向とし，大きさは ω とする (図 2.40)．

ベクトルの外積 (p.60 の下の ①) を用いると，質点の位置の変化は

$$\Delta \boldsymbol{r} = \boldsymbol{\omega} \times \boldsymbol{r} \Delta t \tag{2.178}$$

と表わせる．これから

$$\frac{d\boldsymbol{r}}{dt} = \boldsymbol{\omega} \times \boldsymbol{r} \tag{2.179}$$

の関係が得られる．三次元の回転は，直感的に把握するのがたいへん難しいのでベクトルの外積を用いた表現は議論を進める上で大変役立つ．

この関係を用いれば，回転系において位置が $\Delta \boldsymbol{r}'$ だけ変化するとき，慣性系での変化は回転による変化分を加えて

$$\Delta \boldsymbol{r} = \Delta \boldsymbol{r}' + \boldsymbol{\omega} \times \boldsymbol{r} \Delta t \tag{2.180}$$

と書ける．これを用いて速度の変換公式

$$\frac{d\boldsymbol{r}}{dt} = \frac{d'\boldsymbol{r}}{dt} + \boldsymbol{\omega} \times \boldsymbol{r} \tag{2.181}$$

が得られる．ここでダッシュは回転系の座標での微分を表わす．

加速度はこの関係を二回用い，

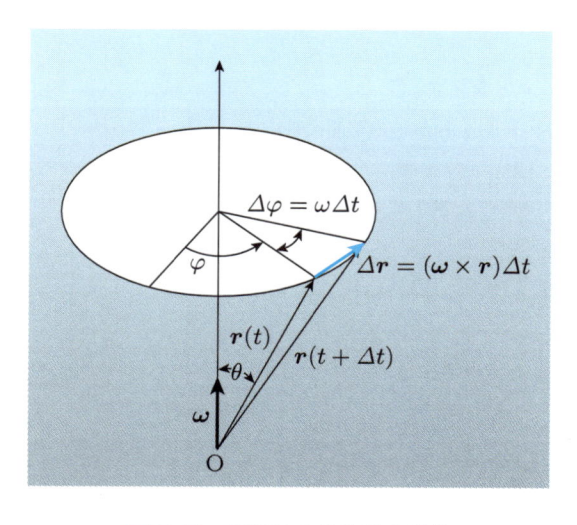

図 2.40　回転による位置の変化

$$\frac{d^2\boldsymbol{r}}{dt^2} = \frac{d}{dt}\left(\frac{d\boldsymbol{r}'}{dt} + \boldsymbol{\omega} \times \boldsymbol{r}\right) = \frac{d}{dt}\frac{d\boldsymbol{r}'}{dt} + \frac{d}{dt}(\boldsymbol{\omega} \times \boldsymbol{r})$$
$$= \frac{d'^2\boldsymbol{r}}{dt^2} + \boldsymbol{\omega} \times \frac{d'\boldsymbol{r}}{dt} + \frac{d'^2}{dt}(\boldsymbol{\omega} \times \boldsymbol{r}) + \boldsymbol{\omega} \times (\boldsymbol{\omega} \times \boldsymbol{r}) \quad (2.182)$$
$$= \frac{d'\boldsymbol{r}}{dt^2} + 2\boldsymbol{\omega} \times \frac{d'\boldsymbol{r}}{dt} + \frac{d'\boldsymbol{\omega}}{dt} \times \boldsymbol{r} + \boldsymbol{\omega} \times (\boldsymbol{\omega} \times \boldsymbol{r})$$

となる．角速度ベクトル自身を (2.181) に代入すると

$$\frac{d\boldsymbol{\omega}}{dt} = \frac{d'\boldsymbol{\omega}}{dt} + \boldsymbol{\omega} \times \boldsymbol{\omega} = \frac{d'\boldsymbol{\omega}}{dt} \quad (2.183)$$

であるので，角速度ベクトルの時間変化は座標系によらない．そこでそれを

$$\frac{d\boldsymbol{\omega}}{dt} = \dot{\boldsymbol{\omega}} \quad (2.184)$$

と表わす．

回転座標系の加速度は

$$m\frac{d'^2\boldsymbol{r}}{dt^2} = m\left(\frac{d^2\boldsymbol{r}}{dt^2} - 2\boldsymbol{\omega} \times \frac{d'\boldsymbol{r}}{dt} - \dot{\boldsymbol{\omega}} \times \boldsymbol{r} - \boldsymbol{\omega} \times (\boldsymbol{\omega} \times \boldsymbol{r})\right) \quad (2.185)$$

であり，回転座標系の運動方程式は慣性系での力を $\boldsymbol{F}$ とすると

$$m\frac{d'\boldsymbol{r}}{dt^2} = \boldsymbol{F} - 2m\boldsymbol{\omega} \times \frac{d'\boldsymbol{r}}{dt} - m\boldsymbol{\omega} \times (\boldsymbol{\omega} \times \boldsymbol{r}) - m\dot{\boldsymbol{\omega}} \times \boldsymbol{r} \quad (2.186)$$

となる．ここで右辺第二項以降が見かけの力である．この第二項はコリオリの力と呼ばれ，

【ベクトルの外積】

$$\boldsymbol{a} \times \boldsymbol{b} = \boldsymbol{x} \quad ①$$

は右図のように，二つのベクトル $\boldsymbol{a}, \boldsymbol{b}$ が張る平面に垂直で，$\boldsymbol{a}, \boldsymbol{b}, \boldsymbol{x}$ の関係が右手系，つまり，座標系の x 軸，y 軸，z 軸の順番になるような方向に $\boldsymbol{x}$ をとる．その大きさは $\boldsymbol{a}, \boldsymbol{b}$ が作る平行四辺形の面積の大きさ

$$|\boldsymbol{a} \times \boldsymbol{b}| = S = |\boldsymbol{a}||\boldsymbol{b}|\sin\theta \quad ②$$

とする．ここで θ は $\boldsymbol{a}, \boldsymbol{b}$ がなす角度である．
ベクトルの外積はベクトルの座標表示で

$$\begin{bmatrix} a_1 \\ a_2 \\ a_3 \end{bmatrix} \times \begin{bmatrix} b_1 \\ b_2 \\ b_3 \end{bmatrix} = \begin{bmatrix} a_2b_3 - a_3b_2 \\ a_3b_1 - a_1b_3 \\ a_1b_2 - a_2b_1 \end{bmatrix} \quad ③$$

と表わせる．この関係を知っておけば，空間上の二つのベクトルに垂直な方向は簡単に計算できる．

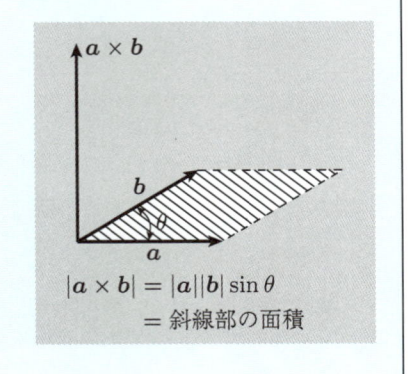

$|\boldsymbol{a} \times \boldsymbol{b}| = |\boldsymbol{a}||\boldsymbol{b}|\sin\theta$
= 斜線部の面積

$$\boldsymbol{F}_{\text{コリオリ}} = -2m\boldsymbol{\omega} \times \frac{d'\boldsymbol{r}}{dt} \tag{2.187}$$

第三項は**遠心力**と呼ばれる．

$$\boldsymbol{F}_{\text{遠心力}} = -m\boldsymbol{\omega} \times (\boldsymbol{\omega} \times \boldsymbol{r}) \tag{2.188}$$

最後の項は不均一な回転によって生じる見かけの力である．

よく，人工衛星で無重力状態と言うが，けっして重力がなくなったわけではなく，重力と遠心力がつりあい見かけの重力が消えた状態である．つまり，ダランベールの原理の実現した状態である．

2.9.3 コリオリの力

座標系の回転によって生じる現象としてコリオリの力に起因する現象を調べてみよう．図 2.41 のように円形のレールの上を等速で列車を走らせ，その中に振り子をつるしてその運動を調べる．列車は円形の軌道を走るので列車とともに動く座標系は回転座標系である．その回転の角速度を ω とする．この振り子の質量を m として回転系での質点の運動方程式を書く．ここでは，微分のダッシュは省略する．簡単のため，回転は十分ゆっくり ($\omega \ll 1$) とし，ω^2 の項，つまり遠心力の効果を無視する．

また回転は一様 $\dot{\omega} = 0$ とする．このとき，振り子は重力，糸の張力 $\boldsymbol{S}$，コリオリの力を受けて運動し，その運動方程式は

【ベクトルのスカラー三重積】

この外積を用いると平行六面体 (右図) の体積が，ベクトルのスカラー三重積と呼ばれる

$$(\boldsymbol{a} \times \boldsymbol{b}) \cdot \boldsymbol{c}$$

で表わされる．ただしは $\boldsymbol{a}, \boldsymbol{b}, \boldsymbol{c}$ の三つのベクトルは右手系の順番になっているとする．左手系の場合，平行六面体の体積にマイナスの符号をつけたものになる．

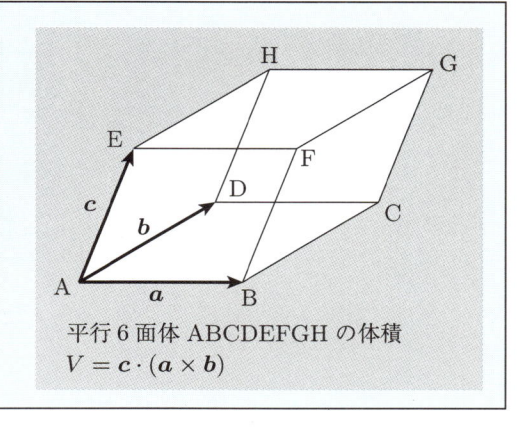

平行 6 面体 ABCDEFGH の体積
$V = \boldsymbol{c} \cdot (\boldsymbol{a} \times \boldsymbol{b})$

$$m\frac{d^2\bm{r}}{dt^2} = \begin{bmatrix} 0 \\ 0 \\ -mg \end{bmatrix} + \begin{bmatrix} S_x \\ S_y \\ S_z \end{bmatrix} - 2m \begin{bmatrix} 0 \\ 0 \\ \omega \end{bmatrix} \times \begin{bmatrix} \dot{x} \\ \dot{y} \\ \dot{z} \end{bmatrix} \quad (2.189)$$

である．$S = |\bm{S}|$，糸の長さを l とすると，

$$(S_x, S_y, S_y) = -\frac{S}{l}(x, y, z) \quad (2.190)$$

である (図 2.42) ので

$$\begin{cases} m\ddot{x} = -S\dfrac{x}{l} + 2m\omega\dot{y} \\ m\ddot{y} = -S\dfrac{y}{l} - 2m\omega\dot{x} \\ m\ddot{z} = -mg - S\dfrac{z}{l} \end{cases} \quad (2.191)$$

である．振幅は小さいと考え，z 成分の変化は無視して xy 面内の運動を考える．(2.191) の第一式，第二式にそれぞれ y, x をかけて

$$\begin{aligned} my\ddot{x} &= -S\frac{yx}{l} + 2my\omega\dot{y} \\ mx\ddot{y} &= -S\frac{xy}{l} - 2mx\omega\dot{x} \end{aligned} \quad (2.192)$$

の差をとると，S が消去でき，

$$m\frac{d(\dot{y}x - \dot{x}y)}{dt} = m\omega\frac{d(x^2 + y^2)}{dt} \quad (2.193)$$

と書くことができる．ここで

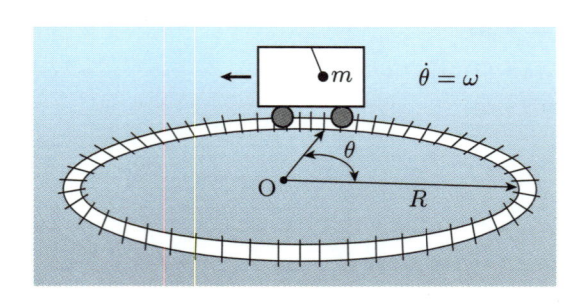

図 2.41 円形のレールを走る列車

$$\begin{cases} x = r\cos\theta \\ y = r\sin\theta \end{cases} \tag{2.194}$$

を代入すると,

$$\dot{y}x - \dot{x}y = r^2\dot{\theta}, \quad x^2 + y^2 = r^2 \tag{2.195}$$

より

$$\dot{\theta} = -\omega \tag{2.196}$$

が得られる．列車内で振り子をみると列車が一周する間に，逆方向に一回転することがわかる．これは，振り子は慣性系に対して回転しないので，列車の向きが変わるとき，列車内からみると振り子が回転したように見えることを意味している．

2.9.4 遠 心 力

次に (2.188)(遠心力) の効果を考えよう．まず，$m\boldsymbol{\omega}\times(\boldsymbol{\omega}\times\boldsymbol{r})$ の形を考察してみよう．まず，$\boldsymbol{\omega}\times\boldsymbol{r}$ は図 2.43 のように，回転軸方向 ($//\boldsymbol{\omega}$) と動径方向 ($//\boldsymbol{r}$) の両方に垂直な方向，つまり回転方向で，大きさが $r_\perp\omega$ のベクトルである．このベクトルと $\boldsymbol{\omega}$ の外積 $\boldsymbol{\omega}\times(\boldsymbol{\omega}\times\boldsymbol{r})$ は回転軸に向かう方向 (内向き) で大きさが $r_\perp\omega^2$ のベクトルである．遠心力はこれにマイナスの符号をつけたものであるので外向きで大きさが $mr_\perp\times\omega^2$ のベクトルで表わされる力で

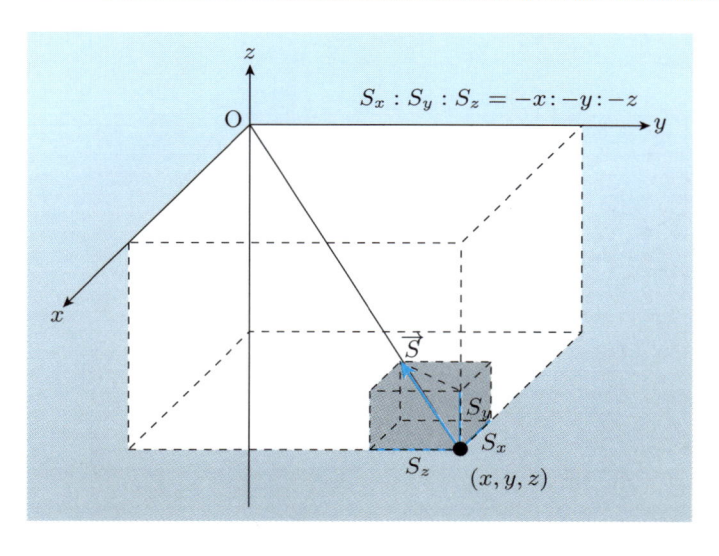

図 2.42 糸の張力

ある．

この効果は回転座標系で物体の速度に関係なく働く．前項で考えた振り子を列車内で静止させると，真下ではなく，図 2.44 のように重力と遠心力の合力の方向を向く．そのときの角度 θ は

$$\tan\theta = \frac{mr_\perp \omega^2}{mg} = \frac{r_\perp \omega^2}{g} \tag{2.197}$$

で与えられる．

2.9.5　地球の回転によって生じる現象

普通，地球は慣性系として扱うが，実は自転しており正確には回転座標系である．日常生活ではあまり意識することはないが，自転の効果による現象を調べてみよう．

有名な例では，**台風の渦の向き**がある．図 2.45 のように，風は高気圧の所から低気圧に向かって吹き込もうとするが，この流れに対しコリオリの力が働き，進行方向を少し右に変える．そのため全体としては左回りに流れが起こる．南半球では，逆に右回りになる．この効果は，地球の自転が遅いため大きなスケールの運動でのみ現われる．

洗面器の水を流すときどちら向きの渦ができるかは，最初にどちらに回したかによってその方向の渦になる．これは水がすべて流れ出るまでに地球が回転する角度は小さく水の流れ出る時間スケールでは地球はほぼ回転しておらず，ほぼ慣性系とみなしてよいからである．

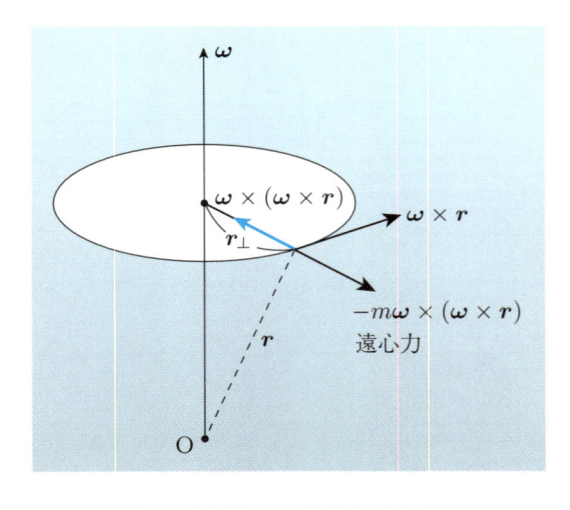

図 2.43　回転による遠心力

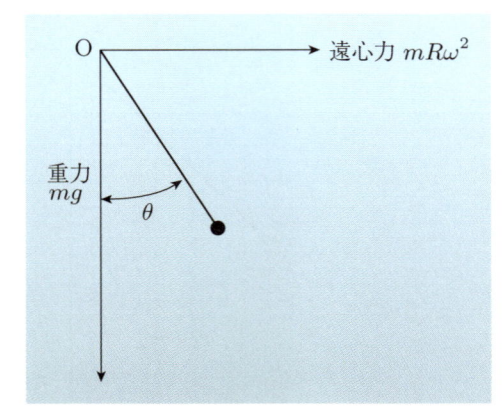

図 2.44　列車内での振り子の傾き

また，地球の回転を直接観察する装置として，**フーコーの振り子**がある（図 2.46）．2.9.3 項で考えた列車の中での振り子と同様に，地球上で振り子を振ると地球の自転のため振り子の振れている面が回転して見える．これをフーコーの振り子という．北極，南極では，回転する列車内での振り子と同じ状況で，フーコーの振り子の回転速度は一日一周である．地球の自転の回転ベクトルは地軸に平行のため，緯度 ϕ のところでは真上方向でなく角度 ϕ 傾いている（図 2.47）．そのため鉛直上方の回転成分の大きさは $\sin(\phi)\omega$ になる．そのため，緯度 ϕ ではフーコーの振り子の回転面は一日に $2\pi \times \sin\phi$ 回転する．

次に，重力に対する遠心力の効果を調べてみよう．遠心力は回転軸からの距離 $R_\perp$ に比例するので，北極，南極では 0 であり，赤道上で最大である．遠心力と重力の合力を考えると，赤道上で重力 $(= -mg + mR\omega_{自転}^2)$ は北極，南極での重力 $(= -mg)$ より $mR\omega_{自転}^2$ だけ小さい．また，遠心力のため途中の緯度での鉛直方向は地球の中心を向かず少しずれている（図 2.47）．そのため，北極星の方向と鉛直下方（合力の向き）から緯度を計算すると少しずれが生じる．

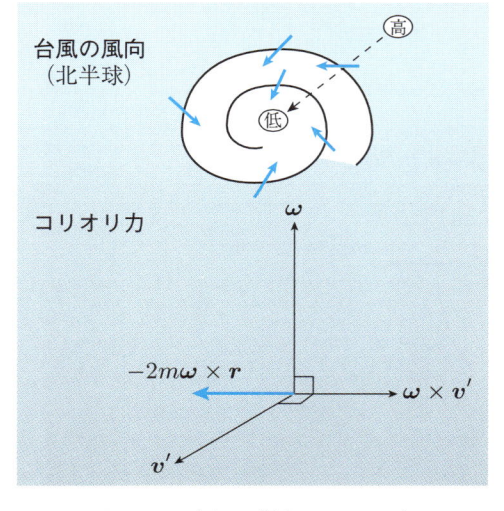

図 2.45　台風の渦とコリオリ力

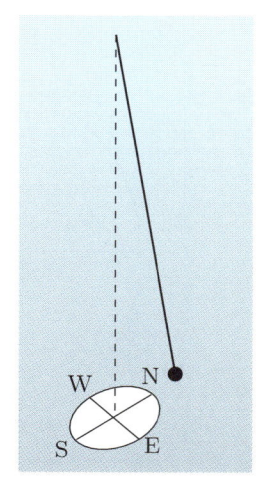

図 2.46　フーコーの振り子：摩擦の効果を小さくするため，長い振り子をゆっくり振るようにできている．

例題 赤道上の重力と極での重力の差を計算せよ．ただし，重力加速度を 9.83m/sec^2，地球の半径を $6.37 \times 10^6 \text{m}$ とする．また，差の実測地は 0.052m/sec^2 である．このことから地球の形の球からのずれを考察せよ．

解 極では重力は 9.83m/sec^2 自身である．赤道上では自転

$$\omega_{自転} = \frac{2\pi}{24 \times 60 \times 60} \tag{2.198}$$

による遠心力

$$F = m \times \omega_{自転}^2 \times 6.37 \times 10^6 = m \times 0.0337 \text{kgm/s}^2 \tag{2.199}$$

にために小さくなる．しかし，実測値の差はこれ以上なので地球は少し，扁平な楕円球 (パンケーキ型) になっていると考えられる．

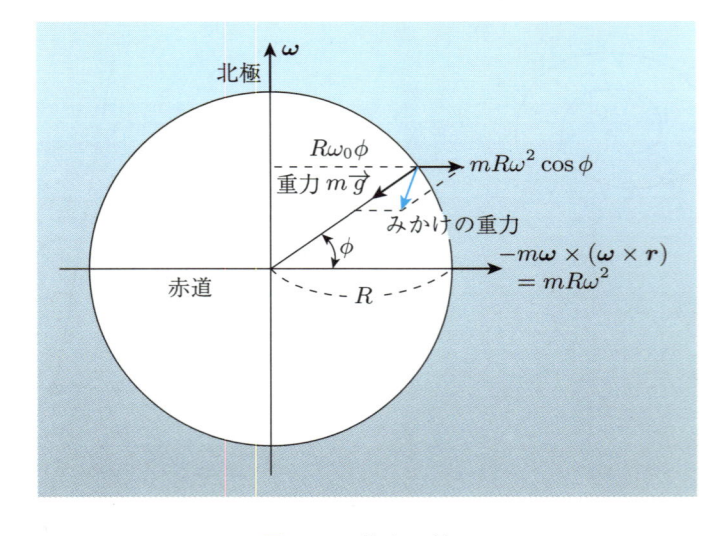

図 2.47 緯度の効果

2.10 剛体の力学

最後に大きさのある物体の運動を考えよう．ただし，物体の形は力によって変化しないとする．つまり，十分硬いとするのである．このような場合，物体は**剛体**と呼ばれる．

2.10.1 剛体の位置指定

剛体の状態を指定するには，剛体上の三点の位置を指定する必要がある．一点あるいは二点しか指定しないと，回転の自由度が残る．このように，三点指定するということは剛体の上の一点とそこからの二つのベクトルを決めることと見ることもできる (図 2.48)．

物体が固定した回転軸を持っている場合 (図 2.49) には，剛体の状態を指定する一つのベクトルは回転軸の方向にとり，もう一つは回転軸に垂直な方向にとるのが便利である．ここで自由に変化できるのは最後のベクトルの方向だけで，その角度によって回転軸の周りの回転を表わせる．

2.10.2 剛体の角運動量

剛体の運動で，重心運動はこれまでの質点の運動と同じであるが，形を持つために剛体の向きが重要な運動の要素に入ってくる．剛体の回転運動を記述するため，角運動量が重要な役割をする．

剛体はすべての部分が一斉に回転するので，角運動量は回転軸のまわりを

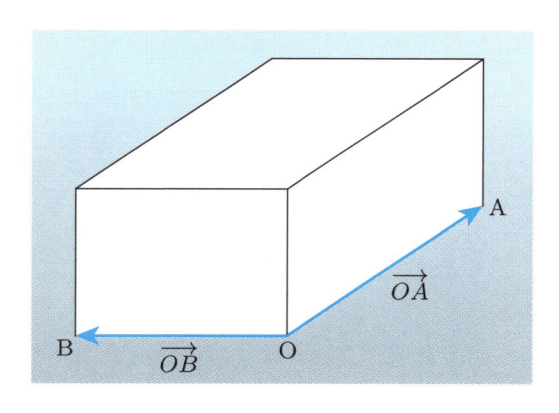

図 2.48 剛体の位置指定：O, A, B の三点を決める．
あるいは O の位置とベクトル $\vec{OA}$, $\vec{OB}$ を決める．

同じ角速度 $\dot{\theta}$ で回転する剛体の各部分の角運動量の和となる．回転軸のまわりの角運動量は $\boldsymbol{v}_i = \boldsymbol{r}_i \dot{\theta}$ を用いて

$$L = \sum_i \boldsymbol{r}_i \times \boldsymbol{p}_i = \sum_i m_i \boldsymbol{r}_i \times \boldsymbol{v}_i = \sum_i m_i r_i^2 \dot{\theta} \tag{2.200}$$

である．

角運動量の運動方程式は

$$\frac{d\boldsymbol{L}}{dt} = \frac{d}{dt}\left(\sum \boldsymbol{r}_i \times \boldsymbol{p}_i\right) = \sum \left(\frac{d\boldsymbol{r}_i}{dt} \times \boldsymbol{p}_i + \boldsymbol{r}_i \times \frac{d\boldsymbol{p}_i}{dt}\right) = \sum \boldsymbol{r}_i \times \boldsymbol{F}_i \tag{2.201}$$

である．物体の場所 $\boldsymbol{r}_i$ に力 $\boldsymbol{F}_i$ が働くとき，その力が物体を回転させようとする量を，**トルク**あるいは**力のモーメント**呼ぶ (図 2.50)．

$$\boldsymbol{N}_i = \boldsymbol{r}_i \times \boldsymbol{F}_i \tag{2.202}$$

(2.200) で $\dot{\theta}$ の係数

$$I = \sum_i m_i r_i^2 \tag{2.203}$$

を回転軸周りの**慣性モーメント**と定義する．連続的に質量が分布している場合には物体の密度 $\rho(x, y, z)$ を用いて

$$I = \int_V r^2 \rho(x, y, z) dx dy dz \tag{2.204}$$

となる．慣性モーメントを用いると角運動量は

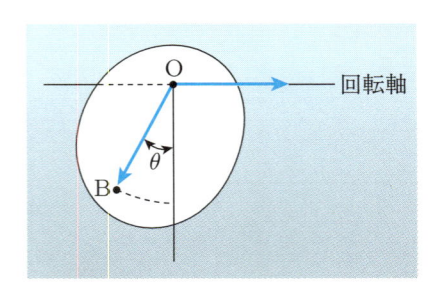

図 2.49　回転軸のまわりの運動

$$L = I\dot{\theta} \tag{2.205}$$

と表わせる．

2.10.3 剛体振り子

図 2.51 のように剛体を重力下で回転軸の周りに振らす場合を考えよう．簡単にするため，回転軸は水平に置かれているものとする．この場合，運動方程式は回転軸 (x 軸) 回りの慣性モーメントを I，力のモーメントを N_x として

$$\frac{dL_x}{dt} = I\ddot{\theta} = N_x \tag{2.206}$$

となる．力のモーメント $\boldsymbol{N}$ は剛体の各部分に働く重力による力のモーメントの和であるので，回転軸を x 軸，鉛直上方を z 軸に取ると，回転軸まわりの $\boldsymbol{N}$ の x 成分は

$$N_x = \left(\boldsymbol{r}_i \times \sum_i m_i g(-\boldsymbol{e}_z)\right) \cdot \boldsymbol{e}_x = -\int_V (\boldsymbol{r} \times \boldsymbol{e}_z) \cdot \boldsymbol{e}_x \rho g dx dy dz \tag{2.207}$$

である．剛体の重心 $\boldsymbol{r}_G$ を

$$\boldsymbol{r}_G = \frac{\int_V \rho(\boldsymbol{r}) \boldsymbol{r} dx dy dz}{M}, \quad M = \int_V \rho(\boldsymbol{r}) dx dy dz \tag{2.208}$$

で定義する．この $\boldsymbol{r}_G$ を用い

$$\boldsymbol{N} = -\int_V (\boldsymbol{r} - \boldsymbol{r}_G + \boldsymbol{r}_G) \times \boldsymbol{e}_z \rho g dx dy dz \tag{2.209}$$

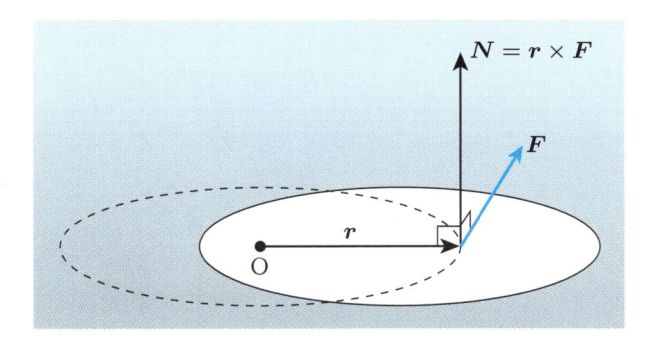

図 2.50 トルク

と置き,
$$0 = \int_V (\boldsymbol{r} - \boldsymbol{r}_G)\rho dxdydz \tag{2.210}$$
に注意すると
$$N_x = (\boldsymbol{r}_G \times (-Mg\boldsymbol{e}_z)) \cdot \boldsymbol{e}_x = -Mg\sin\theta|\boldsymbol{r}_G| \tag{2.211}$$
となる.つまり,力のモーメントはすべての質量が重心の位置に集中するとしたときのものと等しいことがわかる.ただし,θ は重心と鉛直下方のなす角度である.(図 2.51).回転軸が重心を通る場合の慣性モーメントを
$$I_G = \int_V \rho((y-y_G)^2 + (z-z_G)^2)dxdydz \tag{2.212}$$
とし,回転軸と重心の距離を r_0 とすると
$$\begin{aligned}I &= \int_V \rho\left((y-y_G+y_G)^2 + (z-z_G+z_G)^2\right)dxdydz \\ &= I_G + Mr_0^2\end{aligned} \tag{2.213}$$
となる.つまり,
$$I\ddot{\theta} = -gMr_0\sin\theta \tag{2.214}$$
であるので剛体を振り子のように振るとき,普通の振り子の長さと比較して,実効的な振り子の長さは

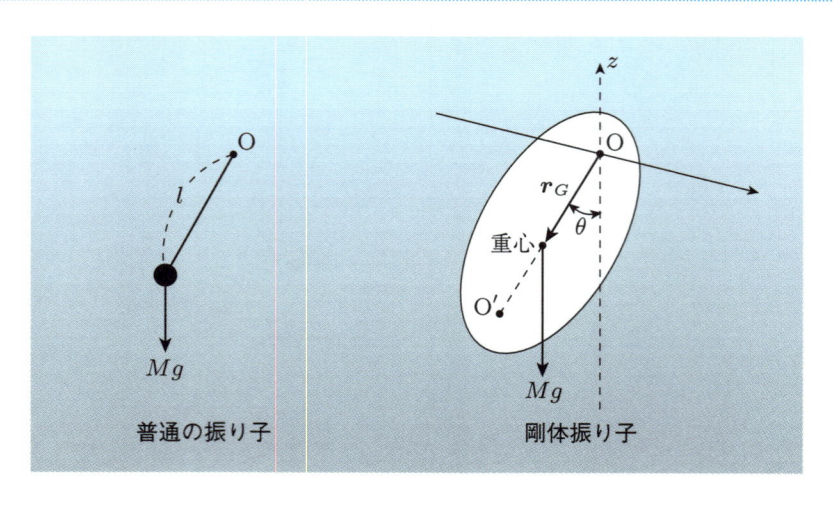

図 2.51 (a) 普通の振り子と (b) 剛体振り子

$$l = \frac{I}{Mr_0} \tag{2.215}$$

とみなせる（図 2.51）．これらから剛体振り子は，振り子の長さが l，質点の質量が M である振り子と同じ振動をすることがわかる．

さらに，図 2.52 のように，重心の延長上の点 l だけ離れた O′ を回転軸にして回転させると，

$$r_0' = l - r_0 = \frac{I_G + Mr_0^2}{Mr_0} - r_0 = \frac{I_G + Mr_0^2 - Mr_0^2}{Mr_0} = \frac{I_G}{Mr_0} \tag{2.216}$$

より

$$r_0 r_0' = \frac{I_G}{M} \tag{2.217}$$

である．そこで

$$I'\ddot{\theta} = -gMr_0' \sin\theta \tag{2.218}$$

の周期 T' は

$$T' = 2\pi\sqrt{\frac{I'}{Mgr_0'}} = 2\pi\sqrt{\frac{I_G + Mr_0'^2}{Mgr_0'}} = 2\pi\sqrt{\frac{Mr_0 r_0' + Mr_0'^2}{Mgr_0'}}$$
$$= 2\pi\sqrt{\frac{r_0 + r_0'}{g}} = 2\pi\sqrt{\frac{l}{g}} \tag{2.219}$$

となり，初めの場合に一致する．この事実を利用したものに**ケーターの可逆**

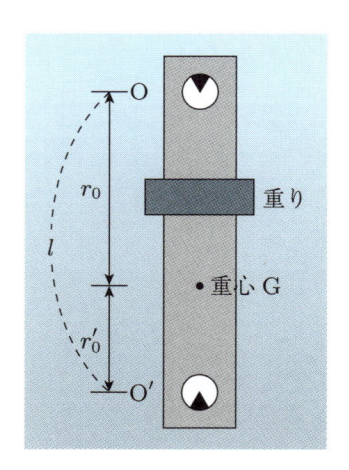

図 2.52　ケーターの可逆振り子

振り子と呼ばれるものがある (図 2.52). 回転軸を通す穴が O と O′ にあり, 重り W を用いてそれらが上で議論した O, O′ の関係になるようにする. つまり, どちらの回転軸を用いても同じ周期になるようにする. このとき,

$$T = 2\pi\sqrt{\frac{l}{g}} \tag{2.220}$$

が成り立っているので, OO′ 間の距離を l として, 重力加速度 g が決めることができる. 普通の振り子では枝の長さにあいまいさがあるのに対しこの方法では, その心配がないので正確に求められる.

2.10.4 慣性モーメント

一般に角速度 $\boldsymbol{\omega}$ をもつ物体の角運動量は

$$\boldsymbol{L} = \int_V \boldsymbol{r} \times (\boldsymbol{\omega} \times \boldsymbol{r})\rho dxdydz \tag{2.221}$$

であるので, 具体的に書くと

$$\begin{aligned}
L_x &= \int_V (y^2+z^2)\omega_x \rho dxdydz - \int_V xy\omega_y \rho dxdydz - \int_V xz\omega_z \rho dxdydz \\
L_y &= -\int_V yx\omega_x \rho dxdydz + \int_V (z^2+x^2)\omega_y \rho dxdydz - \int_V yz\omega_z \rho dxdydz \\
L_z &= -\int_V zx\omega_x \rho dxdydz - \int_V zy\omega_y \rho dxdydz + \int_V (x^2+y^2)\omega_z \rho dxdydz
\end{aligned} \tag{2.222}$$

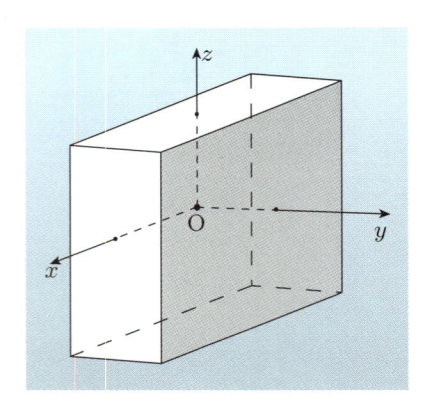

図 2.53 慣性主軸

である．これを，行列の形にまとめると

$$\boldsymbol{N} = \begin{bmatrix} I_{xx} & I_{xy} & I_{xz} \\ I_{yx} & I_{yy} & I_{yz} \\ I_{zx} & I_{zy} & I_{zz} \end{bmatrix} \begin{bmatrix} \omega_x \\ \omega_y \\ \omega_z \end{bmatrix} \equiv \hat{I}\boldsymbol{\omega} \qquad (2.223)$$

となる．ここで

$$I_{xx} = \int_V (y^2+z^2)\rho dxdydz, \quad I_{xy} = -\int_V xy\rho dxdydz, \quad \text{etc.} \qquad (2.224)$$

である．この行列 $\hat{I}$ は**慣性テンソル**と呼ばれる．定義から明らかなように対称行列であるので座標軸の回転操作で対角化でき，

$$I = \begin{bmatrix} A & 0 & 0 \\ 0 & B & 0 \\ 0 & 0 & C \end{bmatrix} \qquad (2.225)$$

の形にすることができる．そのときの軸方向を**慣性主軸**という（図 2.53）．また，それぞれの慣性主軸のまわりの慣性モーメント A, B, C を**主慣性モーメント**という．どんな形の物体でも慣性主軸はあり，主慣性モーメントが同じである物体は剛体としては同じであり，同じ運動をする．

2.10.5 剛体の回転

物体が回転しているとき，回転に関する運動方程式は

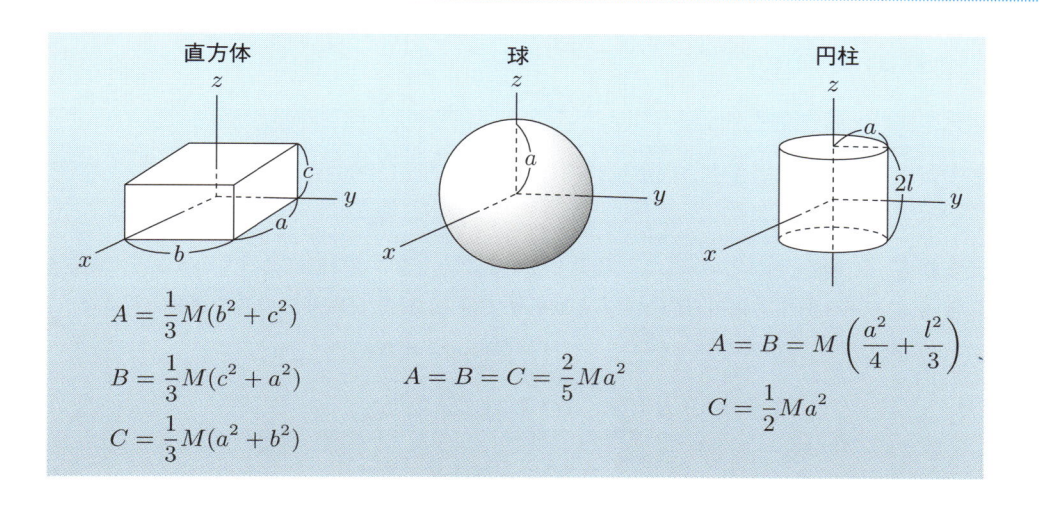

直方体
$A = \frac{1}{3}M(b^2+c^2)$
$B = \frac{1}{3}M(c^2+a^2)$
$C = \frac{1}{3}M(a^2+b^2)$

球
$A = B = C = \frac{2}{5}Ma^2$

円柱
$A = B = M\left(\frac{a^2}{4}+\frac{l^2}{3}\right)$
$C = \frac{1}{2}Ma^2$

図 2.54 簡単な形の慣性主軸と主慣性モーメント
（M は全質量，密度は均一とする）

$$\frac{d\boldsymbol{L}}{dt} = \boldsymbol{N} \tag{2.226}$$

で与えられる．慣性主軸を座標にとって運動を考えると

$$\begin{aligned} L_x &= A\omega_x = N_x \\ L_y &= B\omega_y = N_y \\ L_z &= C\omega_z = Nz \end{aligned} \tag{2.227}$$

と各成分ごとに分離されておりわかりやすいが，回転を始めるとすぐに物体の向きは慣性主軸から傾き，慣性主軸の方向からずれてしまう．

そこで，物体とともに回転する回転座標系で運動を考える．回転座標系では，(2.179) より

$$\frac{d'\boldsymbol{L}}{dt} + \boldsymbol{\omega} \times \boldsymbol{L} = \boldsymbol{N} \tag{2.228}$$

である．具体的な形を下に与える．

● **自由回転**

特に，$\boldsymbol{N} = 0$ の場合の自由回転を調べてみよう (図 2.55)．下式 ② で $N_x = N_y = N_z = 0$ として

$$\begin{aligned} A\frac{d\omega_x}{dt} &= (B - C)\omega_y\omega_z \\ B\frac{d\omega_y}{dt} &= (C - A)\omega_z\omega_x \\ C\frac{d\omega_z}{dt} &= (A - B)\omega_x\omega_y \end{aligned} \tag{2.229}$$

【オイラーの方程式】

式 (2.228) は，具体的に

$$\begin{aligned} \frac{d'L_x}{dt} + (\omega_y L_z - \omega_z L_y) &= N_x \\ \frac{d'L_y}{dt} + (\omega_z L_x - \omega_x L_z) &= N_y \\ \frac{d'L_z}{dt} + (\omega_x L_y - \omega_y L_x) &= N_z \end{aligned} \quad ①$$

と与えられる．座標軸も物体といっしょに運動しているので，この式は回転軸の方向によらず成立する．

特に x, y, z 方向を慣性主軸の方向とすると回転系では (2.227) が成り立つので運動方程式は

$$\begin{aligned} A\frac{d'\omega_x}{dt} - (B - C)\omega_y\omega_z &= N_x \\ B\frac{d'\omega_y}{dt} - (C - A)\omega_z\omega_x &= N_y \\ C\frac{d'\omega_z}{dt} - (A - B)\omega_x\omega_y &= N_z \end{aligned} \quad ②$$

と簡単な形になる．ここで (2.183) より，上の d' は単に d としてよい．この方程式は**オイラーの方程式**と呼ばれる．

2.10 剛体の力学

今，回転軸がほぼ z 方向を向いているとすると

$$\omega_z \gg \omega_x, \quad \omega_z \gg \omega_y \tag{2.230}$$

である．この状況で上の方程式を ω_x, ω_y の一次までの近似で解いてみよう．つまり，$\omega_x^2, \omega_x\omega_y, \omega_y^2$ が出てくると 0 と見なすのである．このとき，上の方程式は

$$\begin{aligned} A\frac{d\omega_x}{dt} &= (B-C)\omega_y\omega_z \\ B\frac{d\omega_y}{dt} &= (C-A)\omega_z\omega_x \\ C\frac{d\omega_z}{dt} &= 0 \end{aligned} \tag{2.231}$$

である．ここで

$$\omega_z \simeq \omega_0 \tag{2.232}$$

とすると

$$\begin{aligned} \frac{d\omega_x}{dt} &= \frac{(C-B)}{A}\omega_0\omega_y \\ \frac{d\omega_y}{dt} &= \frac{(A-C)}{B}\omega_0\omega_x \end{aligned} \tag{2.233}$$

となる．ここで ω_y を消去すると

$$\frac{d^2\omega_x}{dt^2} = \frac{(C-B)(A-C)}{AB}\omega_0^2\omega_x \tag{2.234}$$

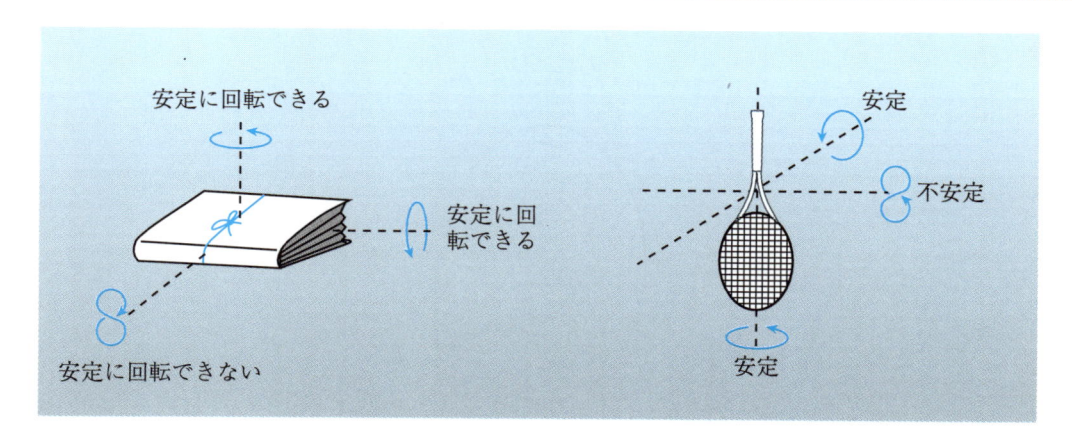

図 2.55 自由回転

となる. z 軸のまわりの慣性モーメント C が最小のとき, つまり $A > B > C$ の場合には

$$(C - B)(A - C)/AB < 0 \tag{2.235}$$

であるので, $\omega_x(t), \omega_y(t)$, は角速度 $\alpha = \omega_0 \sqrt{|(C - B)(A - C)/AB|}$ の振動をする. つまり, 回転軸は z 軸の周りを回転する (図 2.56 の I_3 の場合).

$$\begin{cases} \omega_x = \varepsilon \cos(\alpha t + \phi) \\ \omega_y = \varepsilon \sin(\alpha t + \phi) \end{cases} \tag{2.236}$$

ここで, ε, ϕ は初期条件で決まる振幅と位相である.

それに対し, z 軸のまわりの慣性モーメント C が中間の大きさをもつ場合, $A > C > B$, には

$$(C - B)(A - C)/AB > 0 \tag{2.237}$$

であり, その場合 $\alpha = \omega_0 \sqrt{(C - B)(A - C)/AB}$ は純虚数となり, ω_x, ω_y は指数関数的に大きくなる成分を持つ

$$\begin{aligned} \omega_x &\sim \varepsilon_1 e^{|\alpha|t} + \varepsilon_2 e^{-|\alpha|t} \\ \omega_y &\sim \varepsilon'_1 e^{|\alpha|t} + \varepsilon'_2 e^{-|\alpha|t} \end{aligned} \tag{2.238}$$

そのため, この場合, z 軸の周りの回転は不安定で回転軸はすぐに大きくずれてしまう (図 2.56 の I_2 の場合).

条件 (2.235) は C が最大, あるいは最小のとき満たされ, 条件 (2.237) は

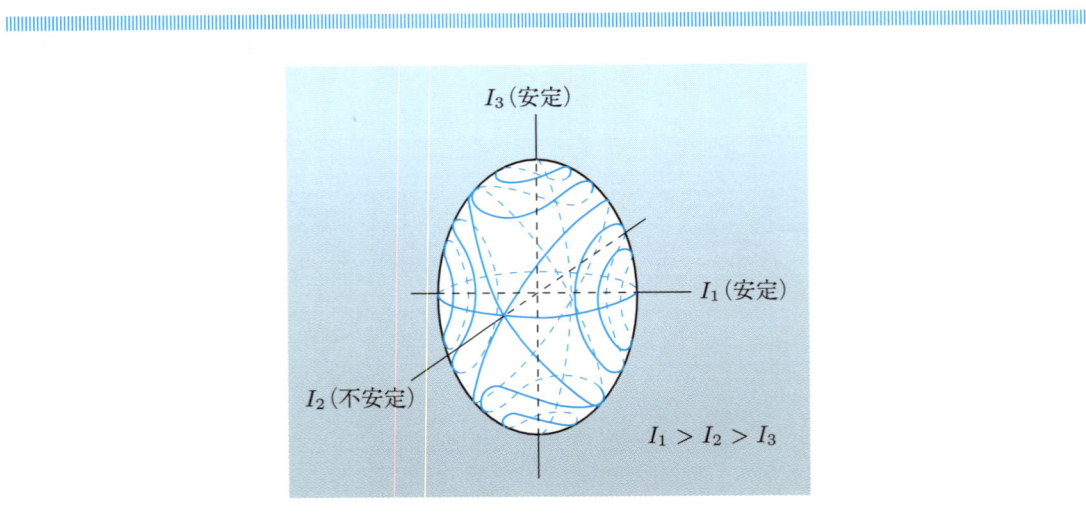

図 2.56 回転軸の軌跡

C が A, B, C の中間であるとき成立する．このことから，物体は慣性モーメントが二番目の主軸周りには安定に回転できないことがわかる．テニスのラケットや教科書で確かめてみよう．ただし，教科書は回転途中で広がらないように紐で縛るとよい．また，体操でのいろいろな回転もからだのそれぞれの軸の周りの回転である．身体の軸を中心にした回転 (回転)，うでの方向 (左右の方向) を軸にした回転 (宙返り)，前後の方向を軸にした回転 (横転) がある (図 2.57)．もっとも不安定なのはどの場合だろうか．

さらに，固定点がある剛体の運動として，こまの運動がある．そこでは，才差運動や章動とよばれる複雑な運動をするが，ここでは割愛する．

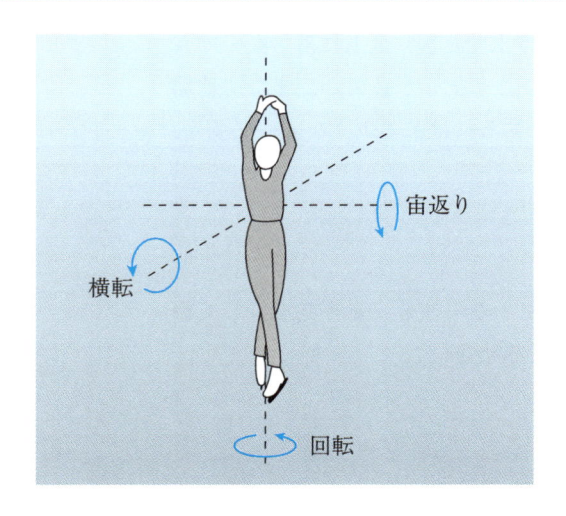

図 2.57　人間の回転

2.11 章末問題

2.1 空気中を落下する物体には速度 v に比例する摩擦力が働く．この力が $F = -bv$ と表わされるとする．高さ h から初速度 v で落下したとき，地上に達する場合の速さはいくらか．ただし重力加速度は g とする．

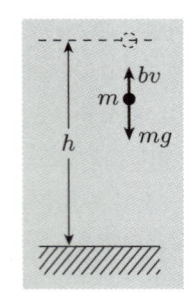

2.2 質量 m の二つの質点が，それぞれ速度 v, $-v$ で正面衝突した後の運動について考えてみよう．衝突後の速度がそれぞれ $-v'$, v' の場合に運動エネルギーの変化を求めよ．また可能な v' の範囲を求めよ．

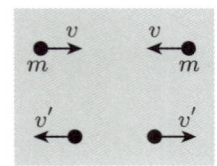

2.3 二つの質点 (質量 m) が図のようにばね定数 k のばねでつながっている場合の運動を求めよ．

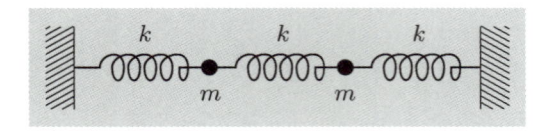

2.4 質量 m の物体を地球表面で鉛直上方に速さ v で投げ出すとき，地球に戻ってこないようにするには v をどのようにすればよいか．ただし，地表での重力加速度を g，地球の半径を R とする．

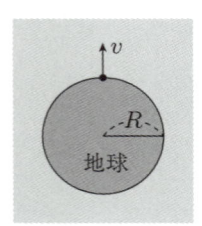

2.5 問題 2.4 で水平に投げ出すとき，地上に落ちないで人工衛星になるためにはどのような v が必要か．また，地球から遠ざかっていくようにするにはどのような v が必要か．

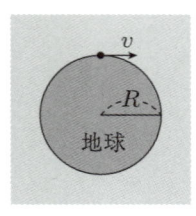

2.6 密度 ρ，半径 a，長さ l の円柱を，端を支点にして振り子にした場合の振動数を求めよ．

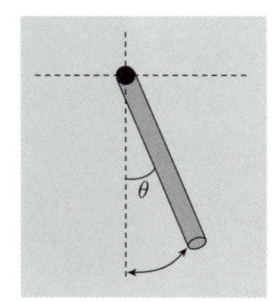

3 連続体

　前章で質点あるいは剛体の運動を調べたが，この章では，弾性体や流体など変形する物体の運動を調べる．変形を表わすには，どの点 (位置) がどのように (変位) に動くかを記述しなくてはならないので，3×3 の変数が必要になる．力に関してはどの面をどのように押すかという自由度がやはり 3×3 あるので，ばねのフックの法則を一般化すると 9×9 の係数が必要となる．そのため，記述法が複雑になる．行列を用いると少しは簡単になるがそれでも大変である．また，これまでのように孤立した点が動くのではなく連続的な媒体が動くので発想の転換が必要である．つまり，粒子ではなく場の考え方が必要になる．これらの考え方はめんどうであるが実際の現象を調べていく際に，非常に重要なものである．

本章の内容

弾性体力学
流体力学

3.1 弾性体力学

3.1.1 応 力

連続体の中で働く力をどのように表わすか考えてみよう．図 3.1 のような立方体を考える．そこに働く力として x 軸に垂直な面 ABCD を押す力，つまり面に垂直な力を**圧力**と呼ぶ．単位面積当たりの圧力の大きさを p と書くと，これによって立方体は

$$F_{x+dx} = p\Delta S \tag{3.1}$$

の力を受ける．ここで ΔS は面 ABCD の面積である．圧力はものを押すタイプの力であり，質点の運動の場合の力と同じである．しかし，連続体では対象が大きさを持っているため，もう一つのタイプの力がある．それは面 ABCD を x 方向ではなくそれに垂直な方向に動かそうとする力である．つまり，立方体の形をひずませようとする力である（図 3.2）[†]．単位面積当たりのこの力を**せん断応力**と呼ぶ．たとえば，z 方向にずらそうとせん断応力を p_{zx} と書くとせん断応力は

$$F_z = p_{zx}\Delta S \tag{3.2}$$

となる．ここでの添え字 xz は，力が，法線方向が x の面を，z 方向にずらす向きに働いているということを表わしている．この考え方で上の圧力を表わすと，x の面を x 方向に押しているのであるから，xx と添え字をつけるべき

[†] 面 BCGF に働く圧力ではない．

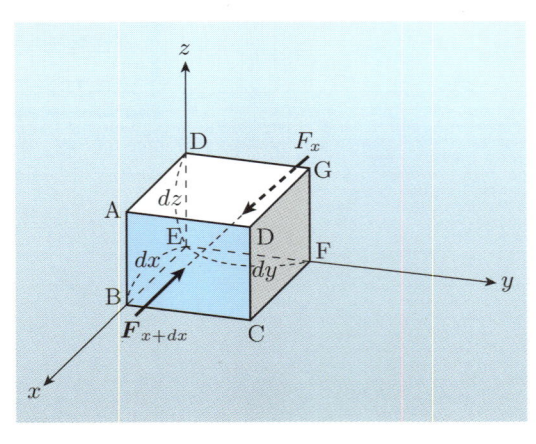

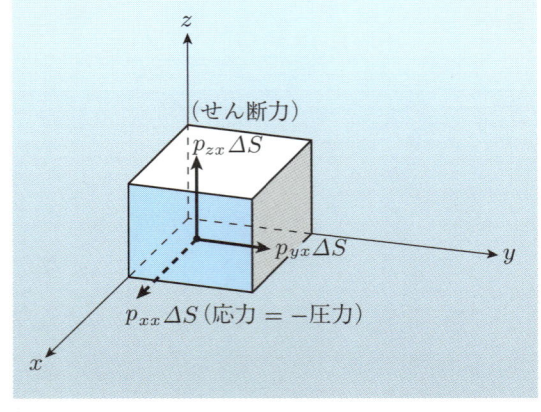

図 3.1　圧力

図 3.2　せん断力

であることがわかるだろう．通常，連続体の中の力を表わすには面を外向きに押す向きに力を考え**応力**と呼ぶ．つまり，

$$p_{xx} = -p \tag{3.3}$$

これらの力を面 ABCD における応力ベクトルという．

$$\bm{p} = \begin{bmatrix} p_{xx} \\ p_{yx} \\ p_{zx} \end{bmatrix} \tag{3.4}$$

これは法線が x 方向である面に働く力を表わしている．同様にして，y, z それぞれの方向を法線方向にもつ面の応力とせん断応力を考え，次の形に表わしたものを**応力テンソル**という．

$$P = \begin{bmatrix} p_{xx} & p_{xy} & p_{xz} \\ p_{yx} & p_{yy} & p_{yz} \\ p_{zx} & p_{zy} & p_{zz} \end{bmatrix} \tag{3.5}$$

この応力テンソルを用いると，面での応力ベクトル $\bm{p}$ は，考えている面の法線ベクトルが

$$\bm{n} = \begin{bmatrix} l \\ m \\ n \end{bmatrix}, \quad l^2 + m^2 + n^2 = 1 \tag{3.6}$$

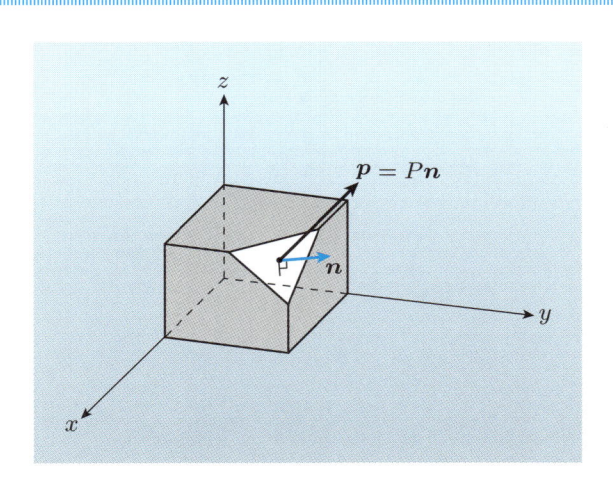

図 3.3 各面での応力ベクトル

であるとき

$$\boldsymbol{p} = P\boldsymbol{n} = \begin{bmatrix} p_{xx} & p_{xy} & p_{xz} \\ p_{yx} & p_{yy} & p_{yz} \\ p_{zx} & p_{zy} & p_{zz} \end{bmatrix} \begin{bmatrix} l \\ m \\ n \end{bmatrix} \tag{3.7}$$

と表わされる（図 3.3）．連続体に働く力は空間の各点ごとの応力テンソルを用いて与えられる．そこで応力はテンソル場と呼ばれる．つまり，上のテンソル P は空間の座標の関数

$$P = P(x, y, z) \tag{3.8}$$

であり，連続体が時間的に変動する場合は，時間の関数でもある．

3.1.2 ひずみ

次に，連続体の変位について考えよう．図 3.4 のように連続体の中の近接した二点 $\boldsymbol{r}, \boldsymbol{r}' = \boldsymbol{r} + \delta\boldsymbol{r}$ が

$$\begin{array}{rcl} \boldsymbol{r} & \to & \boldsymbol{r} + \boldsymbol{u} \\ \boldsymbol{r}' & \to & \boldsymbol{r}' + \boldsymbol{u}' \end{array} \tag{3.9}$$

と変化した場合，実質的な変化分

$$\delta\boldsymbol{u} = \boldsymbol{u}' - \boldsymbol{u} \tag{3.10}$$

をひずみという．二点の相対変位を $\delta\boldsymbol{r}$ を

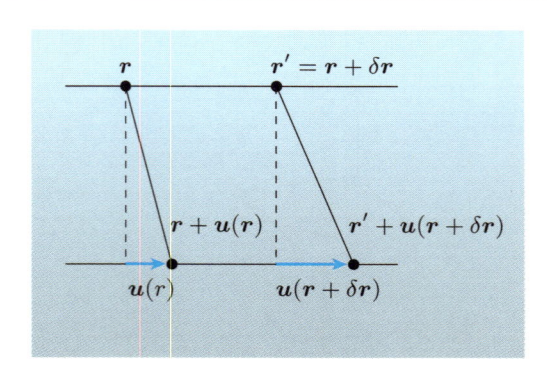

図 3.4　ひずみ

3.1 弾性体力学

$$\delta \boldsymbol{r} = \begin{bmatrix} \delta x \\ \delta y \\ \delta z \end{bmatrix} \tag{3.11}$$

とすると，変位 $\boldsymbol{u}$ は

$$\begin{aligned} u_x(\boldsymbol{r}+\delta\boldsymbol{r}) &= u_x(\boldsymbol{r}) + \frac{\partial u_x}{\partial x}\delta x + \frac{\partial u_x}{\partial y}\delta y + \frac{\partial u_x}{\partial z}\delta z \\ u_y(\boldsymbol{r}+\delta\boldsymbol{r}) &= u_y(\boldsymbol{r}) + \frac{\partial u_y}{\partial x}\delta x + \frac{\partial u_y}{\partial y}\delta y + \frac{\partial u_y}{\partial z}\delta z \\ u_z(\boldsymbol{r}+\delta\boldsymbol{r}) &= u_z(\boldsymbol{r}) + \frac{\partial u_z}{\partial x}\delta x + \frac{\partial u_z}{\partial y}\delta y + \frac{\partial u_z}{\partial z}\delta z \end{aligned} \tag{3.12}$$

となるので，ひずみは

$$\delta \boldsymbol{u} = \begin{bmatrix} \delta u_x \\ \delta u_y \\ \delta u_z \end{bmatrix} = \begin{bmatrix} \dfrac{\partial u_x}{\partial x} & \dfrac{\partial u_x}{\partial y} & \dfrac{\partial u_x}{\partial z} \\ \dfrac{\partial u_y}{\partial x} & \dfrac{\partial u_y}{\partial y} & \dfrac{\partial u_y}{\partial z} \\ \dfrac{\partial u_z}{\partial x} & \dfrac{\partial u_z}{\partial y} & \dfrac{\partial u_z}{\partial z} \end{bmatrix} \begin{bmatrix} \delta x \\ \delta y \\ \delta z \end{bmatrix} \equiv D\delta\boldsymbol{r} \tag{3.13}$$

と表わされる．ここでの D を**相対変位テンソル**という．

このテンソルの対称成分を**ひずみテンソル** E という．

$$E \equiv \frac{1}{2}(D + {}^t D) \equiv \begin{bmatrix} e_{xx} & e_{xy} & e_{xz} \\ e_{yx} & e_{yy} & e_{yz} \\ e_{zx} & e_{zy} & e_{zz} \end{bmatrix} \tag{3.14}$$

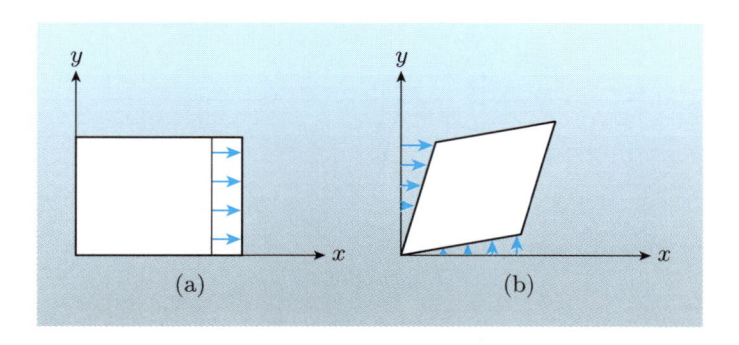

図 3.5 変位 (a) 伸び，(b) ひずみ

ここで
$$e_{xx} = \frac{\partial u_x}{\partial x}, \quad e_{xy} = \frac{1}{2}\left(\frac{\partial u_x}{\partial y} + \frac{\partial u_y}{\partial x}\right), \quad \text{etc.} \tag{3.15}$$
である．ひずみテンソルの対角成分，たとえば e_{xx} は図 3.5(a) のように x 方向への伸びを表わしている．また，このことから対角成分の和
$$\text{Tr}E = e_{xx} + e_{yy} + e_{zz} = \text{div}\boldsymbol{u} \tag{3.16}$$
は体積の変化率を表わしている．また，非対角成分，たとえば $e_{xy} = e_{yx}$ は図 3.5(b) のように xy 面でのひずみを表わしている．

また，反対称成分を**回転テンソル** Ω という．
$$\Omega = \frac{1}{2}(D - {}^tD) \equiv \begin{bmatrix} 0 & \omega_{xy} & \omega_{xz} \\ \omega_{yx} & 0 & \omega_{yz} \\ \omega_{zx} & \omega_{zy} & 0 \end{bmatrix} \tag{3.17}$$
ここで
$$\omega_{xy} = \frac{1}{2}\left(\frac{\partial u_x}{\partial y} - \frac{\partial u_y}{\partial x}\right), \quad \text{etc.} \tag{3.18}$$
これらによって
$$D = E + \Omega \tag{3.19}$$
である．Ω の非対角成分，たとえば $\omega_{yx} = -\omega_{xy}$ は図 3.6(c) のように xy 面での回転を表わす．

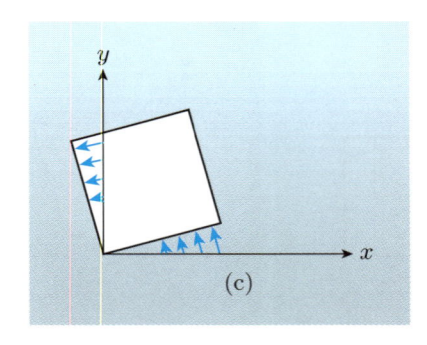

図 3.6　変位 (c) 回転

3.1.3 弾性の法則

● 弾性定数

ばねの場合に習ったように，変位が小さい場合に復元力 F と変位とは比例する．つまり，ばねの自然長からのずれを Δx，ばね定数を k とすると

$$F = -k\Delta x \tag{3.20}$$

と表わされた (フックの法則 (2.4.2))．弾性体においても変位が小さい場合には応力と変形は比例する．しかし変形のしかたが 3×3 通りあり，力のかけ方も 3×3 通りあるので変位 e_{kl} に対する ij 方向の応力の比例関係は

$$p_{ij} = \sum_k \sum_l C_{ijkl} e_{kl} \tag{3.21}$$

と複雑な形で表わされる．これは一般化されたフックの法則である．ここで C_{ijkl} は**弾性テンソル**と呼ばれ，ばね定数を一般化したものである．各点で応力やひずみが二つの添え字をもつテンソルであるので，その間の比例係数は $2 + 2 = 4$ 個の添え字をもつ．

連続体がどの方向にも同じ性質をもつ等方的な場合は，弾性テンソルを対称性から整理することができ，次の形になる．ここで δ_{ij} は i と j が等しいとき 1 で，それ以外の場合は 0 となるクロネッカーのデルタである．この形は，たとえば，C_{xxxy} は x 方向への応力をかけたときの y 方向へのひずみであるが，y 方向と $-y$ 方向が同等であれば片方にずれることは許されないので，この係数は 0 でなくてはならない，という考察から導かれる．

例題 静水圧

$$p_{ij} = -p\delta_{ij} \quad ①$$

の場合に

$$p = -K\frac{\Delta V}{V} \quad ②$$

となることを示せ．ただし，

$$e_{xx} + e_{yy} + e_{zz} = \frac{\Delta V}{V} \quad ③$$

であることに注意．

解

$$\begin{aligned} p_{xx} &= \lambda(e_{xx} + e_{yy} + e_{zz}) + 2\mu e_{xx} \\ p_{yy} &= \lambda(e_{xx} + e_{yy} + e_{zz}) + 2\mu e_{yy} \\ p_{zz} &= \lambda(e_{xx} + e_{yy} + e_{zz}) + 2\mu e_{zz} \end{aligned} \quad ④$$

かつ

$$p_{xx} = p_{yy} = p_{zz} = -p \quad ⑤$$

より

$$-3p = p_{xx} + p_{yy} + p_{zz} = (3\lambda + 2\mu)(e_{xx} + e_{yy} + e_{zz}) = 3K\frac{\Delta V}{V} \quad ⑥$$

$$C_{ijkl} = X\delta_{ij}\delta_{kl} + Y\delta_{ik}\delta_{jl} + Z\delta_{il}\delta_{jk} \tag{3.22}$$

このとき (3.21) は

$$p_{ij} = X(e_{xx} + e_{yy} + e_{zz})\delta_{ij} + (Y+Z)e_{ij} \tag{3.23}$$

となる．通常，

$$p_{ij} = \lambda(e_{xx} + e_{yy} + e_{zz})\delta_{ij} + 2\mu e_{ij} \tag{3.24}$$

と書き，この λ, μ をラメ (Lamé) の弾性定数という．また，

$$\begin{aligned} K &= \lambda + \frac{2}{3}\mu \\ G &= \mu \end{aligned} \tag{3.25}$$

の組み合わせはそれぞれ，体積弾性率，ずれ弾性率と呼ばれる．

● 弾性体の変形：直方体の引き伸ばし

図 3.7 のように直方体を x 方向の応力 f で引っ張った場合の変形 $\{e_{ij}\}$ を考えよう．

$$\begin{aligned} p_{xx} &= (\lambda + 2\mu)e_{xx} + \lambda(e_{yy} + e_{zz}) = f \\ p_{yy} &= (\lambda + 2\mu)e_{yy} + \lambda(e_{zz} + e_{xx}) = 0 \\ p_{zz} &= (\lambda + 2\mu)e_{zz} + \lambda(e_{xx} + e_{yy}) = 0 \\ p_{xy} &= \qquad\quad 2\mu e_{xy} \qquad\qquad = 0 \\ & \text{etc.} \end{aligned} \tag{3.26}$$

【弾性エネルギー】

応力によるエネルギーは**弾性エネルギー**と呼ばれる．応力 p_{ij} と変位 e_{ij} による変位の位置エネルギーは，ばねのエネルギーと同様にして

$$dw = \sum_{ij} p_{ij} de_{ij} = \sum_{ij}\sum_{kl} C_{ijkl} e_{kl} de_{ij} = d\left(\frac{1}{2}\sum_{kl} C_{ijkl} e_{kl} e_{ij}\right) \qquad ①$$

と表わされるので，弾性エネルギーは

$$E = \frac{1}{2}\int_V \sum_{kl} C_{ijkl} e_{kl} e_{ij} dV \qquad ②$$

である．これはばね定数が k ばねのエネルギー $U = \frac{1}{2}kx^2$ を一般化したものである．

より
$$f = (3\lambda + 2\mu)(e_{xx} + e_{yy} + e_{zz}) \tag{3.27}$$

これより，変位は
$$\begin{aligned} e_{xx} &= \frac{\lambda + \mu}{\mu(3\lambda + 2\mu)} f \equiv \frac{f}{E} \\ e_{yy} &= -\frac{\lambda}{2\mu(3\lambda + 2\mu)} f \equiv -\sigma e_{xx} \end{aligned} \tag{3.28}$$

となる．ここで現われた係数 E, σ はそれぞれ
$$\begin{cases} E = \dfrac{\mu(3\lambda + 2\mu)}{\lambda + \mu} & \text{ヤング率} \\ \sigma = \dfrac{\lambda}{2(\lambda + \mu)} & \text{ポアソン比} \end{cases} \tag{3.29}$$

と呼ばれる．つまり，引かれた方向には伸び，他の方向は縮むのである．

3.1.4 弾性体の運動方程式

微小体積要素 dV に関する運動方程式を考えてみよう．密度を $\rho(\boldsymbol{r})$，体積力を $\boldsymbol{K}(\boldsymbol{r})$，応力を $\boldsymbol{p}(\boldsymbol{r})$ とすると，微小体積要素 dV にかかる力はそれぞれ $\rho \boldsymbol{K} dV$, $\displaystyle\int_{\delta S} \boldsymbol{p} \cdot d\boldsymbol{S}$ である．応力による項は微小体積要素 dV の表面 δS での応力を足し合わせたものである．これらから，運動方程式は

$$\rho \frac{\partial^2 \boldsymbol{u}}{\partial t^2} dV = \rho \boldsymbol{K} dV + \int_{\delta S} \boldsymbol{p} \cdot d\boldsymbol{S} \tag{3.30}$$

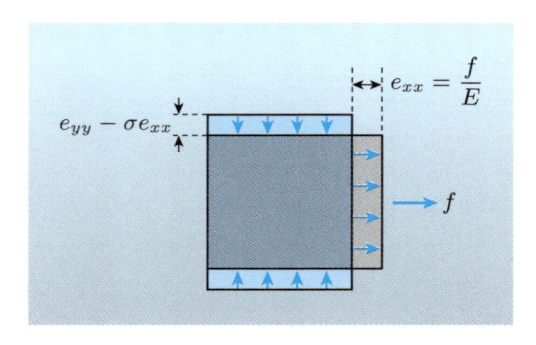

図 3.7 直方体の引き伸し

である．一般の大きさをもつ領域に関しては

$$\int_V \rho \frac{\partial^2 \bm{u}}{\partial t^2} dV = \int_V \rho \bm{K} dV + \int_S \bm{p} \cdot d\bm{S} \tag{3.31}$$

となる．ここで最後の項は考えている領域の表面での応力の面積分であるので，微小部分からの寄与をたし合わせても形は変わらない．ベクトル解析の関係式

$$\int_S \bm{p} dS = \int_V \mathrm{div} P dV \tag{3.32}$$

を用いると (3.31) は

$$\rho \frac{\partial^2 \bm{u}}{\partial t^2} = \rho \bm{K} + \mathrm{div} P \tag{3.33}$$

と表わされる．

ここで $\mathrm{div} P$ は (3.24) を用いると

$$\sum_i \frac{\partial}{\partial x_i} p_{ij} = \sum_i \frac{\partial}{\partial x_i} \left[\lambda (\mathrm{div}\bm{u}) \delta_{ij} + \mu \left\{ \frac{\partial u_i}{\partial x_j} + \frac{\partial u_j}{\partial x_i} \right\} \right] \tag{3.34}$$

と表わせる．たとえば x 成分をみると

$$\begin{aligned}&\lambda \frac{\partial}{\partial x} \left(\frac{\partial u_x}{\partial x} + \frac{\partial u_y}{\partial y} + \frac{\partial u_z}{\partial z} \right) \\ &+ \mu \frac{\partial}{\partial x} \left(\frac{\partial u_x}{\partial x} + \frac{\partial u_x}{\partial x} \right) + \mu \frac{\partial}{\partial y} \left(\frac{\partial u_y}{\partial x} + \frac{\partial u_x}{\partial y} \right) + \mu \frac{\partial}{\partial z} \left(\frac{\partial u_z}{\partial x} + \frac{\partial u_x}{\partial z} \right)\end{aligned} \tag{3.35}$$

例題 λ と μ を E と σ で表わせ．

解 (3.29) を逆に解くと

$$\begin{cases} \lambda = \dfrac{\sigma}{(1-2\sigma)(1+\sigma)} E \\ \mu = \dfrac{E}{2(1+\sigma)} \end{cases} \quad ①$$

である．また

$$\mu = \left(\frac{1}{2\sigma} - 1 \right) \lambda \quad ②$$

の関係もある．

あるので，整理すると

$$\mathrm{div} P = (\lambda + \mu)\nabla(\mathrm{div}\boldsymbol{u}) + \mu\Delta\boldsymbol{u} \tag{3.36}$$

が得られる．ここで Δ はラプラシアン

$$\Delta \equiv \frac{\partial^2}{\partial x^2} + \frac{\partial^2}{\partial y^2} + \frac{\partial^2}{\partial z^2} \tag{3.37}$$

である．これを代入して

$$\rho\frac{\partial^2 \boldsymbol{u}}{\partial t^2} = \rho\boldsymbol{K} + (\lambda + \mu)\nabla(\mathrm{div}\boldsymbol{u}) + \mu\Delta\boldsymbol{u} \tag{3.38}$$

が得られる．この方程式は**ナヴィエの方程式**と呼ばれる．

● 弾性波

波の伝搬に関しては第6章で詳しく説明するが，弾性体中を一方向に伝わっていく波の方程式をナヴィエの方程式から導いておこう．外力がない場合を考え，(3.38)において $\boldsymbol{K} = 0$ と置く．また波の進行方向を x 方向と考え，その方向の平面波を考える．つまり，変位は x 方向のみに依存する

$$\boldsymbol{u} = \boldsymbol{u}(x,t) = \begin{bmatrix} u(x,t) \\ v(x,t) \\ w(x,t) \end{bmatrix} \tag{3.39}$$

とする．このとき，

【div P】

(3.32) はガウスの定理の拡張である．まず $\boldsymbol{p}$ の x 成分を考えてみよう．

$$p_x = (P\boldsymbol{n})\cdot\boldsymbol{e}_x = {}^t\boldsymbol{e}_x P\boldsymbol{n}$$

であるので $\boldsymbol{x} = P\boldsymbol{e}_x$ と置くと $p_x = \boldsymbol{x}\cdot\boldsymbol{n}$ であるので，ガウスの定理から

$$\int_S p_x dS = \int_S \boldsymbol{x}\cdot\boldsymbol{n}dS = \int_V \mathrm{div}\boldsymbol{x}dV = \int_V \mathrm{div}(P\boldsymbol{e}_x)dV$$

である．y,z の成分も同様に考えて

$$\int_S \boldsymbol{p}dS = \int_V \mathrm{div}PdV$$

となる．ただし，

$$(\mathrm{div}P)_x = \mathrm{div}(P\boldsymbol{e}_x) = \frac{\partial}{\partial x}p_{xx} + \frac{\partial}{\partial y}p_{yx} + \frac{\partial}{\partial z}p_{zx}$$

まとめると

$$(\mathrm{div}P)_j = \sum_i \frac{\partial}{\partial x_i}p_{ij}, \quad i,j = x,y,z$$

$$\text{div}\boldsymbol{u} = \frac{\partial u}{\partial x} + \frac{\partial v}{\partial y} + \frac{\partial w}{\partial z} = \frac{\partial u}{\partial x}$$
$$\Delta \boldsymbol{u} = \left(\frac{\partial^2 u}{\partial x^2}, \frac{\partial v}{\partial x^2}, \frac{\partial w}{\partial x^2} \right) \tag{3.40}$$

であるので，これらをナヴィエの方程式に代入すると

$$\begin{cases} \rho \dfrac{\partial^2 u}{\partial t^2} = (\lambda + 2\mu)\dfrac{\partial^2 u}{\partial x^2} \\ \rho \dfrac{\partial^2 v}{\partial t^2} = \mu \dfrac{\partial^2 v}{\partial x^2} \\ \rho \dfrac{\partial^2 w}{\partial t^2} = \mu \dfrac{\partial^2 w}{\partial x^2} \end{cases} \tag{3.41}$$

が得られる．ここで u は波の進行方向の変位であり縦波を，v, w は進行方向に垂直な横波を表わしている．それぞれの波の速さは

$$\begin{cases} c_l = \sqrt{\dfrac{\lambda + 2\mu}{\rho}} = \sqrt{\dfrac{E}{\rho}} \\ c_t = \sqrt{\dfrac{\mu}{\rho}} \quad\ \ = \sqrt{\dfrac{G}{\rho}} \end{cases} \tag{3.42}$$

である．たとえば，地震の時の P 波，S 波はそれぞれ地殻を伝わる縦波，横波である．明らかに縦波の方が速く伝わることがわかる．

【アインシュタインの略記法】

和の記述法として

$$\sum_i \frac{\partial u_y}{\partial x_i} p_{ij} = \frac{\partial u_y}{\partial x_i} p_{ij}$$

のように，一つの項の中の同じ添え字 (i) が繰り返して出てくる場合は，その変数について和をとることにし $\sum_i$ を省略することがある．これをアインシュタインの略記法という．添え字が多い計算をする場合に便利であるが，慣れないとかえって面倒であるので本書では和の記号をつけることにする．さらに $\dfrac{\partial}{\partial x_i}$ を ∂_x と略記することがある．これらを用いると

$$\text{div}\boldsymbol{u} = \partial_i u_i$$

となる．また，(3.34) は

$$\partial_i p_{ij} = \lambda \partial_i \partial_k u_k \delta_{ij} + \mu \partial_i (\partial_j u_i + \partial_i u_j) \quad\quad ①$$

となる．

3.2 流体力学

気体や液体など自由に変形できる物体を流体という．弾性体では静止状態での変形に対して抵抗するせん断応力があったが，流体では 0 である．

3.2.1 流体の釣り合い

まず，静止状態を考えよう．流体が釣り合いの状態にあるときは各部分に働いている力がつり合っている．流体に働く力は考えている面に垂直な圧力である．面に平行なずり応力は流体の変形で解消され残らない．圧力に関するいくつかの性質を上げておこう．

重力下の液体は図 3.8 のように表面があり，表面下距離 h のところ (深さ h) での圧力 p は，大気圧などによる表面での圧力を p_0，液体の密度を ρ とすると

$$p = p_0 + h\rho g \tag{3.43}$$

である．これは圧力を測っている所の上方の液体の重さ $h\rho g$ がそこでの圧力に加わっていると考えればよい．また，表面での圧力 p_0 は，空気による圧力と考えてよい．

図 3.8 のようにある微小領域を考えよう．そこに働いている圧力が方向によって異なっているとすると，その微小体積は圧力の小さい方向に押し出され変形する．そのため流体が変形せずに留まっている場合は，どの方向の圧

【大気圧】

地表での空気による圧力は大気圧と呼ばれる．大気圧の大きさは，水銀を 76cm 押し上げる強さ (トリチェリーの真空) で，水ならば 76cm×13.6(水銀の比重)=1033cm 押し上げる強さである．

この圧力を 1 気圧 (atm) といい，水の密度を 1g/cm^3 とすると

$$1\text{atm} = 1033\text{g} \times 9.8\text{m/s}^2/\text{cm}^2 = 1.013 \times 10^5 \text{N/m}^2 = 1.013\text{hPa} (\text{ヘクトパスカル}) \qquad ①$$

である (hPa = 100Pa (ヘクトパスカル) である)．

力も等しい．これを**静水圧**という．これを応力テンソルで書くと

$$\sigma = \begin{bmatrix} -p & 0 & 0 \\ 0 & -p & 0 \\ 0 & 0 & -p \end{bmatrix} \tag{3.44}$$

である．

これから有名な**アルキメデスの原理**が導かれる．図 3.8 のように断面積が S の物体を液体中にいれると，その上面は $Sp_0 + Sh\rho g$ の力で押され，下面は $Sp_0 + S(h+l)\rho g$ の力で押されるので，その合力として上向きに

$$\boldsymbol{F}_{浮力} = S\Delta h \rho g \tag{3.45}$$

の浮力が生じる．この関係は物体が押しのけた体積と同じ体積をもつ液体の重さが浮力であると表現できる．どんな形をした物体でも，物体を縦方向の細い円柱の部分に分けて考えると，各部分について (3.45) と同様に考えることができ，物体全体が押しのけた体積と同量の液体の重さが浮力であるということができる．

次に**パスカルの原理**を調べてみよう．図 3.9 のように断面積 S_1 と S_2 の二つのシリンダーを連結した容器で表面を押すことを考える．このとき，シリンダー 1, 2 の表面を押す力をそれぞれ F_1, F_2 とすると表面での圧力はそれぞれ

$$p_1 = p_0 + \frac{F_1}{S_1}, \quad p_2 = p_0 + \frac{F_2}{S_2} \tag{3.46}$$

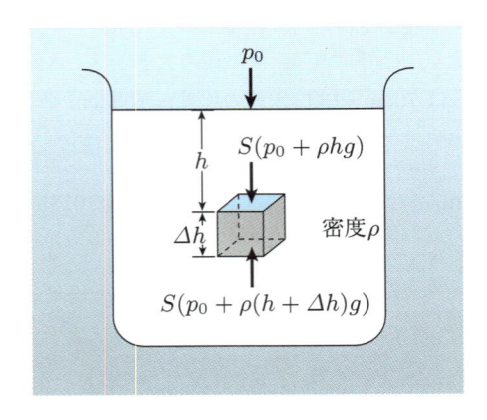

図 3.8 アルキメデスの原理

である．液体がそのまま釣り合うためには

$$p_1 = p_2 \tag{3.47}$$

であるので

$$\frac{F_1}{S_1} = \frac{F_2}{S_2} \quad F_1 = \frac{S_1}{S_2} F_2 \tag{3.48}$$

である．このことから F_1 はシリンダー 2 では $\dfrac{S_1}{S_2}$ 倍されるとみることができる．このように，流体において一箇所での圧力を変化させると全体の圧力が同量だけ変化する．この原理をパスカルの原理という．これを利用したものに水圧器がある．

3.2.2 流体の流れ

流体が流れるとき，形が変形するのは場所によって流れの速度が違うからである．図 3.10 のように上辺が下辺に対して相対的に速度 U で動いているときその間では速度は，下辺からの距離 y に比例して変化する．この図のように一様な速度勾配をもつタイプの流れを**クエット (Couette) 流**という．

$$u = \frac{y}{h} U \tag{3.49}$$

このように流れに不均一がある場合，流体中に速度差を解消しようとする**ずり応力**が生じる．応力の大きさ τ は，速度勾配が小さい場合速度勾配に比例する．

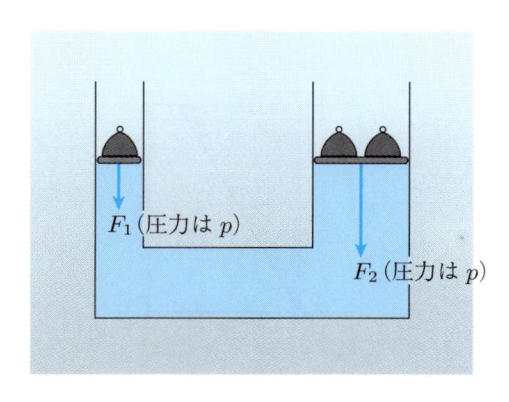

図 3.9 パスカルの原理

$$\tau = \mu \frac{\partial u}{\partial y} \tag{3.50}$$

これを**ニュートンの粘性法則**という．ここで出てきた比例係数 μ を**粘性率**という．

粘性率は水などで約 10^{-2}[g/cm s]，空気で約 10^{-4}[g/cm s]，粘っこい液体の代表としてグリセリンで約 15[g/cm s] である．粘性がない極限は**完全流体**と呼ばれる．同じ粘性を持ったものでも，系の大きさや流れの速さで運動形態に与える効果が違ってくる．相対的な粘っこさを表わす量としてレイノルズ数 R と呼ばれる無次元量がある．

$$R = \frac{\rho L U}{\mu} \tag{3.51}$$

ここで，L は管の半径など系の特徴的な長さ，U は流速である．レイノルズ数が同じであれば，流体の伸び縮みを考えない場合相似な運動をすることが知られている (非圧縮流体：後述 (3.2.7 項))．そのためレイノルズ数を合わせることで風洞実験など小さい実験系でのシミュレーションが可能となる．粘性率を密度で割った量は**動粘性率**と呼ばれ，通常 ν で表わされる．

$$\nu = \frac{\mu}{\rho} \tag{3.52}$$

また，図 3.11 のように上辺，下辺の両方を止めた中を流れる流れを**ポアズイユ (Poisuille) 流**という．この場合 y 方向での速度変化は，応力と速度変化の関係 (3.50) を考慮すると求められる．高さ y での微小な厚さの領域に働く

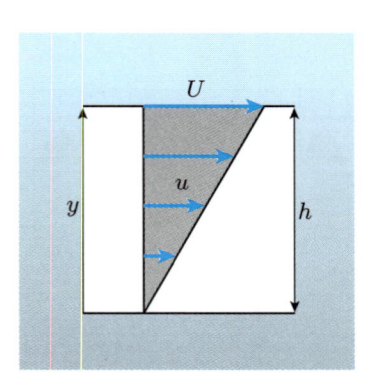

図 3.10　クエット流
$u(y) = \dfrac{y}{h} U$

単位面積当たりの力はずり応力で与えられ，上面と下面を x 方向に引く力は

$$F = \mu\left.\frac{\partial u}{\partial y}\right|_{y+dy} - \mu\left.\frac{\partial u}{\partial y}\right|_y \simeq \mu\frac{d^2u}{dy^2}dy \tag{3.53}$$

と与えられる．流れがあるためには，流れの方向に圧力が減少していく．ずり応力は，流れの方向の圧力とつり合っているので，単位長さ当たりの圧力減少を Δp とすると，x 方向の力のつり合いは

$$\Delta p + \mu\frac{d^2u}{dy^2} = 0 \tag{3.54}$$

となる．$u(0) = 0, u(h) = 0$ としたときこの解は

$$u(y) = -\frac{\Delta p}{2\mu}y(y-h) \tag{3.55}$$

で与えられる．系の長さを X，系の両端での圧力差を ΔP とすると

$$\Delta p = \frac{\Delta P}{X} \tag{3.56}$$

である．またこの流れの流量 Q は

$$Q = \int_0^h u\,dy = \frac{\Delta P h^3}{12\mu X} \tag{3.57}$$

である．これから平板間を流れる流量は厚さの 3 乗に比例し，圧力勾配に比例し，粘性率に反比例することがわかる．

また平面間ではなく円管を粘性流が流れる場合にも動径方向に (3.54) と同

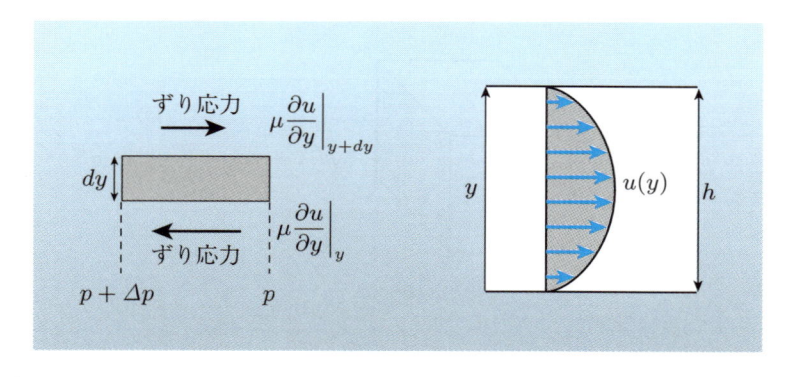

図 3.11 ポアズイユ流

様な関係が成り立ち，管の半径を a，中心からの距離を r とすると

$$u = \frac{\Delta p}{4\mu}(a^2 - r^2),$$

$$Q = \frac{\pi a^4}{8\mu}\Delta p$$

であることが知られている (ハーゲン・ポアズイユ (Hagen-Poisuille) の法則)．

3.2.3 連続の方程式

物質の量は増えたり減ったりせず移動するだけなので，ある領域に含まれる物質の量はそこからの出入りの量だけ変化する．領域 V に含まれる物質の量は

$$\int_V \rho dv \tag{3.58}$$

であり，領域の境界面を通して移動する量は，面に垂直な外向きの流れの成分 $v_\perp$ を用いて

$$移動量 = -\int_S \rho v_\perp dS \tag{3.59}$$

と表わされる (図 3.12) ので

$$\frac{d}{dt}\left(\int_V \rho dv\right) = -\int_S \rho v_\perp dS \tag{3.60}$$

となる．ここでベクトル解析のガウスの法則

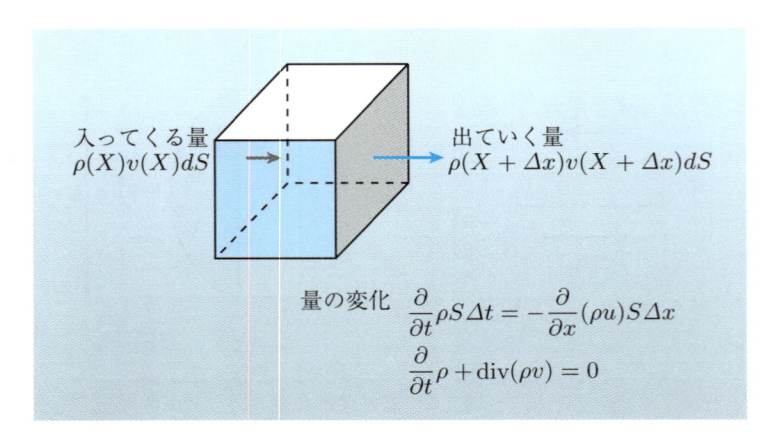

図 3.12 量の保存：連続の方程式 $\Delta \rho dv = \rho' v' dS - \rho v dS$

$$\int_S \rho v_\perp dS = \int_V \mathrm{div}(\rho \boldsymbol{v}) dv \tag{3.61}$$

を用いると

$$\frac{d\rho}{dt} + \mathrm{div}(\rho \boldsymbol{v}) = 0 \tag{3.62}$$

と表わせる．この関係を連続の方程式という．

3.2.4 オイラーの微分とラグランジュ微分

ここで流れのある場合の運動を記述する二つの方法を説明しよう．これまで領域を考えた場合，その領域は空間に固定したものとして考えた．その場合，図 3.13 のように形の変わらない流体が移動するときでもその移動に伴って，考えている領域での密度は変化する．この場合のように，空間の各点での密度や移動速度を考え，そこでの変化を記述する微分を**オイラーの微分**と呼ぶ．

それに対し，流体の相対的な形の変化に注目するときは，流体といっしょに移動し，注目する点での値がどのように変化しているかを表わした方が便利であることがある．そのような見方では物理量 A の変化 ΔA は，位置の変化を $\Delta \boldsymbol{r} = \boldsymbol{u} \Delta t$ として

$$\Delta A = A(\boldsymbol{r} + \Delta \boldsymbol{r}, t + \Delta t) - A(\boldsymbol{r}, t) \tag{3.63}$$

で与えられる．たとえば $A(\boldsymbol{r}, t)$ が図 3.13 のように単に平行移動した場合，

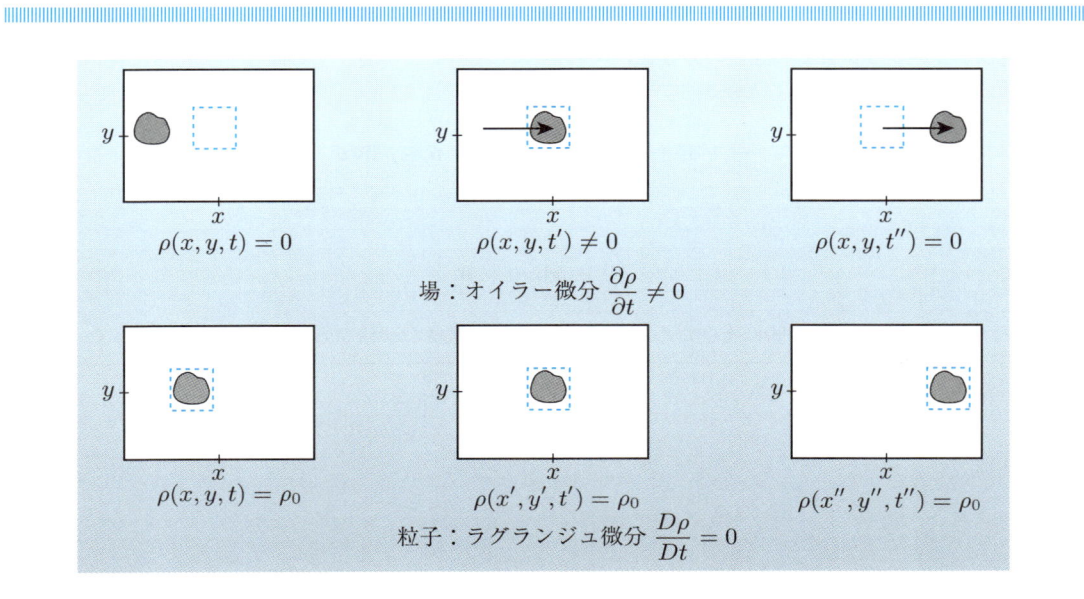

図 3.13 オイラー微分とラグランジュ微分

この変化は 0 になる．一般に

$$\Delta A = u\Delta t \frac{\partial A}{\partial x} + v\Delta t \frac{\partial A}{\partial y} + w\Delta t \frac{\partial A}{\partial z} + \Delta t \frac{\partial A}{\partial t} \tag{3.64}$$

である．ここで

$$\frac{\Delta A}{\Delta t} = u\frac{\partial A}{\partial x} + v\frac{\partial A}{\partial y} + w\frac{\partial A}{\partial z} + \frac{\partial A}{\partial t} \tag{3.65}$$

を

$$\frac{DA}{Dt} \equiv \lim_{\Delta t \to 0} \frac{\Delta A}{\Delta t} = \frac{\partial A}{\partial t} + \boldsymbol{u}\cdot\mathrm{grad}A \tag{3.66}$$

と書き，ラグランジュ微分という．

3.2.5 ナヴィエ・ストークス方程式

次に速度場の運動方程式を考える．流体のある領域 V の運動方程式を書くとその部分の質量は

$$M = \int_V \rho dV \tag{3.67}$$

である．この領域の速度を $\boldsymbol{v}$，この領域に働く力を体積力 $\boldsymbol{K}dV$ と圧力によるもの $\boldsymbol{p}\cdot d\boldsymbol{S}$ とすると，

$$\boldsymbol{F} = \int_V \boldsymbol{K}dV + \int_S \boldsymbol{p}dS \tag{3.68}$$

であり，この領域の運動方程式はラグランジュの見方で

【ラグランジュ微分での連続の方程式】

ラグランジュ微分を用いると連続の方程式は

$$\frac{\partial \rho}{\partial t} + \mathrm{div}(\rho\boldsymbol{u}) = \frac{\partial \rho}{\partial t} + \mathrm{grad}\rho\cdot\boldsymbol{u} + \rho\mathrm{div}\boldsymbol{u} \qquad ①$$

より

$$\frac{D\rho}{Dt} + \rho\mathrm{div}\boldsymbol{u} = 0 \qquad ②$$

となる．この見方では空間的に密度が不均一であっても，速度が一様ならば変化がないことになる．

$$\int_V \rho dV \frac{D\boldsymbol{v}}{Dt} = \int_V \boldsymbol{K} dV + \int_S \boldsymbol{p} dS \tag{3.69}$$

となる．ここでガウスの法則

$$\int_S \boldsymbol{p} \cdot d\boldsymbol{S} = \int_V \mathrm{div} P dv \tag{3.70}$$

を用い，(3.69) を書き直すと

$$\rho \frac{D\boldsymbol{v}}{Dt} = \boldsymbol{K} + \mathrm{div} P \tag{3.71}$$

となる．ここで，圧力テンソル P としてニュートン流体の応力テンソル

$$P_{ij} = -p\delta_{ij} + \lambda(\mathrm{div}\boldsymbol{v})\delta_{ij} + 2\mu e_{ij}, \quad e_{ij} = \frac{1}{2}\left(\frac{\partial v_i}{\partial x_j} + \frac{\partial v_j}{\partial x_i}\right) \tag{3.72}$$

を用いると

$$\rho \frac{D\boldsymbol{v}}{Dt} = \boldsymbol{K} - \nabla p + (\lambda + \mu)\nabla(\mathrm{div}\boldsymbol{v}) + \mu \Delta \boldsymbol{v} \tag{3.73}$$

が得られる．この方程式は**ナヴィエ・ストークス (Navier-Stokes) 方程式**と呼ばれる．

3.2.6 圧縮流体と非圧縮流体

流体には気体と液体があるが，その大きな違いは圧力をかけた時の圧縮性である．気体の場合には圧力に反比例して体積が縮む (ボイルの法則) のに対し，液体ではほとんど縮まない．この性質を理想化して密度が圧力によらず一

【一方向の流れ】

$\boldsymbol{v} = (u, 0, 0)$ と書ける場合，$\frac{\partial u}{\partial x} = 0$ であるので

$$\frac{Du}{Dt} = \frac{\partial u}{\partial t}$$

となる．そのためナヴィエ・ストークスの方程式は

$$\frac{\partial u}{\partial t} - \frac{\mu}{\rho}\left(\frac{\partial^2 u}{\partial y^2} + \frac{\partial^2 u}{\partial z^2}\right) + \frac{1}{\rho}\frac{\partial P}{\partial x} = 0$$

となる．

この式から，クエット流やポアズイユ流が簡単に導ける．

定の流体を非圧縮流体という．この場合，流体は伸び縮みせずただ流れるだけなので扱いが簡単になる．非圧縮性は式で表わすと，連続の方程式 (3.62) から

$$\mathrm{div}\boldsymbol{v} = 0 \tag{3.74}$$

となる．また，ナヴィエ・ストークス方程式は

$$\rho\frac{D\boldsymbol{v}}{Dt} = \boldsymbol{K} - \nabla p + \mu\Delta\boldsymbol{v} \tag{3.75}$$

となる．

ここでさらに $\mu = 0$ と置くと，非圧縮で非粘性の場合の方程式が得られる．それは**オイラー方程式**と呼ばれる．

3.2.7 レイノルズの相似法則

ここで，流体の運動の相似性を調べてみよう．(3.75) において長さを L，速度を U としてスケールすると次のようになる．

$$x \to x' = \frac{x}{L}, \quad v \to v' = \frac{v}{U}, \quad t \to t' = \frac{t}{L/U} \tag{3.76}$$

方程式はこれらの無次元量 x', v', t' で

$$\frac{D\boldsymbol{v}'}{Dt'} = \boldsymbol{K}' - \nabla'p' + \frac{1}{R}\Delta'\boldsymbol{v}' \tag{3.77}$$

と表わせる．ここで，∇' や Δ' はスケールされた長さでの微分である．ここで現われる係数 R がレイノルズ数 (3.51) である．つまり，非圧縮流体では

【エネルギーの連続の方程式】

エネルギーの連続の方程式も考えておこう．いま，領域 V のエネルギーとして，運動エネルギーと内部エネルギー U の和として

$$E = \int_V \left(\frac{1}{2}v^2 + U\right) dv \qquad ①$$

を考える．その増減は，壁を通して応力がする仕事と，熱の出入り，体積力がする仕事であるので

$$\frac{DE}{Dt} = \mathrm{div}(\boldsymbol{v}\cdot P - \boldsymbol{q}) + \boldsymbol{K}\cdot\boldsymbol{v} \qquad ②$$

で表わされる．ここで $\boldsymbol{q}$ は熱流の密度である．

レイノルズ数が同じであれば運動は完全に同等である．

3.2.8 ベルヌーイの定理

粘性がなくエネルギーが保存する場合には流体は完全流体と呼ばれる．そこでは**ベルヌーイの定理**と呼ばれる保存則が成り立つ．この定理は運動方程式を積分しても求められるが，ここでは直感的に導いておこう．定常流で，流管 (図 3.14) を考え，流管内を流れる流体の微小領域のもつエネルギーを保存と考えよう．運動エネルギー $\frac{1}{2}\rho v^2$，高さ h での位置のエネルギー $\rho g h$，さらに圧力差があることによってされる仕事

$$W = \int_A^B \nabla p \cdot d\boldsymbol{r} = p_B - p_A \tag{3.78}$$

の和が保存するので，

$$\frac{1}{2}\rho v^2 + \rho g h + p = 一定 \tag{3.79}$$

であることがわかる．この関係がベルヌーイの定理である．

大きな容器に小さな穴をあけたとき (図 3.15)，流出の早さはベルヌーイの定理から

$$\frac{1}{2}\rho v^2 = \rho g h \tag{3.80}$$

つまり

$$v = \sqrt{2gh} \tag{3.81}$$

表 3.1 レイノルズ数の表

現象	L[m]	U[m/s]	$\nu[10^{-6} \mathrm{m}^2/\mathrm{s}]$	レイノルズ数
人間が歩く場合	2	1	1.4×10^{-5}	$\simeq 10^5$
雨滴	0.0001	0.1	1.4×10^{-5}	$\simeq 1$
野球のボール	0.1	30	1.4×10^{-5}	$\simeq 10^5$
マグロ	1	20	1.0×10^{-6}	$\simeq 10^2$
潜水艦	100	20	1.0×10^{-6}	$\simeq 10^4$

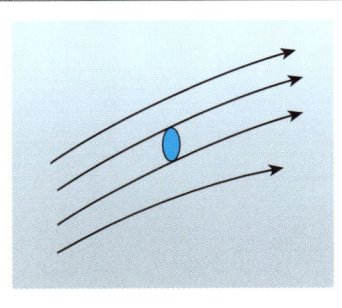

図 3.14 流管

であることがわかる．この関係は**トリチェリーの定理**と呼ばれる．また，流体中での速さを測る道具である**ピトー管**は流速をベルヌーイの定理を利用して圧力差

$$\Delta p = \frac{1}{2}\rho v^2 \tag{3.82}$$

で測る道具である（図 3.16）．

3.2.9 渦

流体力学の非常に興味深い研究対象に渦の発生がある．円柱の周りの流れを調べると，図 3.17(a) のようにレイノルズ数が非常に小さいときは渦が発生せず流れの前後で対称流線が見られる．

物体が一様流から流れの方向に受ける力を抵抗，流れに垂直の方向に受ける力を揚力という．完全流体では，図 3.17(a) のように流れの形が前後で対称となり抵抗が働かない．これは直感と反するので**ダランベールのパラドックス**という．実際の流体では粘性のため流れが速くなるとレイノルズ数が大きくなり渦が発生し抵抗が生じる．いわゆる**流線型**は渦の発生をできるだけ抑え，できるだけダランベールのパラドックスを実現しようとしている形である．

渦は速度場が**渦度**

$$\boldsymbol{\omega} = \mathrm{rot}\,\boldsymbol{v} \tag{3.83}$$

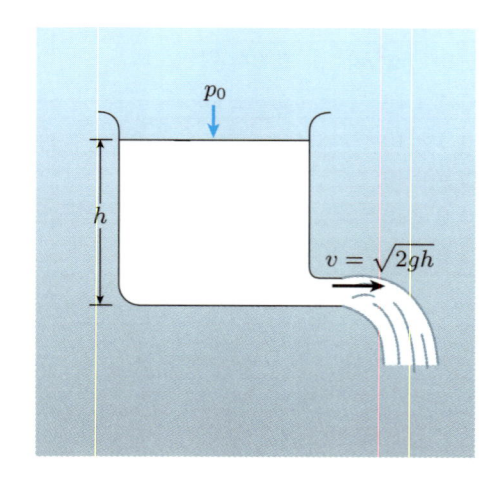

図 3.15　トリチェリーの定理

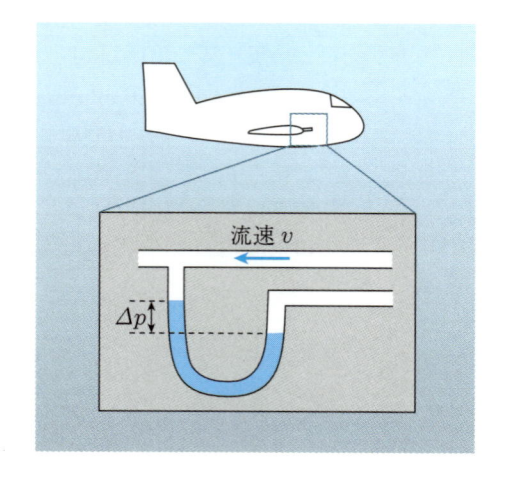

図 3.16　ピトー管

を持つことと定義される．完全流体では渦度を表わす**循環**

$$\Gamma(C) = \oint_C \boldsymbol{v} \cdot d\boldsymbol{l} \tag{3.84}$$

は保存されることがわかっている (ケルヴィンの循環定理，ヘルムホルツの渦定理，ラグランジュの渦定理)．

しかし，実際の粘性流体では流線が剥がれるようにして渦が流れの後方にでき始める．流れの中に左右に規則正しく作られる**カルマンの渦列** 図 3.17(b) は有名である．さらに流れが速くなると**乱流**が生じる．これらはたいへん興味深い現象であるが，その本性は詳しくはわかっておらず研究が進められている．

また，円が回転してる場合には揚力が生じる．円柱のまわりの循環の大きさを Γ とすると揚力は

$$F_y = -\rho U \Gamma \tag{3.85}$$

で与えられることが知られている (クッタ・ジューコフスキー (Kutta-Joukowski) の定理)．これが飛行機の揚力や，野球のカーブやシュートなどの変化球の原理となっている．大きさがあるものが飛行するとき，回転軸が進行方向でない回転が生じるとこの効果で曲がってしまう．ゴルフでフックやスライスが起こるのはそのためである (図 3.18)．

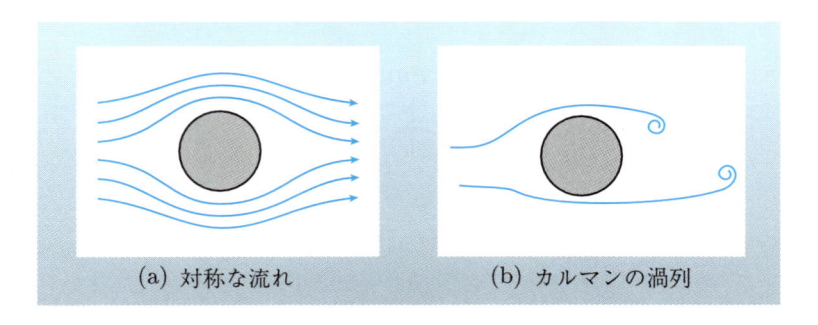

図 3.17 円柱のまわりの流れ

3.2.10 ストークス近似

逆に粘性が非常に強い場合，ナビエ・ストークス方程式の非線形項 $\boldsymbol{v} \cdot \nabla \boldsymbol{v}$ が無視でき，線形化できる．

$$\rho \frac{d\boldsymbol{v}}{dt} = \boldsymbol{K} - \nabla p + \mu \Delta \boldsymbol{v} \tag{3.86}$$

これをストークス近似という．この方程式を用いると，半径 a の球が速さ U で運動しているとき流体から抵抗に関するストークスの抵抗法則

$$F = 6\pi \mu a U \tag{3.87}$$

が導かれる．

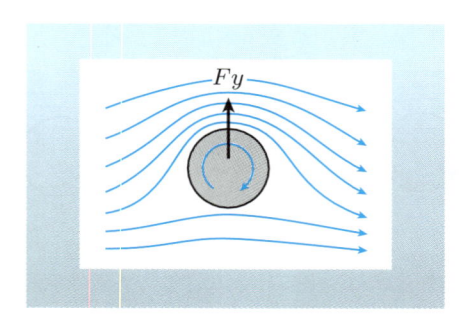

図 3.18 揚力

3.3 章末問題

3.1 円柱のねじれとトルクの関係を求め，ねじり秤りの原理を考察せよ．ただし円柱の半径を R，長さを l，ずれ弾性率を G とする．

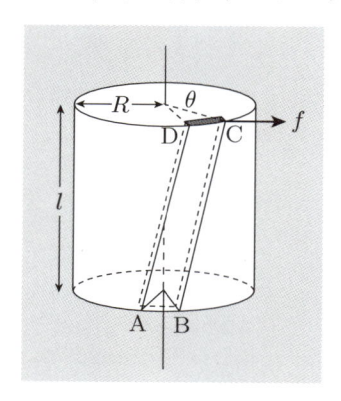

3.2 直方体の曲がりとトルクの関係を求めよ．断面は各辺 a, b の直方体である．物質のヤング率を E とする．

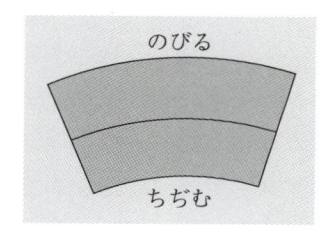

3.3 3.2 の関係を用いて薄い板の自重による曲がりを調べよ．板の長さを l，断面は 3.2 と同じとする．また単位長さ当たり板の重さ密度を ρ とする．

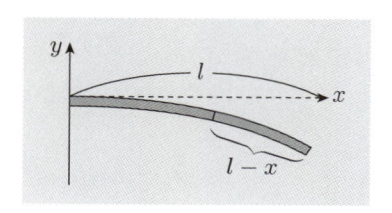

3.4 大きさが $\dfrac{1}{100}$ の模型によって船の運動をシミュレーションする場合に，(1) 実際と同じ流体を用いる場合，(2) 長さを 1/100 にスケールしたシミュレーションを行なう場合，にどのような注意が必要か．

3.5 ピトー管の原理 (3.82) を説明せよ．

振 動 ・ 波 動

4

これまでいくつかの振動現象を扱ったが，ここで改めてそれらの現象を整理し，さらに変位が連続的に波となって伝わっていく波動現象についても詳しく調べてみよう．

本章の内容

振動
波動方程式
音の大きさ，高さ，音色
ドップラー効果
フーリエ級数展開

4.1 振 動

4.1.1 単振動

まず単振動を復習しておこう．

$$\frac{d^2x}{dt^2} = -\omega^2 x \tag{4.1}$$

は線形の方程式であり，2.2 節で説明した方法で解くことができる．一般解は

$$x(t) = ae^{i\omega t} + be^{-i\omega t} \tag{4.2}$$

あるいは

$$x(t) = a'\cos(\omega t) + b'\sin(\omega t) = A\cos(\omega t + \phi) \tag{4.3}$$

である．これらの間の関係は第 2 章で説明したオイラーの関係である．

4.2 波動方程式

弦の振動など，連続的な物体の中での振動現象は波となって伝わっていく（図 4.1）．その場合，変位の状況を表わすのに空間のある場所でのある時刻の変位を考えなくてはならない．場所 $\boldsymbol{r}$，時刻 t での変位を $u(\boldsymbol{r}, t)$ としよう．このように空間の各点に値をもつ系を**場**という．この変位 $u(\boldsymbol{r}, t)$ は，$\boldsymbol{r}$ と t の関数と考えてもよい．これまでの質点の運動では位置が時間の関数 $\boldsymbol{r}(t)$ として表わされ，独立変数は t の一つであったのに対し，場では位置と時間，つ

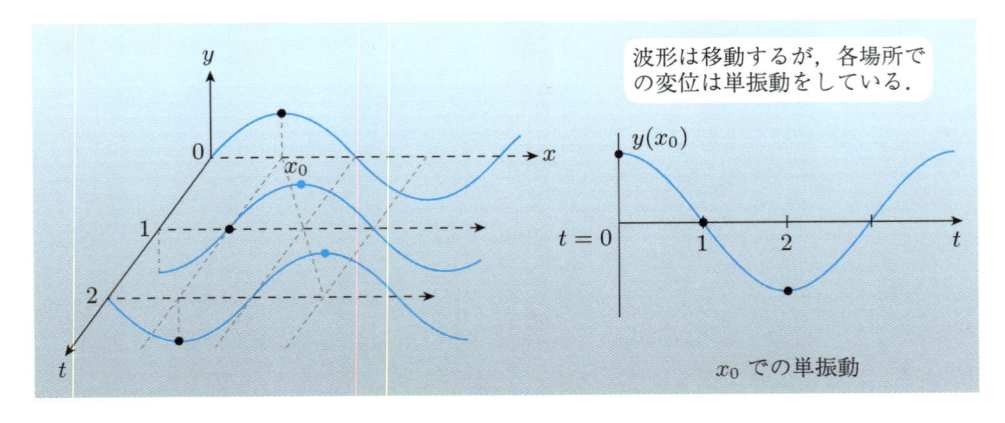

図 4.1 波の伝播

まり複数個の独立変数があり，運動の様子を表わすにも時間変化と空間変化の両方を考えなくてはならない．

波には，図 4.2 のように，変位が振動方向と波の進行方向が垂直な**横波**と，それらが平行な**縦波**がある (89 ページ)．

4.2.1 横 波

まず，横波を調べてみよう．弦の振動などがその例である．弦の運動を記述するには，微小部分の運動方程式を考える．図 4.3 のように，線密度 ρ の弦が張力 S で張られているとする．張力 S の大きさは場所に依らず一定とする．

長さが dx の微小部分の右端の張力の y 方向の成分 $S\sin(\theta(x+dx))$ は，振幅が小さく，θ の一次までで

$$\sin\theta \simeq \theta \simeq \tan\theta, \quad \cos\theta \simeq 1 \tag{4.4}$$

が成り立っているとすると

$$S\sin\theta(x+dx) \simeq S\tan\theta(x+dx) = S\left.\frac{dy}{dx}\right|_{x+dx} \tag{4.5}$$

と $x+dx$ での y の傾きで表わされる．同様にして左端では

$$-S\sin\theta(x) \simeq -S\tan\theta(x) = -S\left.\frac{dy}{dx}\right|_x \tag{4.6}$$

となる．これらの合力によって，弦のこの微小部分にかかる y 方向の力は

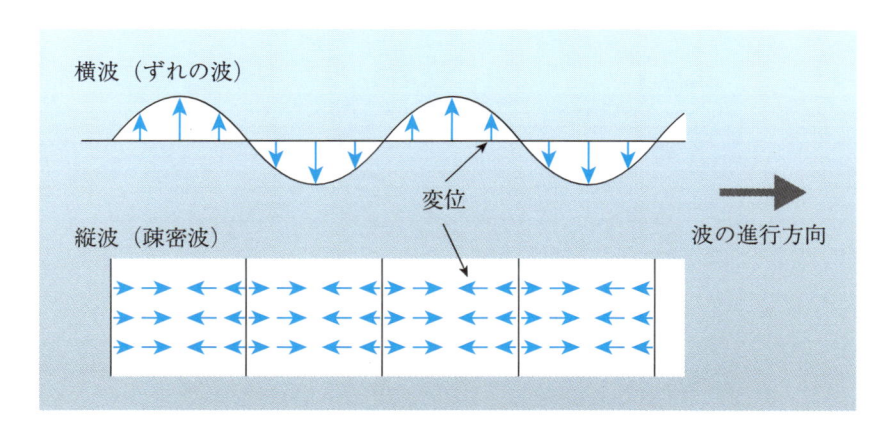

図 4.2 横波と縦波

$$S\left(\frac{dy}{dx}\bigg|_{x+dx} - \frac{dy}{dx}\bigg|_x\right) = S\frac{d^2y}{dx^2}dx \tag{4.7}$$

である.

張力の x 成分は $\cos\theta \simeq 1 + O(\theta^2)$ であるので θ の一次までで

$$-S\cos\theta(x) \simeq -S, \quad S\cos\theta(x+dx) \simeq S \tag{4.8}$$

であり，つり合っている．考えている微小部分の質量は $\rho ds \simeq \rho dx$ であるので，この微小部分の運動方程式は，

$$\rho dx \frac{d^2y}{dt^2} = S\frac{d^2y}{dx^2}dx \tag{4.9}$$

となり，整理すると

$$\frac{d^2y}{dt^2} = \frac{S}{\rho}\frac{d^2y}{dx^2} \tag{4.10}$$

となる．ここで，y は x と t の関数であり，x,t は独立に指定できる独立変数である．このような場合，x が t の関数でないことを明確に示すために，偏微分という記述法が用いられる．

つまり，左辺は固定した x の場所での時間に関する二回微分であり

$$\frac{d^2y}{dt^2} \Rightarrow \frac{\partial^2 y}{\partial t^2} \tag{4.11}$$

同様にして，右辺の微分も固定した時間での x に関する二回微分であり

$$\frac{d^2y}{dx^2} \Rightarrow \frac{\partial^2 y}{\partial x^2} \tag{4.12}$$

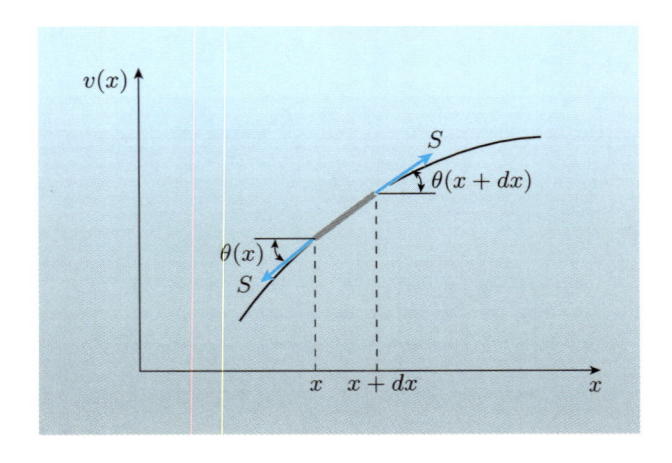

図 4.3 弦の運動

と書く．これによって，波動を表わす式は

$$\frac{\partial^2 y}{\partial t^2} = \frac{S}{\rho}\frac{\partial^2 y}{\partial x^2} \tag{4.13}$$

となり，偏微分方程式と呼ばれる．この方程式の解き方はいろいろあるが，波を表わす

$$y(x,t) = A\cos(kx \pm \omega t) + B\sin(kx \pm \omega t) \tag{4.14}$$

の形が解となっていることは，代入することで確認できる．ここで，A, B は初期条件で決まる定数である．(4.14) を (4.13) に代入すると

$$-\omega^2 y(x,t) = -\frac{S}{\rho}k^2 y(x,t) \tag{4.15}$$

であり，ω と k の間に

$$\omega^2 = \frac{S}{\rho}k^2 \tag{4.16}$$

の関係があることがわかる．この ω は振動の周期 T と $\omega = 2\pi/T$，また k は波長 λ と $k = 2\pi/\lambda$ の関係にあり，それぞれ**角振動数**，**波数**と呼ばれる．一般に ω と k の関係 ($\omega = \omega(k)$) を**分散関係**という．また

$$kx - \omega t = k(x - vt), \quad v = \sqrt{\frac{S}{\rho}} \tag{4.17}$$

と書くと，$v = \omega/k$ が波の進む速さであることもわかる．波の動きを調べて

図 4.4 バイオリン：張力をねじで調節する．弦の太さの違いが異なる線密度 ρ を与える．

みよう．図 4.5 に示すように時刻 $t=0$ の波形は時刻 t で右に vt だけずれている．つまり，$\cos(kx-\omega t)$ は正の方向に速さ v で進む波を表わしている．$\sin(kx-\omega t)$ の場合も同様である．一般に波の形は

$$y(x,t) = C\cos(kx - \omega t + \phi), \quad C = \sqrt{A^2 + B^2}, \quad \tan\phi = \frac{B}{A} \quad (4.18)$$

で表わされ，これは正の方向に速さ v で伝わる振幅が C の波であり，ϕ は位相と呼ばれる．より一般に $kx+\omega t+\phi$ の部分全体を位相と呼ぶこともある．また，オイラーの関係から

$$y(x,t) = ae^{i(kx-\omega t)} + be^{-i(kx-\omega t)} \quad (4.19)$$

の形に表わすこともできる．

　負の方向に進む波は

$$y(x,t) = C\cos(kx + \omega t + \phi) \quad (4.20)$$

と表わされる．

　方程式 (4.10) の解は必ずしも (4.14) の形ではなく

$$y(x,t) = A\cos(kx)\sin(\omega t + \phi) \quad (4.21)$$

$$y(x,t) = A'\sin(kx)\sin(\omega t + \phi') \quad (4.22)$$

の形も考えられる．これらを図示すると図 4.6 のようになる．これらはある決まった止まった波形を振動しているので**定在波**と呼ばれる．両端が振動の

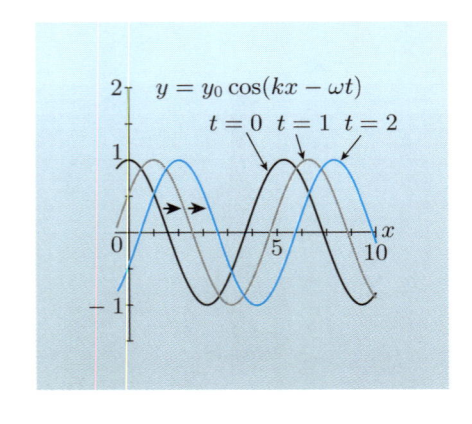

図 4.5　波の伝搬

腹になっている場合の解が (4.21) である．図 4.5 はこの場合であり，両端が波動の節になっている場合の解が (4.22) である．

どちらのタイプの解を考えるかは，与えられた情況を表わす境界条件によって決まる．上で考えた (4.14) は，進行波の場合の解である．境界条件で言うと周期境界条件の場合の解である．

4.2.2 境界条件と波長

境界条件が与えられると振動の波長が決まる．図 4.6 に示すように**開放端**では両端の微分が 0 となり

$$\left.\frac{dy}{dt}\right|_{x=0} = 0, \quad \left.\frac{dy}{dt}\right|_{x=L} = 0 \tag{4.23}$$

であるため，$y(x,t) = A\cos(kx)\sin(\omega t + \phi)$ の形の解を考える．このとき (4.23) は

$$\sin(k \times 0) = 0, \quad \sin(kL) = 0 \tag{4.24}$$

となる．第一式は自動的に満たされている．そのようになるために開放端の場合には $\cos(kx)$ のタイプを選んだのである．第二式が満たされるためには波数が

$$k = \frac{\pi}{L}, \quad m = 1, 2, \cdots \tag{4.25}$$

でなくてはならない．**固定端**では両端の変位が 0 であり

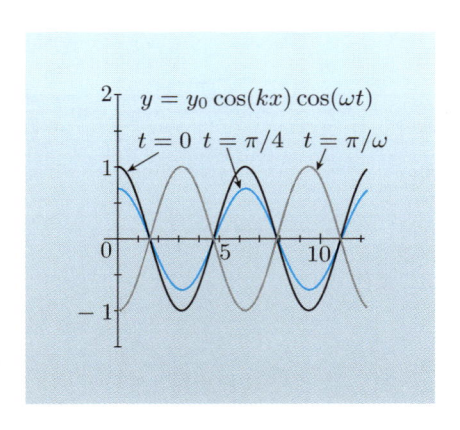

図 4.6 定在波

$$y(0,t) = y(L,t) = 0 \tag{4.26}$$

が条件となる．この場合には解は $y(x,t) = A'\sin(kx)\sin(\omega t + \phi')$ の形であり，やはり (4.24) が条件となる (図 4.7)．

また，**周期境界条件**では $y(x,t)$ が両端で滑らかにつながり，

$$y(0,t) = y(L,t), \quad \left.\frac{dy}{dt}\right|_{x=0} = \left.\frac{dy}{dt}\right|_{x=L} \tag{4.27}$$

が条件である (図 4.7)．周期境界条件の場合の解は (4.14) の形であり，(4.27) を満たすためには

$$e^{ik\times 0} = e^{ikL} \tag{4.28}$$

が必要である．このとき許される波数は

$$k = \frac{2\pi}{L}m, \quad m = 0, \pm 1, \pm 2, \cdots \tag{4.29}$$

である．

4.2.3 縦波

次に縦波を考えよう．縦波では物質の密度が変動して波を伝える．そこで最も典型的な，空気の中の音波を調べてみよう．

図 4.8 のように密度に差があると，そこでの圧力が異なり微小部分を押す力が生じる．縦波の場合は変位は進行方向であるので，横波に比べて少し表

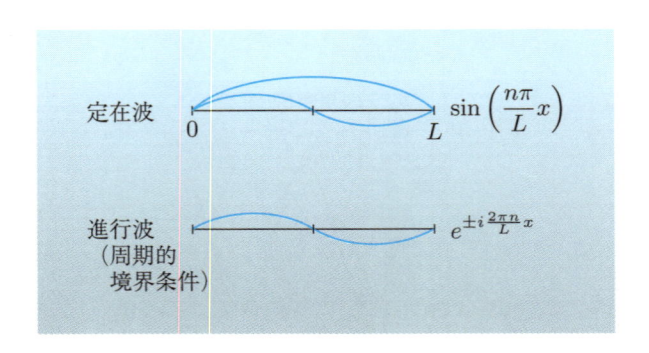

図 4.7 境界条件と波長

わしにくい．図 4.8 に示すように，波が立たない場合の位置 x にあった部分がどれだけずれているかを $u(x)$ で表わそう．場所 x での体積の変化は x と $x+dx$ での変位がそれぞれ，$u(x), u(x+dx)$ であるので，断面積を S として

$$V = Sdx \to V + dV = S(dx + (u(x+dx) - u(x))) \tag{4.30}$$

である．ここで

$$u(x+dx) - u(x) = \frac{\partial u}{\partial x} dx \tag{4.31}$$

であるので

$$\frac{dV}{V} = \frac{S\frac{\partial u}{\partial x}dx}{Sdx} = \frac{\partial u}{\partial x} \tag{4.32}$$

である．圧力 p の変化は気体の体積弾性率 K を用いて

$$\Delta p = -K \frac{\Delta V}{V} \tag{4.33}$$

と表わされる．今考えている部分の左端の場所 $x + u(x)$ での圧力の変化は

$$\Delta p(x + u(x)) = -K \left. \frac{\partial u}{\partial x} \right|_x \tag{4.34}$$

右端の場所 $x + dx + u(x+dx)$ での圧力の変化は

$$\Delta p(x + dx + u(x+dx)) = -K \left. \frac{\partial u}{\partial x} \right|_{x+dx} \tag{4.35}$$

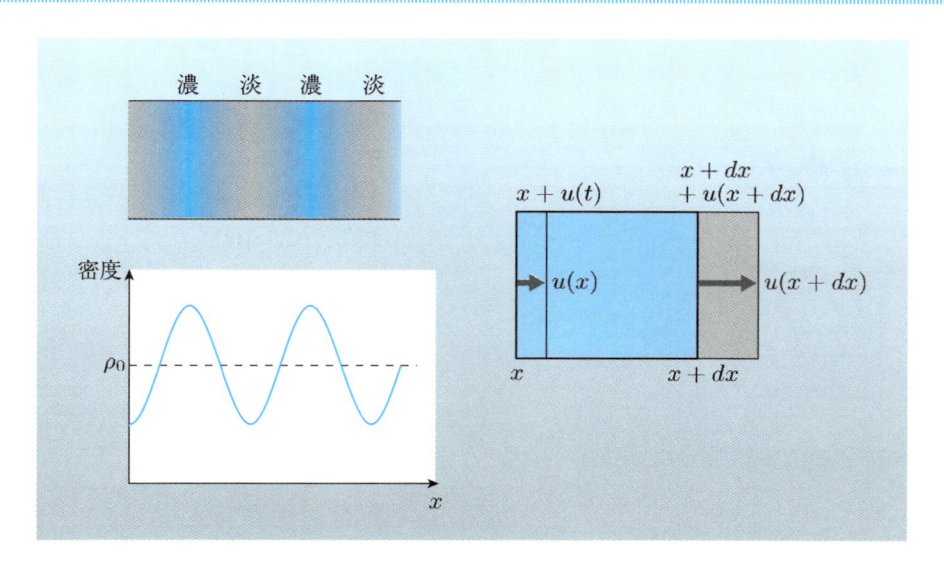

図 4.8 空気の疎密波

である．この圧力差により，考えている部分は右向きに力

$$F = S(\Delta p(x) - \Delta p(x+dx)) = KS\frac{\partial^2 u}{\partial x^2}dx \tag{4.36}$$

を受ける．この力による運動方程式は

$$\rho(x)Sdx\frac{\partial^2 u}{\partial t^2} = KS\frac{\partial^2 u}{\partial x^2}dx \tag{4.37}$$

となり，

$$\frac{\partial^2 u}{\partial t^2} = \frac{K}{\rho}\frac{\partial^2 u}{\partial x^2} \tag{4.38}$$

が得られる．これから音速は

$$v = \sqrt{\frac{K}{\rho}} \tag{4.39}$$

で与えられる．つまり，音速は物質の硬さ(体積膨張率)Kと重さ(密度)ρによって変わる．

理想気体での体積弾性率 K は，等温変化 ($PV = nRT$) として

$$K = -V\left(\frac{\partial P}{\partial V}\right)_T = -V\left(-\frac{nRT}{V^2}\right) = P \tag{4.40}$$

である．しかし，この値を用いると空気中の音速は正しく求められない．その理由は，音波の振動のように速い振動に対しては，熱が伝わる暇がなく，気体の変化は，等温ではなく断熱的に起こる．このとき熱力学の章で説明する

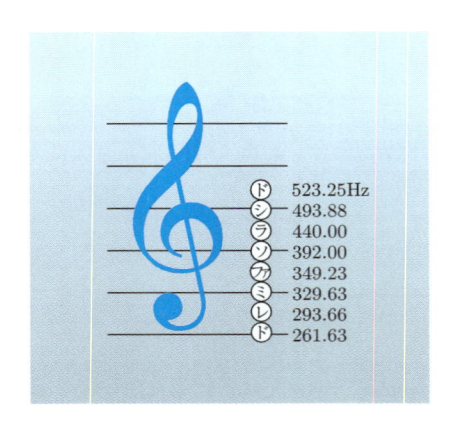

図 4.9 音階

表 4.1 音 速

物　質	音速 (m/s)
酸素 (0°C,1atm)	317
窒素 (0°C,1atm)	337
空気 (0°C,1atm)	331
水素 (0°C,1atm)	1270
水 (25°C,1atm)	1500
エチルアルコール (25°C,1atm)	1207
クロロホルム (25°C,1atm)	995
氷	3230
金	3240
鉄	5950
ゴム	1500

ように定圧比熱 c_P と定積比熱 c_V の比 γ

$$P \propto V^\gamma, \quad \gamma = \frac{C_P}{C_V} > 1 \qquad (4.41)$$

であるので

$$K = -V\left(\frac{\partial P}{\partial V}\right)_S = \gamma P \qquad (4.42)$$

となる．つまり，音速は

$$v = \sqrt{\gamma \frac{P}{\rho}} \qquad (4.43)$$

で与えられる．空気中では

$$v_s = 331.5 + 0.6T[\text{m/s}], \quad T \text{ は摂氏温度} \qquad (4.44)$$

である．

4.3 音の大きさ，高さ，音色

音には大きさ，高さ，音色の三要素があるといわれる．それぞれ，音の振幅，振動数，波形のことである．音の大きさの単位はデシベル [dB] である．これは，1m^2 の面積を 1 秒間に何 J のエネルギーが通過するかで決められている．$1\text{J/s/m}^2=1\text{W/s}$ が単位である．人間の聞き取れる最小の強度を $I_0 = 10^{-12}\text{W/s}$ として，それとの相対強度の対数によって

【弾性体での音速】

液体や固体では K が大きくなるので音速は速くなる．たとえば，水では 1500m/s，鉄では 6000m/s 程度である．弾性体中の縦波も，空気の場合と同様にして考えられる．3.1.4 項で見たように，空気の場合の P の代わりに応力 T，体積弾性率 K の代わりにフックの法則

$$T = SE\frac{dL}{L}, \quad E : \text{ヤング率} \qquad \text{①}$$

を用いれば，

$$\frac{\partial^2 u}{\partial t^2} = \frac{E}{\rho}\frac{\partial^2 u}{\partial x^2} \qquad \text{②}$$

が得られる．つまり弾性体中を伝わる音波の速さは

$$v = \sqrt{\frac{E}{\rho}} \qquad \text{③}$$

である．

$$\mathrm{dB} = 10 \log_{10} \frac{I}{I_0} \qquad (4.45)$$

と定義される．係数の 10 をつけない場合はベル [B] である．この定義で，ささやきが 30dB，通常の会話が 60dB，ジェット機の離陸が 140dB と表わされる．また，感覚的に判断する場合の単位はソーンといい，1kHz，40dB の音を 1 ソーンという．その 2 倍の強さが 2 ソーンであるが，振動数にも依存してデシベルとの関係が決められている．

また，音の高さ，つまり振動数については 20Hz から 20000Hz 程度が人の可聴音域でそれ以上は超音波といわれる．超音波は医療用の診断や，材料の非破壊検査，水中でのソナー，など幅広く利用されている．

4.4　ドップラー効果

波の発振体と観測者の相対的な速度によって，音の高さが異なって聞こえるのはよく知られた現象であり，ドップラー効果と呼ばれる．たとえば，救急車が近づいてくるときと，遠ざかって行くときでは明らかにサイレンの音が違う．また，観測者が音源に向かって進むときと，遠ざかっていくときでも違う．この原因は，単位時間当たりいくつの波数を観測するかが音の高さの定義であることを考えると，簡単に理解できる．

まず，観測者が止まっていて音源が観測者に対して速さ V で近づいてくる場合を考えよう（図 4.10(a)）．単位時間に観測者に届く波の数を数える．音波の速さを v_s とすると時刻 0 で出した波と 1 秒後に出した波の距離が v_s か

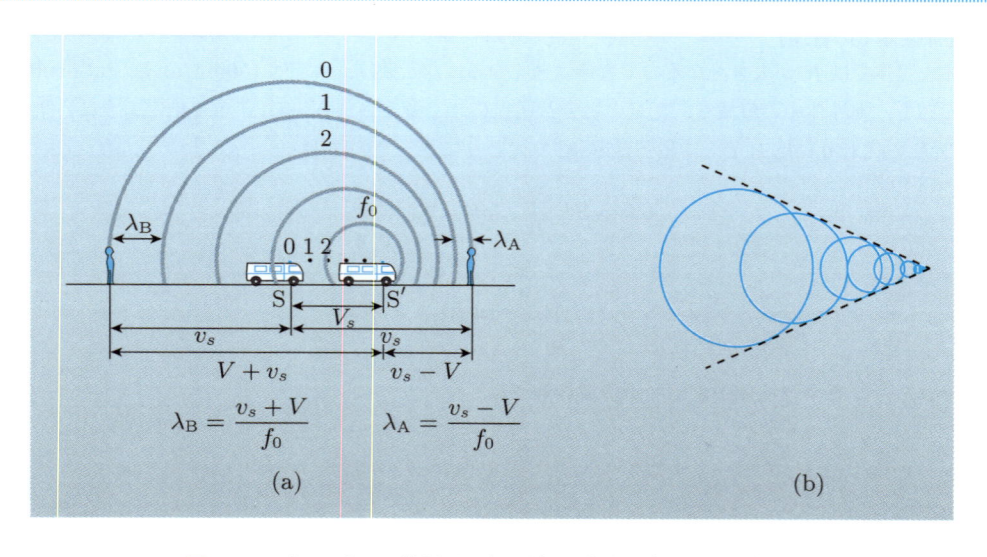

図 4.10　ドップラー効果 (a) 観測者が動く場合，(b) 衝撃波

から $v_s - V$ に縮んでいる．そのため，音源が進行方向に出す波の波長 λ は，音源が停止していたときの波長を λ_0 とすると，

$$\lambda = \frac{v_s - V}{v_s}\lambda_0 \tag{4.46}$$

である．そのため，音の振動数は，もとの振動数 ν_0 に比べて

$$\nu = \frac{1}{1 - V/v_s}\nu_0 \tag{4.47}$$

になる．

　音源が音速を超える速さで運動するとどうなるであろうか．分母が 0 あるいは負になるので上の公式は使えない．この場合図 4.10(b) に示すように，波の先端が V 字形になる．波の先端部は**衝撃波**と呼ばれる高圧状態になっている．水面を進む船が起こす波はこの形をしていることが多い．そのような場合には船は水面を伝わる波の速さより早く進んでいる．

　逆に，音源が止まっていて観測者が音源に対して速さ V' で近づいてくる場合を考えよう (図 4.11)．この場合，音源が進行方向に出す波の波長 λ は変わらないが，1 秒間に観測者が音源に V 近づいているので，観測者が数える波の数は

$$\nu = \frac{v_s + V'}{v_s}\nu_0 \tag{4.48}$$

になる．

　音源と観測者の両方が同時に動いている場合，(4.47) と (4.48) のそれぞれ

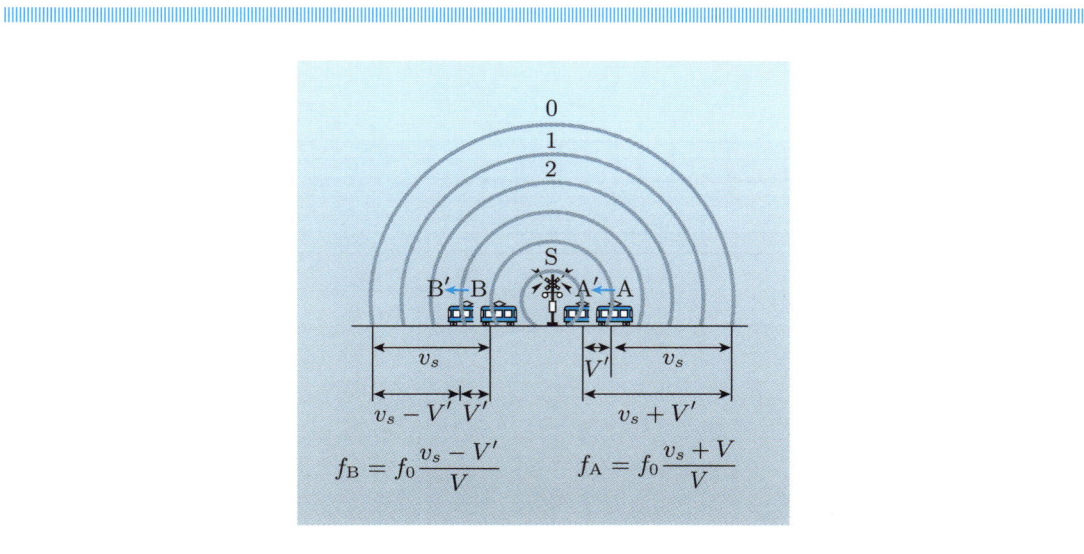

図 4.11　ドップラー効果：観測者が動く場合

の効果が独立に働くので

$$\nu = \frac{1+V'/v_s}{1-V/v_s}\nu_0 \qquad (4.49)$$

である．

　ドップラー効果はすべての波で起こる現象である．星からの光の振動数が少し小さくなっていることが発見され，星が地球から遠ざかっていること，つまり宇宙が膨張していることがわかった(赤方偏移)．また，ボールの速さを測定するスピードガンやスピード違反取締りの測定器にもドップラー効果が利用されている．

4.5　フーリエ級数展開

　波の波形はいろいろな形があり，波数 k を持つ波の重ね合わせとして表わされる．波動方程式が線形であるため境界条件を満たす波の重ね合わせもまた解になっている．与えられた波の形をいろいろな波数の波の重ね合わせとして表わすことを考えよう．

　たとえば，時刻 $t=0$ での波形が図 4.12(a) の形 $u(x,0)=f(x)$ で与えられるとしよう．この関数を三角関数を用いて展開する．今の場合，周期 L の関数であるので展開の一般形は

$$f(x) = \sum_{n=0}^{\infty} a_n \cos\left(\frac{2\pi}{L}nx\right) + \sum_{n=1}^{\infty} b_n \sin\left(\frac{2\pi}{L}nx\right), \quad n=0,1,2,\cdots \qquad (4.50)$$

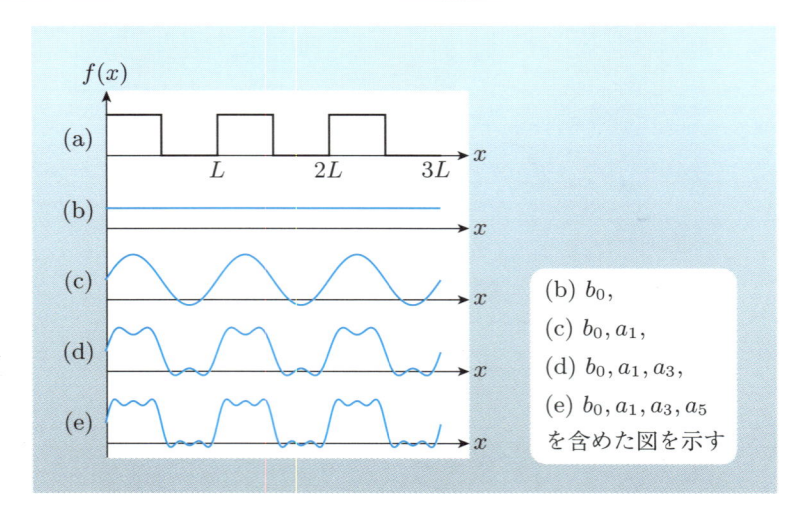

図 4.12　フーリエ級数展開：矩形波(太い実線)の展開，
(b) b_0, (c) b_0, a_1, (d) b_0, a_1, a_3, (e) b_0, a_1, a_3, a_5, を含めた図を示す．
より高次の項を取るとより矩形波に近づく．

4.5 フーリエ級数展開

となる．ここでの各項の波の振幅の大きさ a_k, b_k を決めなくてはならない．その決定は三角関数の直交性を用いる．$m > 0, n > 0$ として

$$\int_0^L \cos\left(\frac{2m\pi}{L}x\right) dx = L\delta_{m,0} \tag{4.51}$$

であることに注意すると

$$\int_0^L \sin\left(\frac{2m\pi}{L}x\right) \sin\left(\frac{2n\pi}{L}x\right) dx$$
$$= \int_0^L \frac{1}{2}\left(\cos\left(\frac{(m-n)\pi}{L}x\right) - \cos\left(\frac{(m+n)\pi}{L}x\right)\right) dx \tag{4.52}$$
$$= \frac{L}{2}\delta_{mn}$$

の関係があることがわかる．この関係を利用すると係数 a_n は

$$a_n = \frac{2}{L}\int_0^L f(x) \sin\left(\frac{2n\pi}{L}x\right) dx, \tag{4.53}$$

によって求められる．同様にして

$$\int_0^L \cos\left(\frac{2m\pi}{L}x\right) \cos\left(\frac{2n\pi}{L}x\right) dx$$
$$= \int_0^L \frac{1}{2}\left(\cos\left(\frac{2(m-n)\pi}{L}x\right) + \cos\left(\frac{2(m+n)\pi}{L}x\right)\right) dx \tag{4.54}$$
$$= \begin{cases} \dfrac{L}{2}\delta_{mn} & (m \neq 0) \\ L\delta_{mn} & (m = 0) \end{cases}$$

【直交関係】

$$\int_0^L \sin\left(\frac{2m\pi}{L}x\right) \sin\left(\frac{2n\pi}{L}x\right) dx = \frac{L}{2}\delta_{mn}$$

$$\int_0^L \cos\left(\frac{2m\pi}{L}x\right) \cos\left(\frac{2n\pi}{L}x\right) dx = \begin{cases} \dfrac{L}{2}\delta_{mn} & m \neq 0 \\ L\delta_{mn} & m = 0 \end{cases}$$

$$\int_0^L e^{i\frac{m\pi}{L}x} e^{i\frac{n\pi}{L}x} dx = L\delta_{m,-n}$$

の関係があるので，展開係数 b_n は

$$b_n = \frac{2}{L} \int_0^L f(x) \cos\left(2\frac{n\pi}{L}x\right) dx, \quad n = 1, 2, \cdots \quad (4.55)$$

$$b_0 = \frac{1}{L} \int_0^L f(x) dx \quad (4.56)$$

となる．図 4.12(a) で与えられる $f(x)$ に対しては $b_0 = 1$, $a_1 = 1$, $a_3 = \dfrac{1}{3}$ $a_5 = \dfrac{1}{5}, \cdots$ である．

指数関数を用いた場合には直交関係

$$\int_0^L e^{i\frac{m\pi}{L}x} e^{i\frac{n\pi}{L}x} dx = \int_0^L e^{i\frac{(m+n)\pi}{L}x} dx = L\delta_{m,-n} \quad (4.57)$$

を利用して $f(x)$ の展開は

$$f(t) = \sum_k c_k e^{ikx}, \quad k = \frac{2\pi}{L}, m = 0, \pm 1, \cdots \quad (4.58)$$

$$c_n = \frac{1}{L} \int_0^L f(x) e^{-i\frac{2\pi}{L}x} dx \quad (4.59)$$

で与えられる．このように，関数を三角関数の和で表わすことを**フーリエ (Fourier) 級数展開**という．

$$f(x) = \frac{1}{2} + \sum_{n=1}^{\infty} \frac{1}{n^2\pi^2} \{(-1)^n - 1\} \cos(n\pi x)$$

$$b_n = \int_0^1 x \cos(n\pi x) dx + \int_1^2 (2-x) \cos(n\pi x)$$

$$= \frac{2}{n^2\pi^2} \{(-1)^n - 1\}$$

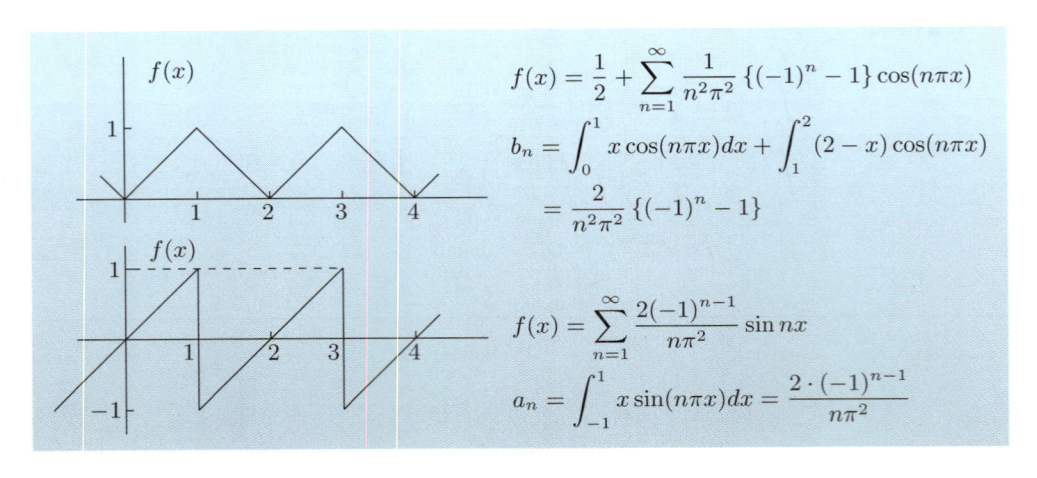

$$f(x) = \sum_{n=1}^{\infty} \frac{2(-1)^{n-1}}{n\pi} \sin nx$$

$$a_n = \int_{-1}^1 x \sin(n\pi x) dx = \frac{2 \cdot (-1)^{n-1}}{n\pi^2}$$

図 4.13　フーリエ展開の例

4.6 章末問題

4.1 二つの音源からの振動数 f_1, f_2 の二つの音が出ているときの，うなり現象ついて音波の重ね合わせの立場から説明し，うなりの振動数を求めよ．

4.2 空気の密度は $1.3 \times 10^{-3} g/cm^3$ である．(4.44) を用いると空気の γ はいくらになるか．

4.3 両端を固定した弦の中心を少し持ち上げてから，放した後の運動を考える．ただし，弦の張力を S，線密度を ρ とする．

(1) 運動方程式を求めよ．

(2) 初期の弦の形をフーリエ級数で表わせ．

(3) 弦の運動を求めよ．

4.4 一定の張力 S で張られた膜の振動を考える．ただし面密度 ρ とする．膜は辺がそれぞれ a, b の長方形とし，周囲は固定されているとする．

(1) 運動方程式を求めよ．

(2) 運動の一般解を求めよ．

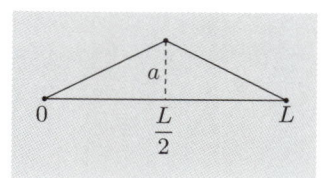

電磁気学

電気や磁気に関する現象は電燈，テレビ，電話をはじめ生活に多く用いられ日常的なものになっている．しかし，物体の運動と異なり，電気や磁気は直接目には見えないし，またその現象を支配する基礎方程式も複雑である．そのため力学に比べて，電磁気学の直感的な把握は容易ではないが，その原理を概観してみよう．

本章の内容

クーロン相互作用
電流と磁場
電場と電束密度
磁場と磁束密度
ローレンツ力
電磁誘導
マクスウェルの方程式
回　路
半導体とトランジスタ

5.1 クーロン相互作用

5.1.1 電荷とクーロン力

よく知られているように電気は物質に固有の属性で，その最小の単位は電子の持っている '電荷' である．電子の電荷を

$$-e = -1.60217733 \times 10^{-19} \mathrm{C}, \quad (\text{C は電荷の単位でクーロンと読む}) \quad (5.1)$$

としよう．ここで電子の電荷が負の値となっているのは電荷の発見の歴史によるものである．つまり，電池の極を＋と－に決めたとき電子の存在は知られておらず，後で電子が発見されたとき電子は－極から＋極へ流れ，電流として定義したものと逆の方向に流れていたのである．発見当時，電子は－極から出てくる粒子なので**陰極線**粒子と呼ばれた (図 5.1)．正の電荷は陽子が持っている．

電荷の単位であるクーロンは後で述べるように電流の強さをもとに決められている．つまり電流の強さ，アンペア [A]，は電流の間に働く力から決められている†．そして 1[A] の電流が 1 秒間に運ぶ電荷が 1 クーロンである．このクーロンの定義でもわかるように電磁気学の単位の定義はまわりくどいところがあるがあまり気にせず先に進もう．

電荷の間には力が働く．二つの物体がそれぞれ電荷 q_1, q_2 を持ち，相対的に r 離れているとき働く力は

$$\boldsymbol{F} = \frac{1}{k}\frac{q_1 q_2}{r^2}\boldsymbol{e}_r, \quad \boldsymbol{e}_r = \frac{\boldsymbol{r}}{r}, \quad r = |\boldsymbol{r}| \quad (5.2)$$

†真空中に 1 メートルの間隔で平行に置かれた無限に長い導体に電流を流すとき，長さ 1 メートルごとに 2×10^7[N] の力を及ぼし合う電流の大きさが 1[A] である．

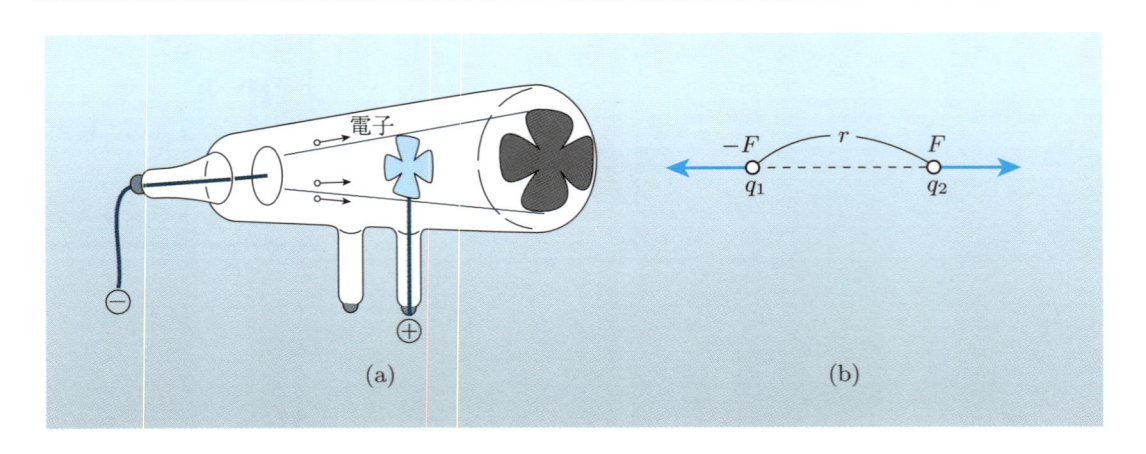

図 5.1 (a) 陰極線, (b) クーロン力

5.1 クーロン相互作用

である．この力を**クーロン (Coulomb) 力**という．クーロン力は電荷の積に比例し，距離の二乗に反比例する．ここで $1/k$ は媒体による比例係数であり，真空中での値は，MKSA 単位系で

$$\frac{1}{k} = \frac{1}{4\pi\varepsilon_0} = \frac{c^2}{10^7} \simeq 9.0 \times 10^9 [\mathrm{kg\,m^3\,s^{-2}\,C^{-2}}] \tag{5.3}$$

である．ここで ε_0 は**真空の誘電率**と呼ばれ

$$\varepsilon_0 = 8.85418782 \times 10^{-12} [\mathrm{kg^{-1}\,m^{-3}\,s^2\,C^2}] \tag{5.4}$$

である．また，二つ以上の電荷があるとき，クーロン力はそれぞれの電荷対ごとに独立に働き，一つの電荷に働く力はそれらの和である．つまり，クーロン力には重ね合わせの原理が成り立つ．これは万有引力と同じである．しかし万有引力の場合，質量には符号がなく常に引力であったのに対し，電荷には符号がある．そして同じ符号の電荷の間には反発力が働く．(2.8.5 項参照)

正負両方の電荷は正負の対になって存在しようとし，クーロン力を打ち消しあってしまう (図 5.2)．日常生活において万有引力の存在は重力として認識できる．しかし，力の大きさとしては万有引力に比べてクーロン力の方がはるかに大きいにもかかわらず，生活レベルより大きなスケールではクーロン力はあまり意識されず万有引力の方が目立つのはそのせいである．モータの回転や雷などはクーロン力の大きさを認識するのに役立つであろう．

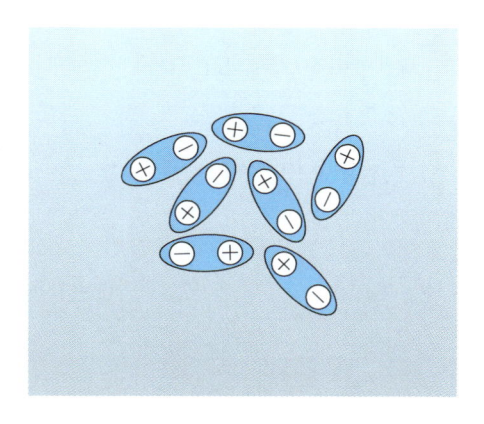

図 5.2 電荷の打ち消し合い：遠くから見ると中性に見える．

5.1.2 磁荷と磁化

電磁気学では電気だけでなく磁気も取り扱う．磁気を与えるものとして'磁荷'が考えられる．磁石の N 極，S 極に相当するものである．この磁荷の間にも電荷と同様にクーロン力が働くと考えられる．しかし，電荷とは異なり，磁荷は単独では見つかっていない．そのため，磁荷を直接考えないことにする．このような事情から磁気を考えるときは必ず NS 極の対である磁気モーメントを考える．しかし，仮想的に磁荷を考えても何も問題が生じないこともあわせて述べておこう．

磁気モーメントのことを**磁化**と呼ぶ．磁荷と磁化は違うので注意しよう．後で述べるように磁気モーメントは環状電流で作られ電流が磁気の原因である．つまり磁気と電気は切りはなせない関係にある．そのため，何が電磁気学において基本的な量かについていろいろな立場が出てくる．そのことについては，折々に触れることにするが，感覚の問題で本質的な問題ではない．

5.1.3 電　場

電荷が受ける力は他の電荷からのクーロン力であり，他の電荷との相対的な位置で決まる．たとえば，電荷 q をもつ粒子 A が電荷 Q をもつ粒子 B から受ける力 $\boldsymbol{F}$ を考えよう．粒子 B の位置を原点にとるとクーロンの法則 (5.2) により $\boldsymbol{F}$ は

$$\boldsymbol{F} = \frac{1}{4\pi\varepsilon_0} \frac{qQ}{r^2} \frac{\boldsymbol{r}}{r} \tag{5.5}$$

例題　電子 2 個が $1\,\text{nm}(10^{-9}\,\text{m})$ 離れているときの万有引力とクーロン力を比較せよ．
解　電子の質量は

$$m = 9.1093897 \times 10^{-31}\,\text{kg} \qquad ①$$

であるので，電子間の万有引力は

$$F = -6.67 \times 10^{-11} \times (9.11 \times 10^{-31})^2 / (10^{-9})^2 = -5.53 \times 10^{-53}\,\text{N} \qquad ②$$

それに対し，クーロン力は

$$F = 9.0 \times 10^9 \times (1.60 \times 10^{-19})^2 / (10^{-9})^2 = 2.30 \times 10^{-10}\,\text{N} \qquad ③$$

である．

である．

空間のある点に電荷 q を置いたとき，その電荷に働く力が

$$\boldsymbol{F} = q\boldsymbol{E}(\boldsymbol{r}) \tag{5.6}$$

と表わされる場合，$\boldsymbol{E}(\boldsymbol{r})$ をその場所での電場，または電界という．$\boldsymbol{E}(\boldsymbol{r})$ の単位は [N/C] である．電荷 B による場所 $\boldsymbol{r}$ での電界は (5.5) より

$$\boldsymbol{E} = \frac{1}{4\pi\varepsilon_0} \frac{Q_{\mathrm{B}}}{|\boldsymbol{r} - \boldsymbol{r}_{\mathrm{B}}|^2} \frac{\boldsymbol{r} - \boldsymbol{r}_{\mathrm{B}}}{|\boldsymbol{r} - \boldsymbol{r}_{\mathrm{B}}|} \tag{5.7}$$

である．

電場の向きを接線方向にもつ線は，その場所で電荷が受ける向きを表わしており，**電気力線**と呼ばれる．点電荷が作る電気力線を図 5.3(a) に示す．また，複数の電荷による電場はそれぞれの電荷からの電場の重ね合わせとなるので

$$\boldsymbol{F} = q \sum_j \frac{1}{4\pi\varepsilon_0} \frac{Q_j}{r_j^2} \frac{\boldsymbol{r}_j}{r_j} \tag{5.8}$$

と書ける．二つの電荷による電気力線も図 5.3(b),(c) に示す．

5.1.4 ガウスの法則

大きさ Q の電荷から距離 R にある球面上での外向きの電界の強さは

$$E = \frac{Q}{4\pi\varepsilon} \frac{1}{R^2} \tag{5.9}$$

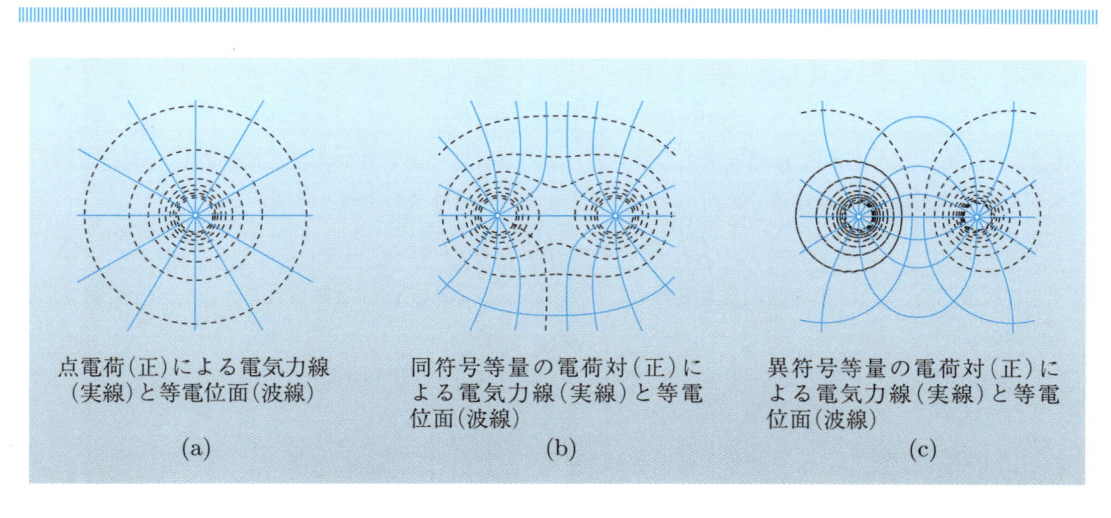

点電荷(正)による電気力線（実線）と等電位面（波線）
(a)

同符号等量の電荷対(正)による電気力線（実線）と等電位面（波線）
(b)

異符号等量の電荷対(正)による電気力線（実線）と等電位面（波線）
(c)

図 5.3　電場

であるので，球面上での総和を考えると

$$\iint E dS = 4\pi R^2 \times \frac{Q_A}{4\pi\varepsilon_0}\frac{1}{R^2} = \frac{Q_A}{\varepsilon_0} \tag{5.10}$$

となる．電場が距離の二乗で小さくなり，かつ重ね合わせの法則が成り立つことから，任意の電荷配置において，任意の閉曲面についての積分に対して

$$\iint_S E dS = \sum_i \frac{Q_i}{\varepsilon_0} = \frac{1}{\varepsilon_0}\iiint_V \rho(\boldsymbol{r})dv \tag{5.11}$$

の関係が成り立つ．つまり，ある閉曲面の法線方向の向きの電界を全面にわたって積分した値は，その閉曲面の中にある電荷の値を ε_0 で割った量になっているのである．ここで $\rho(\boldsymbol{r})$ は電荷の密度である．

$$\rho(\boldsymbol{r}) = \sum_i Q_i \delta(\boldsymbol{r}-\boldsymbol{r}_i)$$

この関係は，クーロンの法則の書き直しであるが，電界を求めるとき便利な関係であり，**ガウスの法則**と呼ばれている．この関係の左辺をベクトル解析の関係式 p.130 の ② を用いて書き直し，空間積分の被積分関数を比較すると

$$\mathrm{div}\boldsymbol{E} = \frac{\rho(\boldsymbol{r})}{\varepsilon_0} \tag{5.12}$$

と書くこともできる．このような表わし方は微分形式と呼ばれる．この表現で表わすと'かっこよい'以外に，微分は各場所の性質であるので，慣れてくると現象を局所的に捉えることができ便利である．

【ベクトル解析と電磁気学：div, rot】

ダイバージェンス (発散 div) とは

$$\mathrm{div}\boldsymbol{E} \equiv \frac{\partial E_x}{\partial x} + \frac{\partial E_y}{\partial y} + \frac{\partial E_z}{\partial z} \qquad ①$$

のことであり，ベクトル場 $\boldsymbol{E}$ の湧き出し量を表わす．閉曲面 S とそれで囲まれる体積 V におけるベクトル場 E の面積分と体積積分の間に次の恒等式があり，**ガウスの定理**と呼ばれる

$$\iint_S \boldsymbol{E}\cdot d\boldsymbol{S} = \iiint_V \mathrm{div}\boldsymbol{E}\, dv \qquad ②$$

さらに，ベクトル場 $\boldsymbol{A}$ の回転量を表わすローテーション (回転 rot) と呼ばれる組み合わせもあり，具体的には

$$\mathrm{rot}\boldsymbol{A} = \begin{bmatrix} \dfrac{\partial A_z}{\partial y} - \dfrac{\partial A_y}{\partial z} \\ \dfrac{\partial A_x}{\partial z} - \dfrac{\partial A_z}{\partial x} \\ \dfrac{\partial A_y}{\partial x} - \dfrac{\partial A_x}{\partial y} \end{bmatrix} \qquad ③$$

と表わされる．この量を用いた関係にストークスの定理

$$\oint_C \boldsymbol{H}\cdot d\boldsymbol{l} = \iint_S \mathrm{rot}\boldsymbol{H}\cdot d\boldsymbol{S} \qquad ④$$

がある．C は曲面 S の周囲の閉曲線である．$\mathrm{rot}\boldsymbol{A}$ は $\mathrm{curl}\boldsymbol{A}$ (カール) と書かれることもある．

5.1.5 静電ポテンシャル

クーロン力による仕事を考えることで，クーロン力のポテンシャルエネルギーを考えることもできる．電荷 Q をもつ粒子のクーロン力 $\boldsymbol{F}$, (5.5), のもとで，無限遠点から電荷 q の粒子を距離 r まで持ってくるのに必要な仕事は

$$W(r) = \frac{qQ}{4\pi\varepsilon_0}\int_\infty^r \frac{1}{r^2}dr = \frac{qQ}{4\pi\varepsilon_0}\frac{1}{r} \tag{5.13}$$

である．そこで，この系のポテンシャルエネルギー $U(\boldsymbol{r})$ は

$$U(\boldsymbol{r}) - U(\infty) = \frac{qQ}{4\pi\varepsilon_0}\frac{1}{|\boldsymbol{r}|} \tag{5.14}$$

と書ける．これより電荷 Q をもつ粒子によるクーロン力の静電ポテンシャル $\phi(\boldsymbol{r})$ を

$$U(\boldsymbol{r}) = q\phi(\boldsymbol{r}) \tag{5.15}$$

として導入する．静電ポテンシャルの差は電界の積分

$$\phi(r_\mathrm{P}) - \phi(r_\mathrm{Q}) = -\int_{r_\mathrm{Q}}^{r_\mathrm{P}} \boldsymbol{E}(\boldsymbol{r})\cdot d\boldsymbol{l} \tag{5.16}$$

で与えられる．つまり $\phi(\boldsymbol{r})$ は単位電荷に対するクーロン力による位置のポテンシャルであり，電荷 Q による**電位**という．電位の単位はボルト V[J/C] である（図 5.4）．図 5.3 に電荷の作る等電位面を示しておいた．

【ベクトル解析と電磁気学：grad】

p.43 でも説明したが，空間変化を表わすには，そのぞれの方向への変化率をベクトルにしたグラジエント grad を用いる．関数 $\phi(x,y,z)$ のグラジエントは

$$\mathrm{grad}\phi \equiv \begin{bmatrix} \frac{\partial\phi}{\partial x} \\ \frac{\partial\phi}{\partial y} \\ \frac{\partial\phi}{\partial z} \end{bmatrix} \qquad ①$$

である．たとえば，(5.16) は，

$$\boldsymbol{E} = -\mathrm{grad}\phi \qquad ②$$

と書くことができる．たとえば，

$$\phi(\boldsymbol{r}) = \frac{1}{r} \to \mathrm{grad}\phi = -\frac{1}{r^2}\begin{bmatrix} x/r \\ y/r \\ z/r \end{bmatrix} \qquad ③$$

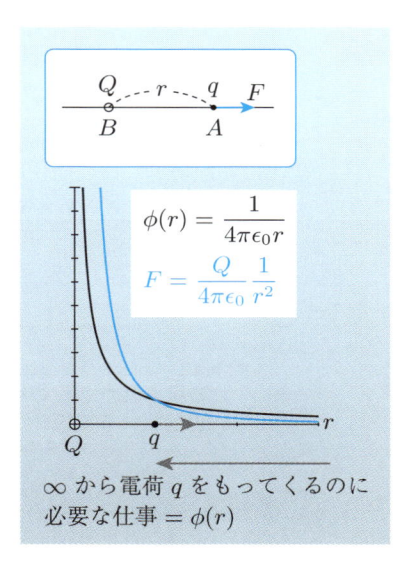

図 5.4　電位

5.1.6 コンデンサーの電気容量

絶縁した物体に電圧をかけると，その両端に電荷が蓄えられる．その比例係数を**電気容量** C という．図に示すような平板コンデンサーでは電位 V は電界の強さ E，電極間の距離 d とすると (5.16) より

$$E = \frac{V}{d} \tag{5.17}$$

である．誘電率を ε とすると単位面積当たりに誘起される電荷 ρ と電解の強さ E は，ガウスの法則を用いることで

$$\rho = \varepsilon E \tag{5.18}$$

の関係があることがわかる．これにより

$$\rho = \frac{\varepsilon V}{d} \tag{5.19}$$

となる．これより，平板コンデンサーの電気容量は平板の面積 S をかけて全電荷 Q は $S\rho$ であるので

$$Q = CV \tag{5.20}$$

より

$$C = \frac{S\varepsilon}{d} \tag{5.21}$$

である．

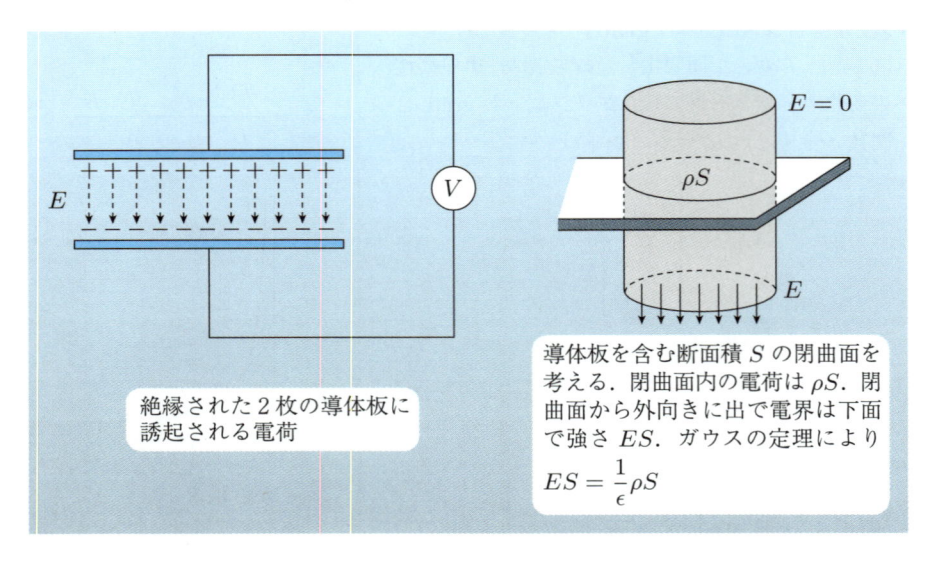

図 5.5 平板コンデンサーの電荷と電界

5.2 電流と磁場

電流のまわりに磁場が生じることは，電流の近くに方位磁石を近づけるとわかる (図 5.6)．そこでは電流の進む向きをもつ右ねじの方向に環状の**磁場** $\boldsymbol{H}$ が生じている．無限に長い電流の周りに生じる磁場の大きさは，電流の大きさを I とすると，電流から距離 r のところでは，

$$|\boldsymbol{H}(\boldsymbol{r})| = \frac{I}{2\pi r} \tag{5.22}$$

である．磁場の接線方向の成分を円周上で積分 (線積分) すると

$$\oint \boldsymbol{H}(\boldsymbol{r}) \cdot d\boldsymbol{l} = I \tag{5.23}$$

と表わすことができる．この関係を**アンペールの法則**という．この関係は必ずしも円上の線積分だけでなく，どんな環状の閉曲線でも成り立つ．これは，磁場が電流からの距離に反比例して小さくなるためである．また，重ね合わせの法則が成り立つので，電流が線上でなく電流密度 $\boldsymbol{j}(\boldsymbol{r})$ をもって流れているときも，上の関係は閉曲線を貫く電流の面積分を用いて

$$\oint \boldsymbol{H}(\boldsymbol{r}) \cdot d\boldsymbol{l} = \iint_S \boldsymbol{j}(\boldsymbol{r}) \cdot d\boldsymbol{S} \tag{5.24}$$

となる．この左辺はベクトル解析の記述法 (ストークスの定理 (5.4)) を用いると

$$\oint \boldsymbol{H}(\boldsymbol{r}) \cdot d\boldsymbol{l} = \iint \mathrm{rot}\boldsymbol{H} \cdot d\boldsymbol{S} \tag{5.25}$$

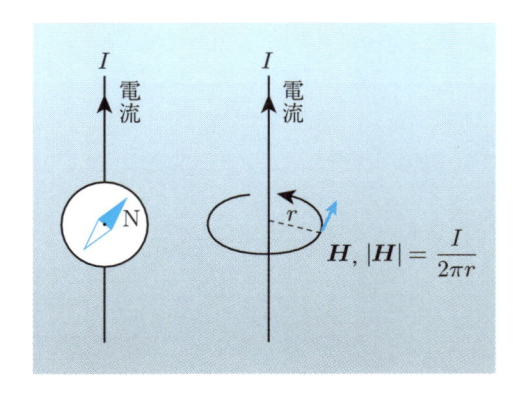

図 5.6　電流の作る磁場

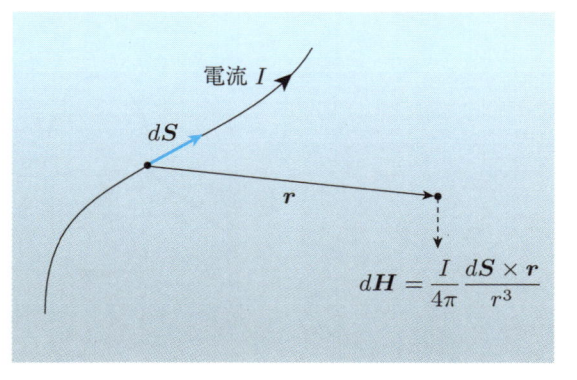

図 5.7　ビオ・サバールの法則

であるので，(5.24) と (5.25) を比較し，関係が任意の面で成り立っていなくてはならないことを考慮すると，アンペールの法則は

$$\operatorname{rot} \boldsymbol{H} = \boldsymbol{j}, \quad \boldsymbol{j} は電流密度 \tag{5.26}$$

と微分形で表わされる．

必ずしも直線でない一般の電流によって場所 $\boldsymbol{r}$ で作られる磁場は，電流の各部分がその場所に作る次の式で与えられる磁場

$$d\boldsymbol{H} = \frac{I}{4\pi} \frac{d\boldsymbol{s} \times \boldsymbol{r}}{r^3} \tag{5.27}$$

の総和であることが知られている (**ビオ・サバールの法則**)(図 5.7)．閉曲線の環電流が場所 $\boldsymbol{r}$ に作る磁場は

$$\boldsymbol{H} = \frac{I}{4\pi} \oint \frac{d\boldsymbol{s} \times \boldsymbol{r}}{r^3} \tag{5.28}$$

である．

例題 半径 a の円電流が円の軸上に作る磁場を求めよ．

解 電流の大きさを I，円の中心からの距離を x とすると

$$H = \frac{I}{4\pi} \int_0^{2\pi} \frac{a d\theta}{a^2 + x^2} \sin\phi$$

ここで，$\sin\phi = \dfrac{a d\theta}{\sqrt{a^2 + x^2}}$ より

$$H = \frac{I}{4\pi} \int_0^{2\pi} \frac{a^2}{(a^2 + x^2)^{3/2}} d\theta = \frac{I}{2} \frac{a^2}{(a^2 + x^2)^{3/2}}$$

図 5.8　環電流による磁気双曲子

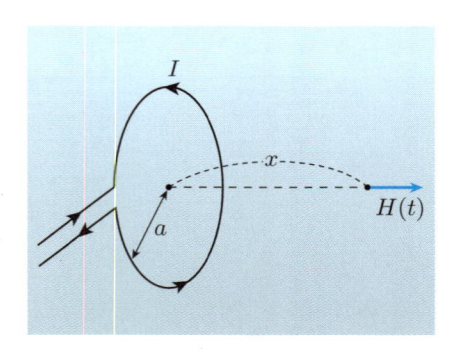

半径 a, 単位長さ当たりの巻き数 n, 長さ l のソレノイド (図 5.9) の自己インダクタンスを求めてみよう. ソレノイドの中の磁場の強さは, 電流の大きさを I とするときビオ・サバールの法則から, 中心で

$$H = \frac{nI}{2}\int_{-\infty}^{\infty}\frac{a^2}{(a^2+x^2)^{3/2}}dx = nI \tag{5.29}$$

であり, 図 5.9 の ABCD の閉曲線での磁場の積分を考えると, 積分はコイル内のどこでも 0 であることから, 磁場はソレノイド内で一様であることがわかる. そこで, ソレノイドを貫く磁束は

$$\Phi = S\mu nI \tag{5.30}$$

であり, この磁束が回路を nl 回鎖交するので, 5.8.2 項で説明する自己インダクタンスは

$$L = nl\Phi = \mu n^2 lS \tag{5.31}$$

である.

　前にも述べたように単独の磁荷が発見されていないので, 磁場は電流によって作られると考える. そのため, 磁性の基本構成単位は SN 極からなる磁石 (磁化, あるいは磁気双極子) であり, それは環電流に対応する. 電荷と同じように磁荷があれば話が対称でわかりやすいのだが, 磁荷が発見されていないため, 実存が確認されている電荷と電流によって電磁気学が記述される. そのため磁荷に対して電荷のクーロンの法則に対応する法則は明示的に書かれないことが多い (5.4.1 項参照).

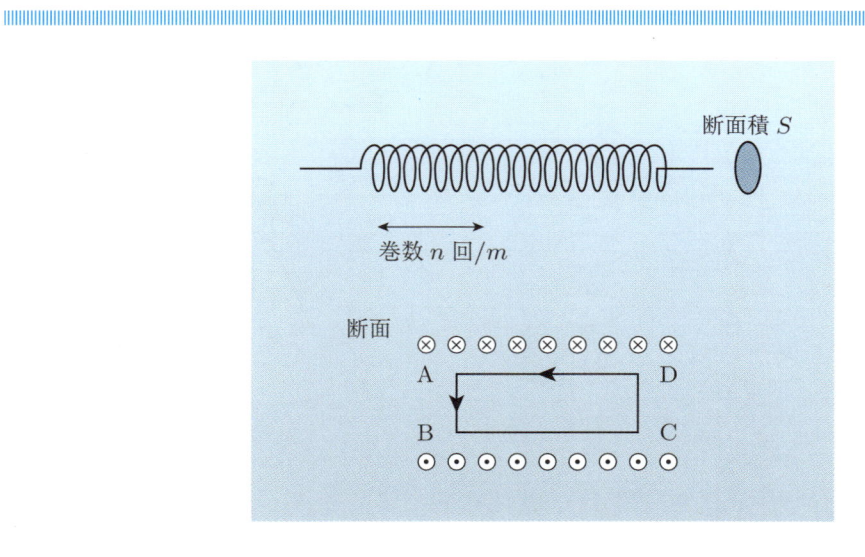

図 5.9　ソレノイド

磁荷に対するクーロンの法則を考え 5.1 節と同様な議論をすると，単独の磁荷がないということは，電荷と電場の関係 (5.12) に相当する関係として

$$\mathrm{div}\boldsymbol{H} = 0, \text{ つまり磁荷密度は 0} \tag{5.32}$$

と表わせる†.

†だたし分極磁荷が現われる物質中では注意が必要である (次節参照).

5.3　電場と電束密度

(5.12) や (5.32) の関係は真空中では正しいが，物質中で分極が生じる場合には分極によって表面に電荷や磁荷が現われ，電場や磁場は必ずしも真の電荷や磁荷に対応しなくなる．そのため，分極の効果を除外して真電荷や真磁荷を反映した電束密度や磁束密度という新しい量を考える．

(5.12) において ε は電荷の大きさと電場の比例関係を示している．真空中での ε は電荷の単位の取り方によって決まっており物理的な意味はない．MKSA では (5.4) である．しかし，真空ではなく物質中では物質の**分極**と呼ばれる現象のため電荷が及ぼす力が変化する．分極というのは，物質を構成している分子などの配置が電場によって変化し，その表面に電荷が誘起されることである (図 5.10)．この現象は日常生活で**静電誘導**と呼ばれるものの原因である．電荷を持たない物質でも強い電荷に引かれたり，一様な電場の中で整列したりするのは分極のためである．たとえば，下敷きを擦って荷電させると髪の毛をひきつけるのは下敷きの電荷による電場のため，髪の毛に分極が生じる静電誘導のせいである (図 1.7, 図 5.11).

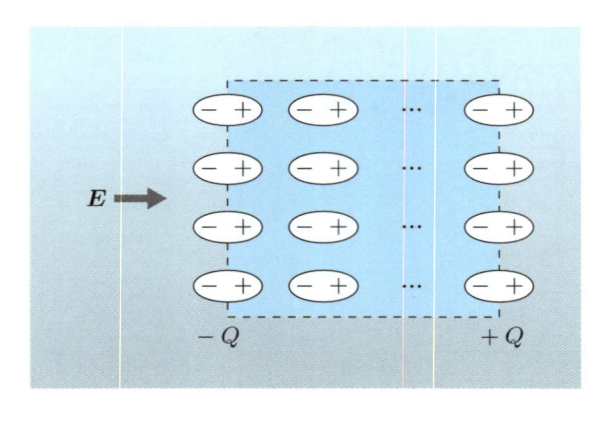

図 5.10　分極

図 5.11　ハク検電器

図 5.12 のような平板コンデンサーの中に誘電体を挿入したものを考え，電極の電荷の面密度を ρ，誘起された分極による電荷の面密度を ρ_P とする．どの程度分極したかを表わす量として，単位面積当たりの面電荷密度の大きさを ρ_P とし分極の方向 (電荷が移動した方向：普通は電場の方向) を向いた単位ベクトルを e_P として

$$\boldsymbol{P} = \rho_P \boldsymbol{e}_P \tag{5.33}$$

を用いる．この量を**誘電分極**と呼ぶ．誘電体内での電場 $\boldsymbol{E}$ は，それぞれからの寄与の和によって与えられる．5.1.6 項と同様に図で波線で示す閉曲面を考え，ガウスの定理を用いると下面以外では $\boldsymbol{E} = 0$ であるので，閉曲面上の電場の積分は，電場の大きさを E とすると

$$E = \frac{\rho + \rho_P}{\varepsilon_0} \tag{5.34}$$

である．ρ と ρ_P は異符号であるので電場は弱くなる．この関係は電荷密度，分極による電荷密度を位置の関数として $\rho(\boldsymbol{r})$, $\rho_P(\boldsymbol{r})$ とすると

$$\mathrm{div}\boldsymbol{E} = \frac{\rho(\boldsymbol{r}) + \rho_P(\boldsymbol{r})}{\varepsilon_0} \tag{5.35}$$

と書くこともできる．このように電場は分極に影響されて変化する．そこで

$$\mathrm{div}\boldsymbol{P} = -\rho_P \tag{5.36}$$

を用いると (5.35) は

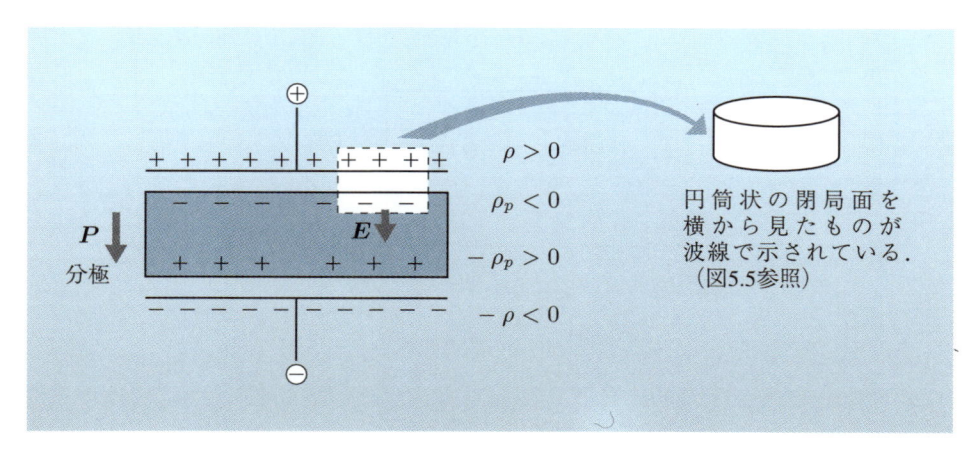

図 5.12　平板コンデンサーと分極

$$\mathrm{div}(\varepsilon_0 \boldsymbol{E} + \boldsymbol{P}) = \rho \tag{5.37}$$

となる．

この関係を用いて，分極に左右される電場ではなく，真の電荷 ρ だけで決まる量として，**電束密度** $\boldsymbol{D}$ を導入する．

$$\boldsymbol{D} \equiv \varepsilon_0 \boldsymbol{E} + \boldsymbol{P}, \quad \mathrm{div}\boldsymbol{D} = \rho \tag{5.38}$$

分極が電場に比例するとき

$$\boldsymbol{P} = \chi_e \varepsilon_0 \boldsymbol{E} \tag{5.39}$$

χ_e を**電気感受率**という．これを用いると，電束密度 $\boldsymbol{D}$ は

$$\boldsymbol{D} = \varepsilon_0(\boldsymbol{E} + \chi_e \boldsymbol{E}) = \varepsilon_0(1+\chi_e)\boldsymbol{E} \equiv \varepsilon \boldsymbol{E} \tag{5.40}$$

と表わせる．ここで $\varepsilon = \varepsilon_0(1+\chi_e)$ は**誘電率**と呼ばれる．$\boldsymbol{E} = \boldsymbol{D}/\varepsilon$ であるので，ε が大きいほど，誘電体内の電場は弱くなる．つまり，大きな分極が生じて電場が弱められる．その極限として χ_e が無限大の場合を**伝導体**という．金属などがこの場合に当たる．

5.3.1 変位電流

電流を流す電線がなくても図 5.13 のようにコンデンサーがあればそこに蓄えた電荷を調節することで回路に電流を流すことができる．この場合変化す

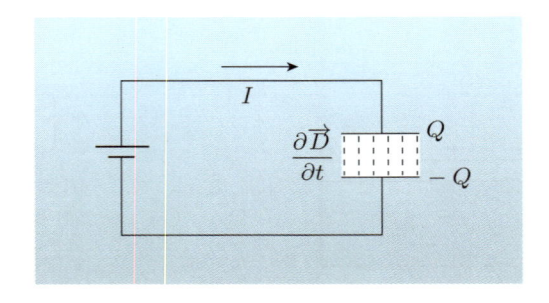

図 5.13 変位電流

るのはコンデンサーの電極の真の電荷であるので，その変化はコンデンサー中の電束密度の変化である．そこで，電束密度の変化を**変位電流**または**電束電流**という．

$$\frac{\partial \boldsymbol{D}}{\partial t} \tag{5.41}$$

電流によって生じる磁場は，電流の一部がこの実質的な電流である電束電流でもよく，(5.26) は正確には

$$\mathrm{rot}\, \boldsymbol{H} = \boldsymbol{j} + \frac{\partial \boldsymbol{D}}{\partial t} \tag{5.42}$$

となる．

5.4 磁場と磁束密度

電場と電束密度と同様に磁場と磁化について考えてみよう．磁化はそれ自身分極である．磁場 $\boldsymbol{H}$ によって誘起される磁気分極を $\boldsymbol{M}$ と書き，比例係数を磁化率あるいは帯磁率 χ_m と呼ぶ．

$$\boldsymbol{M} = \chi_m \mu_0 \boldsymbol{H} \tag{5.43}$$

そして，**磁束密度**を (5.38) と同様にして

$$\boldsymbol{B} = \mu_0 \boldsymbol{H} + \boldsymbol{M} = (1 + \chi_m)\mu_0 \boldsymbol{H} = \mu \boldsymbol{H} \tag{5.44}$$

と定義しよう．ここで μ は透磁率と呼ばれる．単独の真磁荷は存在しないの

【反磁性，常磁性，強磁性，反強磁性】

磁気の分極で注意しなくてはならないのは，$\boldsymbol{B}$ はいくらでも大きくなれることである．電気の場合，コンデンサーの例での $\boldsymbol{D}$ は真電荷の作る値で決まっており，分極によって電場 $\boldsymbol{E}$ が弱くなっていったが，磁石の場合，与えられた $\boldsymbol{H}$ のもとで，$\boldsymbol{B}$ が大きくなっていく．ただし，$\boldsymbol{B}$ を小さくするように磁場 $\boldsymbol{H}$ の向きと逆に分極が生じる物質もあり，そのような場合**反磁性**と呼ばれる．金属などは電子が磁場を入らないように運動するので反磁性体である．また，超伝導体は磁場の侵入を拒否する完全反磁性体である．(マイスマー効果)

χ_m が正の範囲で物質が示す磁性によって次の三つの場合がある．まず χ_m が比較的小さく磁化が磁場に比例する場合，物質は常磁性体と呼ばれる．χ_m が非常に大きく，磁場がかからなくても自発的に磁化をもつ物質が磁石で強磁性体と呼ばれる．さらに微視的な磁石であるスピンが一つおきに逆を向き，χ_m を常磁性の場合よりもっと小さくなっている物質は反強磁性体と呼ばれる．

で，(5.38) の $\mathrm{div}\boldsymbol{D} = \rho$ に相当する式は

$$\mathrm{div}\boldsymbol{B} = 0 \tag{5.45}$$

つまり，$\boldsymbol{B}$ の発散 (div) は必ず 0 である．

また，ある面を貫く磁束密度の総量を**磁束** Φ という．

$$\Phi = \int_S \boldsymbol{B} \cdot \boldsymbol{n} dS \tag{5.46}$$

ここで $\boldsymbol{n}$ は面の法線方向の単位ベクトルである．

5.4.1 磁束の単位

磁束の単位はウェーバー [Wb] である．これは電荷の単位クーロンに相当するもので，磁荷の大きさを表わすものである．しかし，実際には磁荷がないので磁荷が存在しているとしたらそこから出てくるであろう磁束の量として定義されている．m_1Wb, m_2Wb の二つの磁荷があるとき互いに及ぼし合う力 (磁荷に対するクーロンの法則) は

$$\boldsymbol{F} = \frac{1}{4\pi\mu_0} \frac{m_1 m_2}{r^2} \boldsymbol{e}_r, \quad \boldsymbol{e}_r = \frac{\boldsymbol{r}}{r}, \quad r = |\boldsymbol{r}| \tag{5.47}$$

ここで μ_0 は真空の透磁率

$$\mu_0 = 4\pi \times 10^{-7} \mathrm{kgmC}^{-2} \tag{5.48}$$

である．また，小さい磁荷にはマクスウェル [Mx] も用いられる．

【磁場，磁束密度の単位】

上では磁荷を中心に磁束の単位を考えたが，実際には磁場あるいは磁束は電流から作られる．そこで電流に基づいて磁場の強さが定義される．1m 当たり n 巻きのコイルが作る磁場の大きさ (5.8.2 項ソレノイド参照) として n[A/m](アンペア/メートル) が定義される．それがちょうど

$$1\mathrm{N/Wb} = 1\mathrm{A/m} \qquad ①$$

になっている．これから

$$1\mathrm{Wb} = 1\mathrm{J/A} \qquad ②$$

であることがわかる．

$$\frac{1\mathrm{Wb}}{1\mathrm{m}^2} = \frac{1\mathrm{N}}{1\mathrm{m}^2(\mathrm{A/m})} \qquad ③$$

より，磁束密度と磁場の単位の比は

$$\frac{\mathrm{Wb/m}^2}{(\mathrm{A/m})} = \frac{\mathrm{N}}{\mathrm{A}^2} = \mathrm{kgmC}^{-2} \qquad ④$$

である．また，磁場と磁束密度をかけるとエネルギーの密度 (J/m³) の単位になることを覚えておこう．

5.4 磁場と磁束密度

$$1\text{Wb} = 10^8 \text{Mx} \tag{5.49}$$

磁荷 m_1 の作る磁場の強さは

$$\boldsymbol{H} = \frac{1}{4\pi\mu_0} \frac{m_1}{r^2} \boldsymbol{e}_r \tag{5.50}$$

であり，単位は N/Wb である．

また，**磁束密度**は単位面積当たりの磁束であるので，その単位は Wb/m^2 である．この単位はテスラとも呼ばれる．

$$1\text{Wb/m}^2 = 1\text{T} \tag{5.51}$$

また，ガウスという単位も用いられる．これは

$$1\text{T} = 10^4 \text{gauss} \tag{5.52}$$

である．

5.4.2 磁束線と磁力線

ここで磁束線と磁力線の違いを考察しておこう．図 5.14 のような棒磁石を考えると磁荷が両端に $\pm q_m$ 現われているものとみなすことができる．これは，電荷のときの分極によって現われた表面電荷に相当するものである．これによって生じる磁力線は図 5.14(a) のようになる．磁力線という場合には磁場 $\boldsymbol{H}$ の向きを示す線を意味するが，磁性体の外側，つまり真空中では，磁

【電場と磁場の対応】

一般に，磁性体の持つエネルギー密度 E_m は磁化 M，すなわち磁束密度，とそれに共役な量である磁場 H によって

$$E_m = \frac{\boldsymbol{B} \cdot \boldsymbol{H}}{2} \qquad ①$$

と表わされる．

磁場と磁束密度のどちらを基本とするのかは感覚の問題であり，しっくりする方で考えればよい．電場と電束密度との対応を考えるとき，電荷，磁荷を基礎に考えると名前どおり

$$\text{電場と磁場} \quad \text{電束密度と磁束密度} \qquad ②$$

が対応する．それに対して，原因となる量に誘電率や透磁率がかかっていない量として

$$\text{div}\boldsymbol{D} = \rho, \quad \text{rot}\boldsymbol{H} = \boldsymbol{j} \qquad ③$$

を考えると，電束密度と磁場が対応する量になる．この考え方に立つと

$$\text{電場と磁束密度} \quad \text{電束密度と磁場} \qquad ④$$

を対応させることになる．こちらの対応が用いられる場合の方が多い．

束密度 B は磁場 H に比例係数 μ_0 をかけたものであるので，その向きはまったく同じ形になる．

しかし，磁性体の中では大きく違う．磁荷により生じる磁場 H は

$$\mathrm{div}\boldsymbol{H} = \frac{q_m}{\mu_0} \tag{5.53}$$

であり，磁荷から湧き出すので磁力線は図 5.14(a) のように (N→S) なる．これに対し，磁束密度 B は，真磁荷によるものであり，

$$\mathrm{div}\boldsymbol{B} = 0$$

であるので，磁束線は湧き出したり，吸い込まれたりしない．つまり，必ずどこかにつながった連続した流れになっている．実際，図 5.14(a) に磁化 M の分の流れを加えると磁束線は図 5.14(b) のようになる．このように磁石の外側では磁力線と磁束線は完全に比例するが，磁石の中ではまったく異なることに注意しよう．この関係は分極の周りの電気力線と電束線の場合も同じである．ただし，電場の場合は真電荷が存在するので電束線にも湧き出し点や吸い込み点が現われうる．

5.4.3　ベクトルポテンシャル

B の発散 (div) は必ず 0 であるので，B はあるベクトル A の回転 (rot) によって

$$\boldsymbol{B} = \mathrm{rot}\boldsymbol{A} \tag{5.54}$$

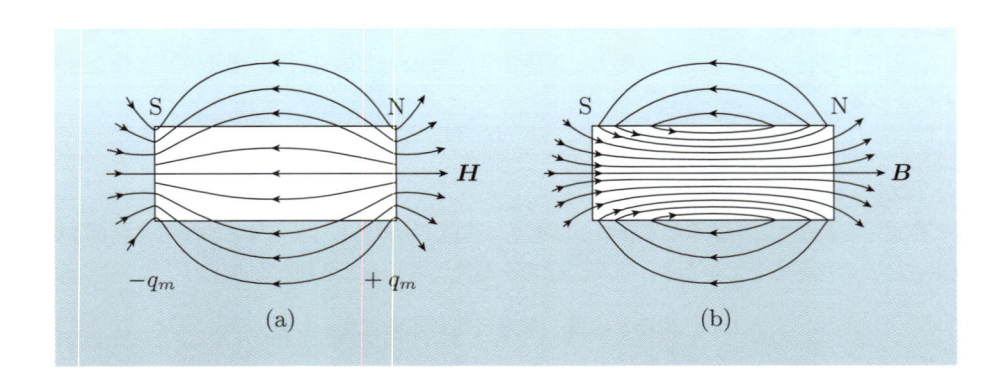

図 5.14　永久磁石の (a) 磁束密度：湧き出し，吸い込みはない．(b) 磁場：両端に誘起された磁荷から湧き出すように見える．

と表わすことができる．この $\boldsymbol{A}$ をベクトルポテンシャルという．rot・grad は恒等的に 0 であるので $\boldsymbol{A}$ に任意のスカラー関数 λ の勾配を加えても

$$\boldsymbol{A} \to \boldsymbol{A} + \mathrm{grad}\,\lambda \tag{5.55}$$

$\boldsymbol{B}$ は不変に保たれる．つまり $\boldsymbol{A}$ の決め方には任意性がある．$\boldsymbol{A}$ を (5.55) のように変換することをゲージ変換という．ゲージを固定するため，付加条件，たとえば

$$\mathrm{div}\,\boldsymbol{A} = 0 \tag{5.56}$$

を課すことがされる．(5.56) で決まるゲージは**クーロンゲージ**と呼ばれる．また，静電ポテンシャルを ϕ を用いて

$$\mathrm{div}\,\boldsymbol{A} + \frac{1}{c^2}\frac{\partial \phi}{\partial t} = 0$$

の条件を課した場合，ローレンツゲージという．

5.4.4 反磁場

強磁性体に磁場 H_0 をかけた場合，磁性体の中の磁束密度は大きくなるが，磁場は表面に誘起されて現われた磁荷による逆向きの磁場 h によっては小さくなる．

$$H = H_0 - h \tag{5.57}$$

【ベクトルポテンシャル】

長いソレノイドを考えると磁場はソレノイドの中だけにあり，ソレノイドの外では電場も磁場もない．しかし，ベクトルポテンシャルは存在する．電子線をソレノイドのまわりに通過させると，ベクトルポテンシャルのため電子波の位相に違いが生じ干渉することが確かめられた．この効果はアハラノフ・ボーム効果といわれ，ベクトルポテンシャル自身が物理的意味を持つことを表わしている．

また電場とベクトルポテンシャルの関係は

$$\boldsymbol{E} = -\nabla \phi - \frac{\partial \boldsymbol{A}}{\partial t}$$

である．

この h を**反磁場**という（図 5.15）．反磁場は誘起された磁化の大きさ M に比例しその比例係数 N は反磁場係数という．

$$h = N\frac{M}{\mu_0} \qquad (5.58)$$

長い棒では $N = 0$，球では $N = 1/3$ である．N が 0 でない場合には，物質中では反磁場のためにかけた磁場より実効的には小さな磁場がかかっていることになり，磁場と磁化の関係を求めるのには補正をする必要がある．一般の形状では反磁場がわからないのでなるべく長い棒で磁場と磁化の関係を求めるのがよい．

端がある磁石では必ずこの反磁場があり，磁石の各部分は逆向きの磁場中に置かれていることになる．そのため，磁石をミクロに見たとき整列している微小な磁石構造が乱れ，磁石として消耗する．そのため磁石を保存するときは端をなくすようにして反磁場がない形で保存するのがよい（図 5.16）．この形は，磁石の外に磁力線が出ない形であり，外界の変化に対して磁力線の影響を受けにくい形である．

5.5　ローレンツ力

電流が磁場を作ることを説明したが，電流が流れている電線に磁場をかけるとどうなるであろうか．電流によって生じる磁場と外からかけた磁場を重ね合わすと図 5.17 のようになり，磁力線は互いに反発し合うので電線は下向きに力を受ける．この力 $\boldsymbol{F}$ の大きさは磁束密度 $\boldsymbol{B}$ の大きさに比例し，電流

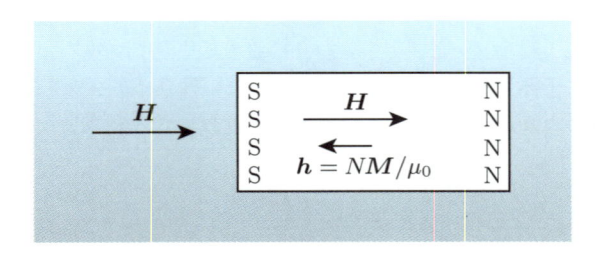

図 5.15　反磁場：表面に誘起された磁荷によって内部の磁化が受ける磁場は小さくなる．

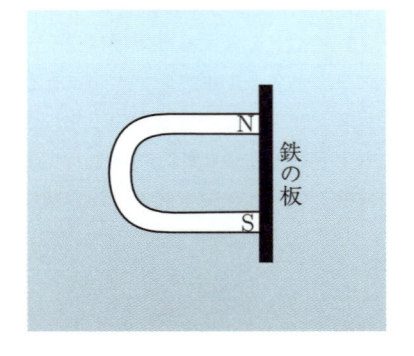

図 5.16　磁石の保存

5.5 ローレンツ力

I の大きさに比例する．単位長さ当たりの電線が受ける力は

$$F = I \times B \tag{5.59}$$

であることがわかっている．ここで磁場の大きさではなく磁束密度になっていることに注意しよう．

この関係は，磁場中を運動する電荷 q をもつ粒子にも適用される．粒子の速さを v とすると，粒子による電流は qv であるので粒子が磁場から受ける力は

$$F = qv \times B \tag{5.60}$$

となる (図 5.18)．(5.60) は**ローレンツ力**と呼ばれる．この関係は速度に依存し，ガリレイ変換で不変でないことに注意しよう．

5.5.1 Hall 効果

幅がある導体 (図 5.19) のように磁場がかかっているとき，導体に電流を流すと，電流を担う粒子はローレンツ力を受け，A の方へ寄ってくる．そのため導体の両端 A,B に電位差が生じる．この現象はホール効果と呼ばれる．定常的に電流が流れているときは，ローレンツ力とこの電位差 (ホール電圧) がつり合っている．

$$qE = -qv \times B \tag{5.61}$$

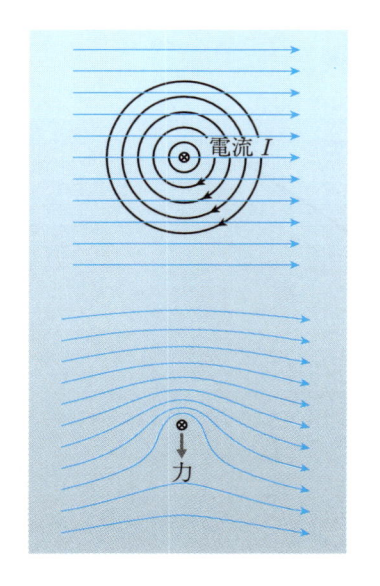

図 5.17　磁場中の電流と磁力線

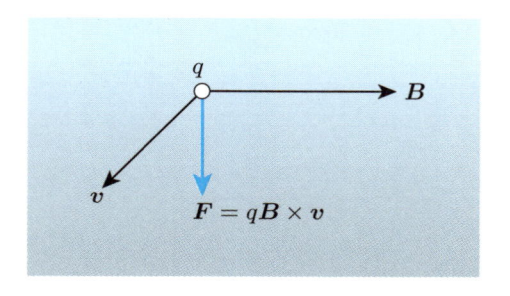

図 5.18　ローレンツ力

ここで電流を $j = nqv$, AB 間の電流差を E として, ホール係数 R_H を

$$E = R_\mathrm{H} j B \tag{5.62}$$

と定義すると

$$R_\mathrm{H} = \frac{1}{nq} \tag{5.63}$$

であることがわかる．そのため，ホール係数を調べると電流を担っている粒子の電荷と密度がわかる．金属では $q = -e$ のためホール係数は負である．半導体などで電子が抜けた穴である正孔が動く場合は $q = e$ でホール係数が正になる．

5.6 電磁誘導

もう一つの電場と磁場の重要な関係として，電磁誘導と呼ばれるものがある．この関係は，磁石をコイルに急速に近づけると反発力が生じたり，電線の近くで磁石を振ると起電力が生じる現象が見つかり，それらを整理したものである．ファラデーはこの現象を次のようにまとめた．「閉じた回路を垂直に貫く磁束密度 Φ の変化に比例して，起電力 E が回路に生じる．」

$$E = -\frac{d\Phi}{dt} \tag{5.64}$$

つまり，起電力の方向は，それによって生じる電流が作る磁場が磁束密度の変化を妨げる方向である．この関係はファラデー (Faraday) が発見したので，

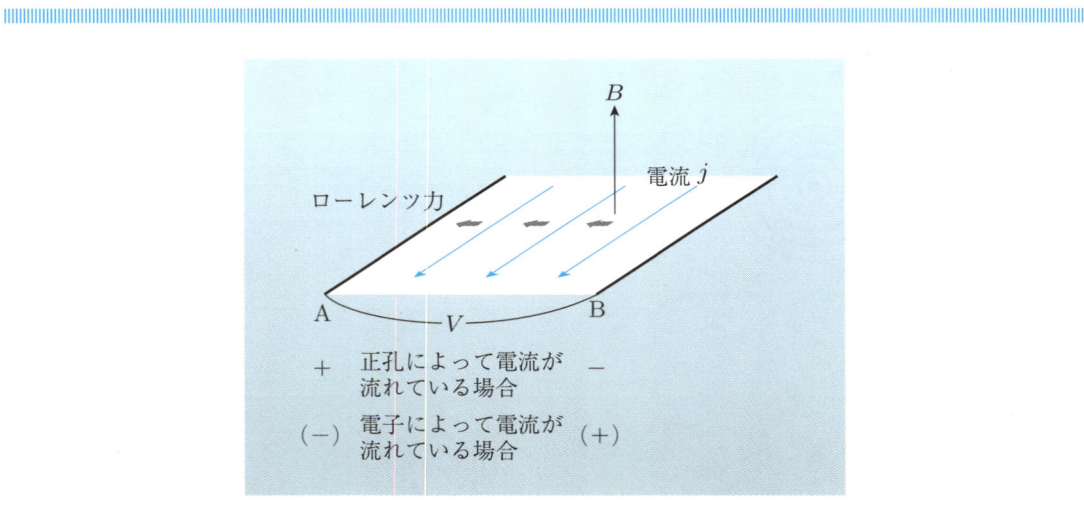

図 5.19　ホール効果

ファラデーの**法則**という．図 5.20 のように磁石を近づけると回路内の磁束が増え，その変化を妨げるように電流が流れる．

固定した閉回路の場合は回路に沿って生じる電場を $\boldsymbol{E}$ とすると，起電力 E は

$$E = \oint_c \boldsymbol{E} \cdot d\boldsymbol{s} \tag{5.65}$$

と書ける．この積分はストークスの定理 (130 ページ④) を用いると

$$E = \oint_c \boldsymbol{E} \cdot d\boldsymbol{s} = \iint_S \mathrm{rot}\boldsymbol{E} \cdot d\boldsymbol{S} \tag{5.66}$$

と表わせる．任意の面での磁束の変化率は

$$\frac{d\Phi}{dt} = \iint_S \frac{d\boldsymbol{B}}{dt} \cdot d\boldsymbol{S} \tag{5.67}$$

と表わされるので，(5.64) より

$$\iint_S \mathrm{rot}\boldsymbol{E} \cdot d\boldsymbol{S} = -\iint_S \frac{d\boldsymbol{B}}{dt} \cdot d\boldsymbol{S} \tag{5.68}$$

である．このことから

$$\mathrm{rot}\boldsymbol{E} = -\frac{d\boldsymbol{B}}{dt} \tag{5.69}$$

の関係が得られる．

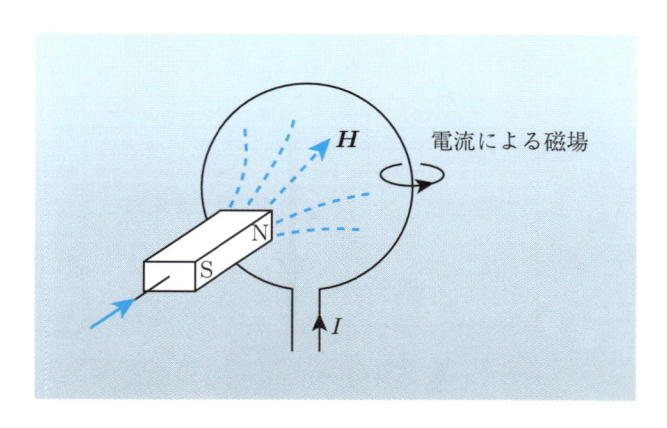

次に，$\boldsymbol{B}$ は一定で，回路が変化する場合を考えよう．この場合は磁束密度の変化は回路の面積の変化で与えられる．簡単な場合として図 5.21 のように

図 5.20　電磁誘導：磁場の変化による電磁誘導

回路の一辺が移動しているときは

$$\frac{d\Phi}{dt} = vlB \tag{5.70}$$

であるため，起電力の大きさは

$$E = vlB \tag{5.71}$$

で，方向は電流がその辺を止めようとする向きに働く．この場合の起電力は，辺の中の電荷が受けるローレンツ力と考えてもよい．

5.7 マクスウェルの方程式

ここで，これまで得られた電磁気学の方程式をまとめておこう．

$$\mathrm{div}\boldsymbol{D} = \rho \tag{5.72}$$

$$\mathrm{div}\boldsymbol{B} = 0 \tag{5.73}$$

$$\mathrm{rot}\boldsymbol{H} = \boldsymbol{j} + \frac{\partial \boldsymbol{D}}{\partial t} \tag{5.74}$$

$$\mathrm{rot}\boldsymbol{E} = -\frac{\partial \boldsymbol{B}}{\partial t} \tag{5.75}$$

ただし，$\boldsymbol{D} = \varepsilon\boldsymbol{E}$，$\boldsymbol{B} = \mu\boldsymbol{H}$ である．

これらの式は複雑な電磁気的な性質を簡潔にまとめており電磁気学の究極の方程式であるということができる．相対論的不変性を持っており，四次元

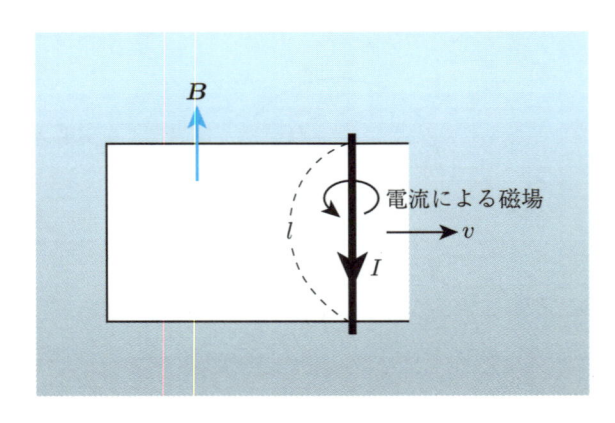

図 5.21　電磁誘導：回路の変化による電磁誘導

の空間でよりコンパクトな表現ができる．それらについては参考文献で勉強
してほしい．

5.7.1 電磁波の波動方程式

真空中，つまり

$$\rho = 0, \quad \bm{j} = 0 \tag{5.76}$$

としてマクスウェルの方程式の第三式の回転 (rot) をとると

$$\mathrm{rot}\,\mathrm{rot}\,\bm{H} = \frac{\partial \mathrm{rot}\,\bm{D}}{\partial t} \tag{5.77}$$

ここで，ベクトル解析の公式

$$\mathrm{rot}\,\mathrm{rot}\,\bm{H} = \mathrm{grad}\,\mathrm{div}\,\bm{H} - \nabla^2 \bm{H} \tag{5.78}$$

を用い，さらにとマクスウェルの方程式の第二式により $\mathrm{div}\,\bm{H} = 0$ を用いると

$$-\nabla^2 \bm{H} = \frac{\partial \mathrm{rot}\,\bm{D}}{\partial t} \tag{5.79}$$

となる．ここで $\bm{D} = \varepsilon_0 \bm{E}$, $\bm{B} = \mu_0 \bm{H}$ としてマクスウェルの方程式の第4式を書き直すと

$$\frac{\partial \mathrm{rot}\,\bm{D}}{\partial t} = -\varepsilon_0 \mu_0 \frac{\partial^2 \bm{H}}{\partial t^2} \tag{5.80}$$

【電磁気学と座標変換】

ここで座標変換とこれまで導いた電磁気学の公式の関係を調べておこう．z 軸方向に磁場 (磁束密度 B) がかかっているところに，x 方向に速さ v で電荷 q をもつ粒子が走っている場合，ローレンツ力として $-y$ 方向に大きさ qvB を受ける．この現象を x 方向に速さ v で動く座標から見ると，粒子は静止しておりローレンツ力は受けない．しかし，$-y$ 方向に大きさ qvB は働いているのだから，その方向に電場

$$E_y = -vB \qquad\qquad ①$$

が生じていると考えなくてはならない．このことは相対的に等速直線運動している系の間で，電場と磁場が互いに移り変わることを意味しており，電磁気学の不思議な性質を示唆している．つまり，電磁気的な性質はガリレイ変換不変ではないのである．この問題はローレンツによって詳しく調べられ，時間と空間が混在したローレンツ変換というものに対して電磁気的な性質が不変になっていることが発見された (8.1 参照)．この関係は相対性理論の発見の重要な基礎になっている．

であることから

$$\varepsilon_0\mu_0\frac{\partial^2 \boldsymbol{H}}{\partial t^2} - \nabla^2 \boldsymbol{H} = 0 \qquad (5.81)$$

が得られる．これは波の速さ c が

$$c^2 = \frac{1}{\varepsilon_0\mu_0} \qquad (5.82)$$

の波動方程式である．これから，たとえば x 方向に進行する磁場の波動は

$$\boldsymbol{H} = H_0\cos(kx - \omega t + \phi)\boldsymbol{e}_H, \quad \omega = ck \qquad (5.83)$$

と表わされる．ここで H_0, ϕ は初期条件で決まる振幅と位相である．また，$\boldsymbol{e}_H$ は偏光で決まるある方向の単位ベクトルである．

第4式の回転 (rot) をとると電場に関しても同様にして

$$\varepsilon_0\mu_0\frac{\partial^2 \boldsymbol{E}}{\partial t^2} - \nabla^2 \boldsymbol{E} = 0 \qquad (5.84)$$

が得られる．その解は

$$\boldsymbol{E} = E_0\sin(kx - \omega t + \phi)\boldsymbol{e}_E \qquad (5.85)$$

である．(5.74) あるいは (5.75) を用いると，$\boldsymbol{e}_E$ は $\nabla \times \boldsymbol{e}_H$ の方向の単位ベクトルであることがわかる．つまり，$\boldsymbol{H}$ と $\boldsymbol{E}$ と波の進行方向は互いに直交している．また，相対的な大きさは

$$E_0 = \sqrt{\frac{\mu_0}{\varepsilon_0}}H_0 \qquad (5.86)$$

である．この電場，磁場の波動が電磁波である．

【ベクトルに関する忘備録】

ベクトル積の公式

$$\boldsymbol{A}\cdot(\boldsymbol{B}\times\boldsymbol{C}) = \boldsymbol{B}\cdot(\boldsymbol{C}\times\boldsymbol{A}) = \boldsymbol{C}\cdot(\boldsymbol{A}\times\boldsymbol{B})$$

$$\boldsymbol{A}\times(\boldsymbol{B}\times\boldsymbol{C}) = (\boldsymbol{A}\cdot\boldsymbol{C})\boldsymbol{B} - (\boldsymbol{A}\cdot\boldsymbol{B})\boldsymbol{C}$$

ベクトル積の微分

$$\mathrm{div}\cdot\mathrm{grad} = \nabla^2 \equiv \Delta$$
$$\mathrm{rot}\cdot\mathrm{grad} = 0$$
$$\mathrm{div}\cdot\mathrm{rot} = 0$$
$$\mathrm{rot}\cdot\mathrm{rot} = \mathrm{grad}\cdot\mathrm{div} - \Delta$$

5.7.2 光

光は電磁波の一種である．可視光線と呼ばれるものは波長 λ が

$$400\text{nm} \simeq \lambda \simeq 800\text{nm} \tag{5.87}$$

つまり振動数 $\nu = c/\lambda$ が

$$4 \times 10^{14}\text{Hz} \simeq \nu \simeq 8^{14}\text{Hz} \tag{5.88}$$

の電磁波である．これより波長が長いものは赤外線，もっと長くなると熱線，そして通信にもちいられる電波になる．逆に，可視光より波長が短くなると紫外線，X 線，ガンマ線と呼ばれる．

また，真空中でなくある媒質中では，光の速度は

$$c'^2 = \frac{1}{\varepsilon\mu} \tag{5.89}$$

となる．このことから，物質の屈折率 n は

$$n = \frac{c}{c'} = \sqrt{\frac{\varepsilon\mu}{\varepsilon_0\mu_0}} \tag{5.90}$$

で与えられる．

光の示す回折や屈折などの現象は電磁波の波動方程式を解くことで求められる．これら光の波動としての性質は第 6 章で扱う．

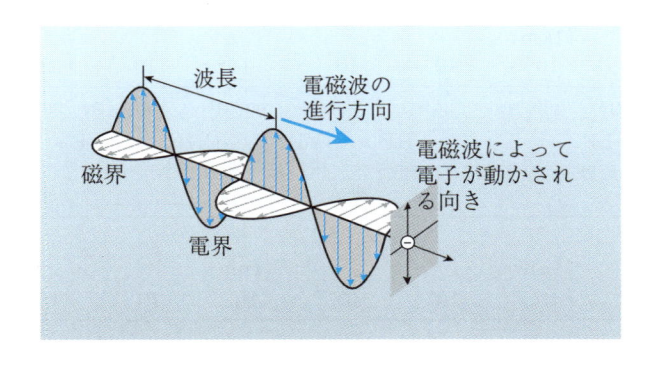

図 5.22　電磁波

5.8 回 路

これまで電磁気学の現象に関する現象を調べてきたが，最後に電気回路について調べておこう．回路での電流の流れを考える上で重要な量として，**抵抗** R とインダクタンス L とコンデンサーの**電気容量** C がある．

5.8.1 抵 抗

まず抵抗であるが，よく知られているように抵抗 R の回路に起電力 V をかけると電流 I が流れる．

$$I = \frac{V}{R} \tag{5.91}$$

これは**オームの法則**と呼ばれよく知られている関係であるが，今までに調べてきたマクスウェルの方程式からは出てこない関係である．クーロンの法則によると電荷は起電力による電場 $E = V/l$ によって加速され[†]，運動を始める．起電力は力であるので加速度に比例し，速度に比例しない．さてオームの法則はどのように考えればよいのであろうか．抵抗によって定常運動が生じる現象は，抵抗による摩擦と起電力による力のつり合いで起こる現象で，力学に従う可逆な現象ではない．この現象の方程式をたててみよう．まず抵抗による摩擦力が速度に比例するとし電子の運動を考えると

$$m\frac{d^2 x}{dt^2} = -eE - \eta\frac{dx}{dt} \tag{5.92}$$

[†] ここでの l は系の長さ．

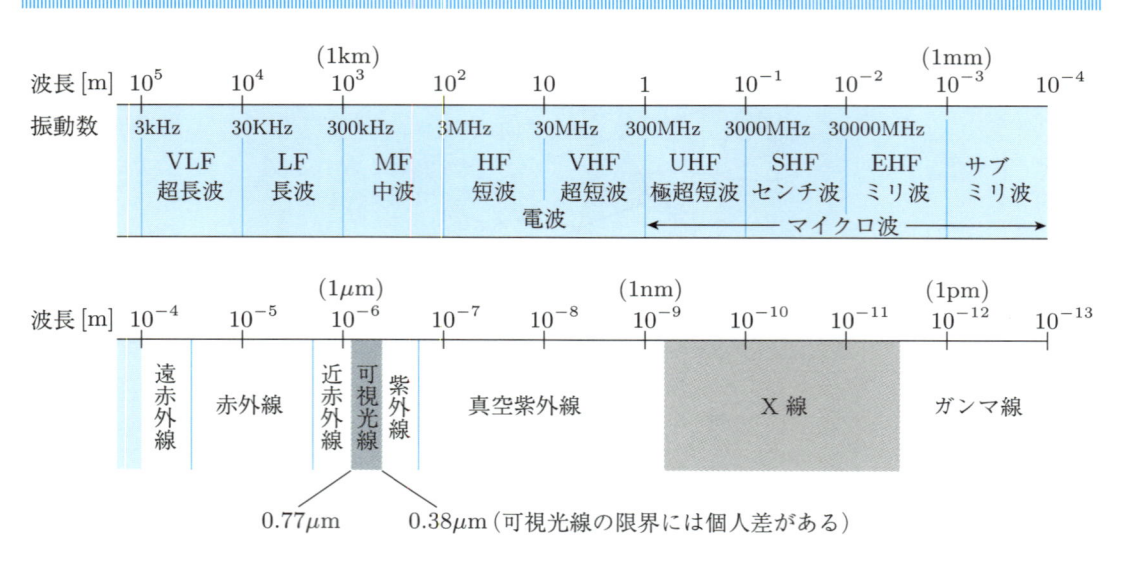

図 5.23 電磁波と光の波長

である．系が定常状態にある場合，加速度の項は 0 であるので

$$\eta v = -eE, \quad v = \frac{dx}{dt} \tag{5.93}$$

となり，電子一個当たりの電流 $i = -ev$ は電圧 V の勾配 $E = V/l$ に比例する．電流 I は電子の密度を n とし電線の面積を S とすると

$$I = Sni = \frac{Se^2 n}{\eta} \frac{V}{l} \tag{5.94}$$

であるので抵抗は

$$R = \frac{L\eta}{Se^2 n} \tag{5.95}$$

である．抵抗は電子に働く摩擦係数に比例する．摩擦現象は可逆現象でなく，電子と抵抗体の複雑な現象であり，摩擦係数はその現象を統計力学的な考察により粗視化した結果でてくる量で簡単な力学の法則からは出てこない．

その意味で，オームの法則の物理的考察はマクスウェルの方程式の範囲外である．ここでは，現象論的 (天下り的) に抵抗という量があり (5.91) の関係が成り立っているものとする．

● **電気のする仕事**

回路では抵抗のため，エネルギーが散逸し熱に変わる．電位差 E のところに電流 I が流れているとき，単位時間に発生する熱量 P は

$$P = I \cdot E \tag{5.96}$$

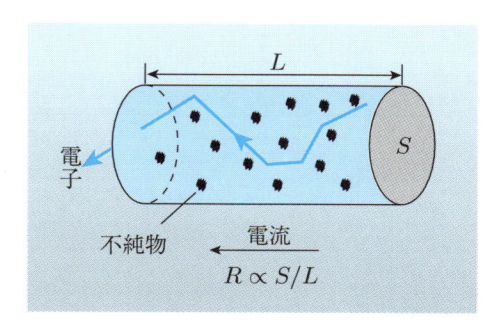

図 5.24 抵抗

で表わされ，**ジュール熱**といわれる．これは必ずしも熱でなく，扇風機を回すなど他の力学的エネルギーでもよい．この電気がするエネルギーをその単位として，1Vの電位差のもとで1A電流が1秒間流れる際に発生するエネルギーを1ワット (W) と呼ぶ．

5.8.2 インダクタンス

次にインダクタンスを導入しよう．回路に電流 I が流れるとそれに比例して回路に磁束 Φ が生じる．それを

$$\Phi = LI \tag{5.97}$$

の形に表わしたときの比例係数 L が回路の自己インダクタンスである．インダクタンスの単位はヘンリー (H) である．

ある回路1に電流が流れるとき，他の回路2に生じる磁束

$$\Phi_2 = M_{12} I_1 \tag{5.98}$$

の比例係数 M_{12} は相互インダクタンスという．

インダクタンスは電磁誘導による起電力

$$E = -\frac{d\Phi}{dt} = -L\frac{dI}{dt} \tag{5.99}$$

を通して回路の電流形成に寄与する．実際の回路を考えるとき，特に大きな自己インダクタンスをもつコイルの部分に注目し回路全体の自己インダクタ

表 5.1 抵抗 $\rho/10^{-8}\Omega$m

物質名	0°C	700°C
銀	$\rho = 1.62$	6.1
金	2.05	8.6
銅	1.55	6.7
鉄	8.9	85.5
アルミニウム	2.25	24.7
亜鉛	5.5	—
水銀	94.1	214
グラファイト	$\log_{10} \rho \sim 10^{-7} \sim 10^5$	
ダイヤモンド	$\sim 10^{12}$	
雲母	$\log \rho \ 10^{12} \sim 10^{15}$	
PCB ポリ塩化ジェル	$10^9 \sim 10^{14}$	
S_i	$10^{-5} \sim 10^4$	

ンスは無視することが多い.

インダクタンスの違いは交流の変圧器に利用される (図 5.25). 同じ大きさの磁束が鉄芯内で変化するとインダクタンスの違い (巻き数の違い) によって電圧が変わる. 発電所から電気を消費地に送る送電線ではジュール熱の発生を抑えるため高電圧が用いられるが, 実際に家庭などで使う場合危険なので変電所や電柱の変電器で 100V あるいは 200V に電圧を下げて用いられる.

> **例題** なぜ高電圧の方がジュール熱の発生が小さいか.
> **解** 送電部の抵抗を R とすると, そこでのジュール熱発生は I^2R であり, 電流が小さいほど少なくできるからである.

5.8.3 電気容量

コンデンサーの電気容量はコンデンサーの両端の電圧が式 (5.20) によって

$$Q = CV \tag{5.100}$$

で与えられる. 電流は電極に蓄えられている電荷の変化であるので

$$I = \frac{dQ}{dt} = C\frac{dV}{dt} \tag{5.101}$$

の関係がある.

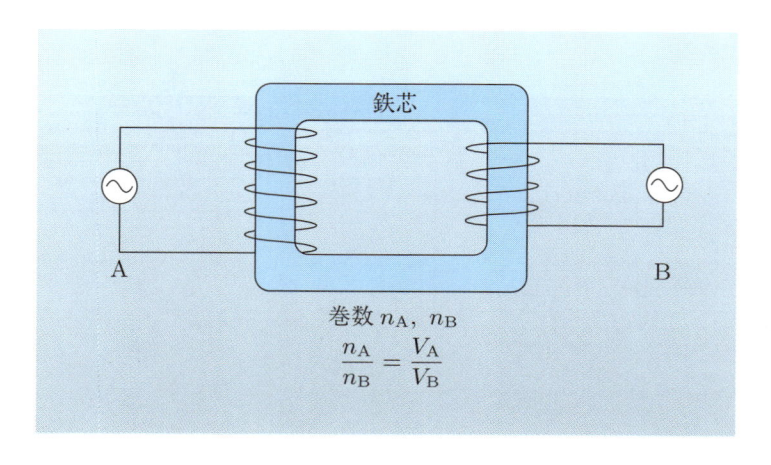

巻数 n_A, n_B
$$\frac{n_A}{n_B} = \frac{V_A}{V_B}$$

図 5.25 変圧器

5.8.4 キルヒホッフの法則

回路を流れる電流を調べるには，回路の各部分の電流を考え，各部分の両端での電圧差の和が回路に与えられた起電力と一致するようにする．

最も簡単な図 5.27(a) の場合は，オームの法則 (5.91) によって，定常状態では

$$I = \frac{V}{R} \tag{5.102}$$

である．回路自身の自己インダクタンスを考えると，スイッチを入れてからしばらく非定常な過程が現われるがそれについては次項で考察する．

複雑な回路での電流を考えるときは次の性質を利用する．電流は，変位電流も含めて総量は保存する．つまり，どの部分を考えても入ってきただけ出て行くのである．この関係を**キルヒホッフの法則**という．

例として，図 5.26(b) に示す回路の各部分の電流を求めてみよう．図に示すように電流を名づけると，

$$\begin{aligned} i_1 &= i_2 + i_3 + i_4 \\ i_2 R_2 &= i_3 R_3 = i_4 R_4 \\ E &= i_1 R_1 + i_2 R_2 \end{aligned} \tag{5.103}$$

の関係が得られる．この連立方程式を解くことで i_1, i_2, i_3 が求められる．

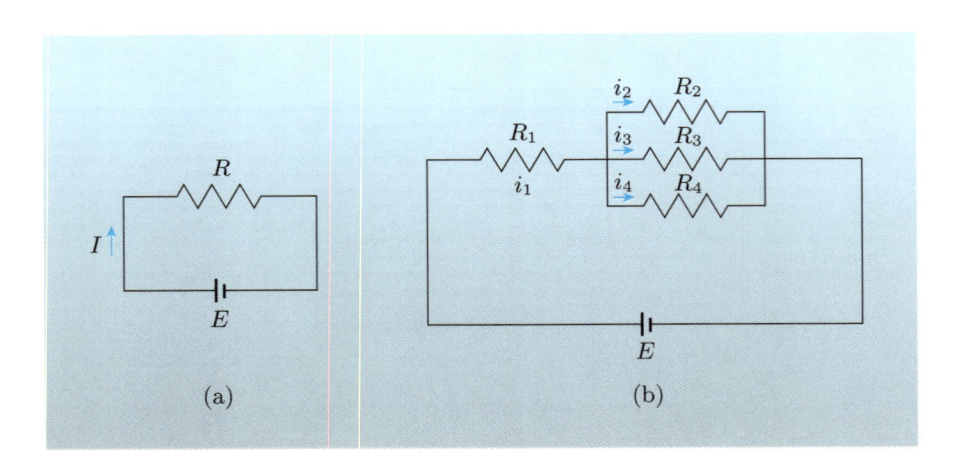

図 5.26　キルヒホッフの原理

5.8.5 回路の例

簡単ないくつかの例を調べてみよう.

図 5.27 (a) の場合は, 電流を I とすると, 系の起電力 E は抵抗部分 R とインダクタンス部分からの寄与で

$$E = IR + L\frac{dI}{dt} \tag{5.104}$$

と書ける. 図 5.26 (a) でも回路の自己インダクタンスを考えるとこの形になるが自己インダクタンスを無視されることが多い. 図 5.27 (a) の回路ではコイルのインダクタンスが主要な寄与をする. (5.104) を I に関する微分方程式として解くとスイッチを入れてからの電流の変化は

$$I(t) = \frac{V}{R}(1 - e^{-R/Lt}) \tag{5.105}$$

で表わされる. この場合, インダクタンスによる抵抗のためスイッチを入れてから定常状態に達するのに L/R 程度の時間がかかる. 電流の変化も図 5.27 (a) の下に示す.

図 5.27 (b) の場合は, 電流を I とすると, 系の起電力 V 抵抗部分 IR とコンデンサー部分 V_c のつり合いで

$$E = IR + V_c = \frac{dQ}{dt}R + \frac{Q}{C} \tag{5.106}$$

と書ける. これを Q に関する微分方程式として解くとスイッチを入れてからの Q の変化は

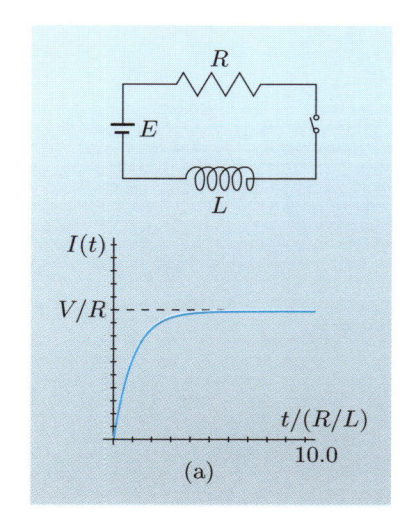

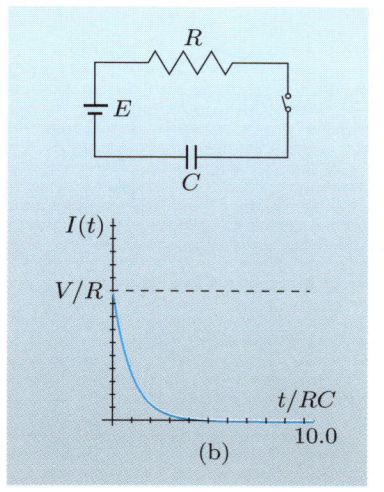

図 5.27 (a) コイルを含む回路, (b) コンデンサーを含む回路

$$Q(t) = EC(1 - e^{-t/RC}) \tag{5.107}$$

また電流は

$$I(t) = \frac{dQ}{dt} = \frac{E}{R} e^{-t/RC} \tag{5.108}$$

で表わされる．この場合，コンデンサーに蓄えられる電荷のため電流は次第に弱くなりスイッチを入れてから電流が止まるまでに RC 程度の時間がかかる．

図 5.28 は**発振回路**と呼ばれる．この回路の方程式は

$$0 = \frac{Q}{C} + L\frac{dI}{dt} = \frac{Q}{C} + L\frac{d^2Q}{dt^2} \tag{5.109}$$

である．解は

$$Q(t) = Q_1 e^{i\sqrt{1/LC}\,t} + Q_2 e^{-i\sqrt{1/LC}\,t} \tag{5.110}$$

であり，電流はコイルとコンデンサーの間を振動する．これが発振である．$t=0$ で $I=0$，$Q(0)=Q_0$ の場合の電流 $I(t) = \dfrac{dQ}{dt}$ も図 5.28 に示す．

図 5.29 の場合は，図 5.28 の場合に抵抗をつけたものである．電荷の動きに関する方程式は電流を I とすると，系の起電力 E 抵抗部分とコンデンサー部分からの寄与で

$$V = IR + \frac{Q}{C} + L\frac{dI}{dt} = \frac{dQ}{dt}R + \frac{Q}{C} + L\frac{d^2Q}{dt^2} \tag{5.111}$$

と書ける．この方程式は摩擦力がある振動子に外力 E がかかっている場合と

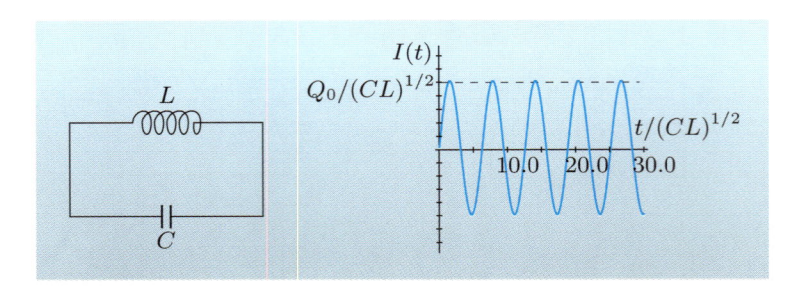

図 5.28　発振回路

5.8 回路

同じものである．

$$Q = Q_0 e^{i\omega t} \tag{5.112}$$

とおいて $E = 0$ の場合の解を求めると

$$iR\omega + \frac{1}{C} - L\omega^2 = 0 \tag{5.113}$$

より

$$\omega_\pm = \frac{iR \pm \sqrt{-R^2 + 4L/C}}{2L} \tag{5.114}$$

$Q(t)$ は初期条件によって決まる係数によって

$$Q(t) = Q_1 e^{i\omega_+ t} + Q_2 e^{i\omega_- t} \tag{5.115}$$

である．$E \neq 0$ の場合は，与えられた E のもとでの特解 $Q_\mathrm{s}(t)$ を一つ求めて

$$Q(t) = Q_1 e^{i\omega_+ t} + Q_2 e^{i\omega_- t} + Q_\mathrm{s}(t) \tag{5.116}$$

とすればよい．たとえば，$E = $ 一定の場合は

$$Q_\mathrm{s}(t) = EC \tag{5.117}$$

である．

下の初期条件の場合の解は

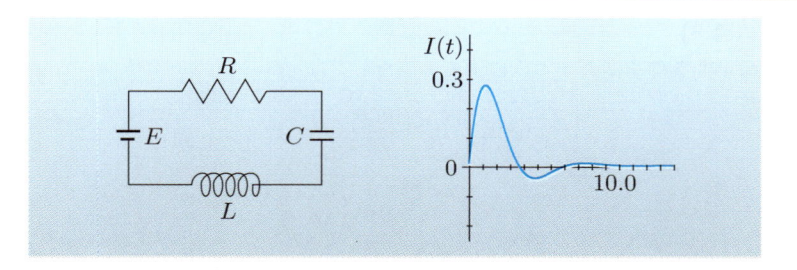

図 5.29 抵抗のある発振回路

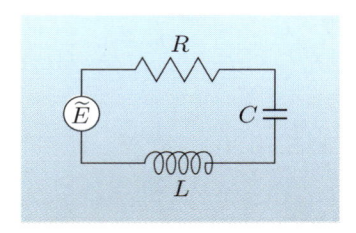

図 5.30 振動する外場で駆動される発振回路

$$I(t) = \frac{E}{\sqrt{4L/C - R^2}} e^{-Rt/2L} \sin\left(\frac{\sqrt{4L/C - R^2}}{2L} t\right) \quad (5.118)$$

である．$4L/C > R^2$ の場合の $I(t)$ を図 5.29 に示す．

次に外力で駆動する場合を考えよう（図 5.30）．外力として

$$E = E_0 \cos(\omega_0 t) \quad (5.119)$$

を考える．この場合も一般解

$$Q(t) = Q_1 e^{i\omega_+ t} + Q_2 e^{i\omega_- t} \quad (5.120)$$

の部分は同じで，特解の部分が異なる．今の場合の特解の求め方として

$$Q(t) = Q_0 e^{i\omega_0 t} \quad (5.121)$$

と置き，方程式に代入すると

$$E_0 = (iR\omega_0 + \frac{1}{C} - L\omega_0^2) Q_0 \quad (5.122)$$

であるので，特解として

$$Q(t) = \mathrm{Re}\left[\frac{E_0}{(iR\omega_0 + \frac{1}{C} - L\omega_0^2)} e^{i\omega_0 t}\right] \quad (5.123)$$

が求まった．これを t で微分すると $I(t)$ は

$$I(t) = i\omega_0 Q(t) = \mathrm{Re}\left[\frac{E_0}{(R - \frac{i}{\omega_0 C} + iL\omega_0)} e^{i\omega_0 t}\right] \quad (5.124)$$

【(5.118) の導出】

係数 Q_1, Q_2 は初期条件を満たすように決める．たとえば

$$Q(0) = 0, \quad \left.\frac{dQ}{dt}\right|_{t=0} = 0 \qquad \text{①}$$

の場合は

$$Q_1 + Q_2 + EC = 0, \quad Q_1 \omega_+ + Q_2 \omega_- = 0 \qquad \text{②}$$

より

$$Q_1 = \frac{ECL\omega_-}{\sqrt{4L/C - R^2}}, \quad Q_2 = -\frac{ECL\omega_+}{\sqrt{4L/C - R^2}} \qquad \text{③}$$

$$Q(t) = \frac{ECL}{\sqrt{4L/C - R^2}} \left(\omega_- e^{i\omega_+ t} - \omega_+ e^{i\omega_- t}\right) + EC \qquad \text{④}$$

となる．特解以外の部分は時間とともに減少するので十分時間が経った後での定常状態の電流は上の式で与えられる．ここで抵抗に相当する

$$Z = R - \frac{i}{\omega_0 C} + iL\omega_0 \tag{5.125}$$

は複素インピーダンスと呼ばれる．今の場合，回路の電流は外力で駆動され外力と同じ振動数で振動する．その大きさはインピーダンスの逆数に比例する．外力の振動数が系固有振動数に近づくと振幅は急激に大きくなる．この現象は共鳴である (2.6.3 参照)．

5.9　半導体とトランジスタ

抵抗，コイル，コンデンサーを用いた回路を説明したが，回路には特殊な電流特性 (電流と電圧の関係) を利用してより効率的に電流を制御する非線形素子が多く用いられる．その代表的なものとして半導体を用いたダイオード (整流器) がある．半導体は伝導体と絶縁体の中間的なものであり，半導体を組み合わせることでいろいろな電流特性が実現できる (図 5.32)．整流器では，ある一方向のみの電流を流すことを利用して交流電源から直流成分を取り出すことができる (図 5.31)．

図 5.30(b) のように，n 型半導体と p 型半導体を結合した系を考えてみよう．n 型半導体の方に正電極をつなぐと，n 型半導体内の負の伝導媒体 (つまり，余分な電子) は電極の方に引かれ，p 型半導体内の正の伝導媒体 (つまり，正孔) は負の電極に引かれるため，図に示すように分極が起こるだけで電流

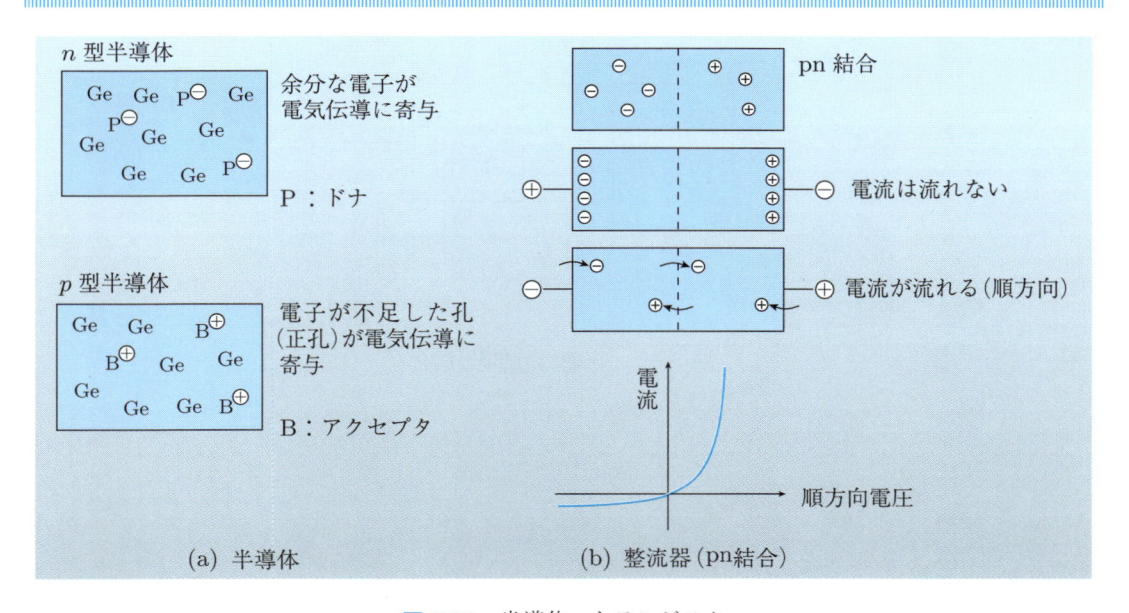

図 5.31　半導体，トランジスタ

は流れない．

　それに対し，n 型半導体の方に負電極をつなぐと，n 型半導体内の負の伝導媒体 (つまり，余分な電子) は電極の反対側に押しやられ，同様に正電極につながれた p 型半導体内の正孔も中心部に集まる．そのため，接合部で伝導媒体の交換が起こり，電流が流れることができる．このようにしてこの組み合わせによって，電流を一方向にのみ流すことができるのである．

　また，3 個の半導体を組み合わせたものをトランジスタという．それぞれの部分の電圧を調整することでいろいろな電流制御が可能になる．多くのトランジスタを組み合わせたものを Integrated circuit (IC) 回路という．さらに大規模な IC 回路が Large Scale IC(LSI) である．LSI を実現するためには，非常に微細な加工技術が必要となり，写真感光による方法や，さらに電子線を利用した方法などが開発されている．コンピュータやデジタルカメラ，携帯電話など最近の IC 革命はこれらの技術の賜物である．

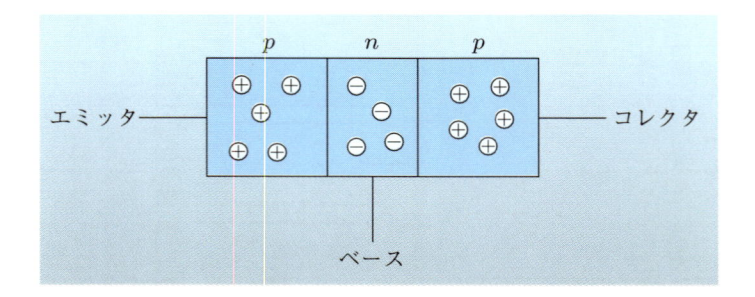

図 5.32　半導体の原理と結合

5.10 章末問題

5.1 一様に電荷が分布している半径 a の球殻の作る電場と電位を求めよ．ただし電荷の面密度を σ とする．

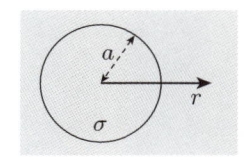

5.2 厚さ d_0，面積 S の平板コンデンサー (図 5.5) に厚さ d の誘電率 ε の物体をはさみ込んだ場合の電気容量を求めよ．

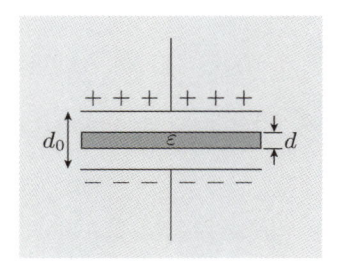

5.3 無限に長い直線電流 I が，電流から距離 r_0 のところに作る磁場をビオ・サバールの法則を用いて求めよ．

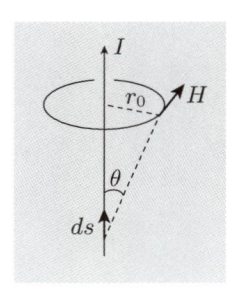

5.4 一辺 a の正方形の長方形の回路を一様な磁場 H の中で磁場に垂直な軸のまわりに角速度 ω で回転させるとき，回路に生じる起電力を求めよ．

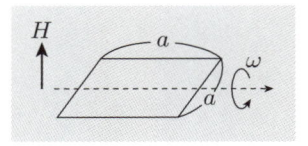

5.5 半径 a の導体円板が，一様な磁場 H の中で角速度 ω で回転するとき，板の中心軸と周辺の間の電位差を求めよ．

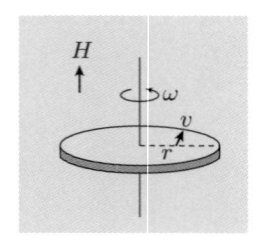

5.6 平面電磁波が誘電率 ε，透磁率 μ の誘電体の境界面に垂直に入射したとき，透過波と反射波の振幅を求めよ．

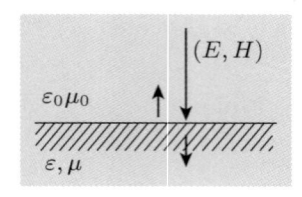

光 学

　光は物理学のもっとも興味深い対象の一つであり，その本性として歴史的には波動説，粒子説が論争されてきた．この論争は量子力学によって波でもあり，粒子でもあると止揚的に解決された．光は電磁波の一種であり，光速で伝播する波動として記述できる．その伝播物質であるエーテルも19世紀の物理の大きな問題であったが，相対論によって解決された．このように，光は物理学の発展に大きな役割を果たしてきた．

　本章では光の基本的な性質を説明する．

本章の内容
幾何光学
波動光学
量子光学

6.1 幾何光学

波面の向きが変化する現象は回折，干渉現象と呼ばれ，光の波動性を反映している．それに対し，波面が平面波として伝わっていくと考えてよい場合には**光線**という記述が妥当で，レンズなどでの幾何光学として整理されている．光線の向きは平面波の波面が進んでいく方向，つまり波面に垂直な方向である．異なる媒体の間で光線の向きを変える現象は，屈折，反射の法則で表わされる．

6.1.1 屈折，反射の法則

屈折現象は図 6.1 のような配置で二つの媒体を配置した場合，光の方向が変化する現象である．この現象は二つの媒体で光の速さが異なることが原因である．媒質 A, B でのそれぞれの光速を c, c' であるとする．図 6.1 のように斜めから光が入ってくる場合を考える．図 6.1 での細い直線は波の背の位置 (波面) を表わしている．境界も含めて全空間で同じ振動数で振動することが必要であることに注意すると†，光速が c から c' に変わった媒質 B では図 6.1 のように波面の向きが変わらざるをえない．これが屈折現象である．光が O から A に進む時間と，B から O に進む時間が同じであるので，$|OO'| = a$ として

$$\frac{a \sin \theta_1}{c} = \frac{a \sin \theta_2}{c'} \tag{6.1}$$

† 全空間での変化が連続的であるため．

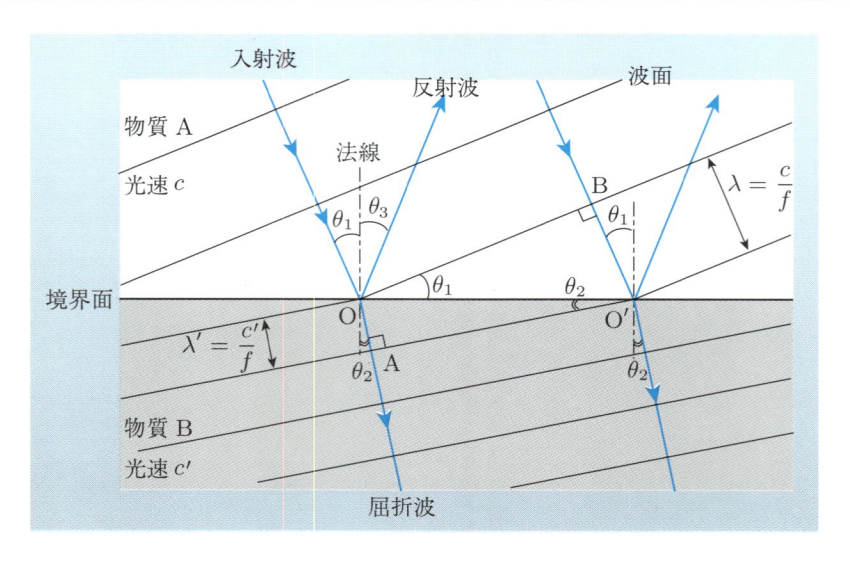

図 6.1 屈折現象

の関係がある．このとき物質 A に対する物質 B の**相対屈折率**が

$$n_{\mathrm{AB}} = \frac{c}{c'} = \frac{\sin\theta_1}{\sin\theta_2} \qquad (6.2)$$

と定義される．これは屈折現象の**スネル (Snell) の法則**である．単に屈折率という場合は，真空に対する相対屈折率を指す．典型的な物質の屈折率として，

空気	1.0003
水	1.33
ダイヤモンド	2.42

である．ダイヤモンドがよく光るのは屈折率が大きいためである．

それぞれの領域での波長を λ, λ' とすると

$$\lambda : \lambda' = c : c' \qquad (6.3)$$

であることから，屈折率は

$$n = \frac{\lambda}{\lambda'} \qquad (6.4)$$

でも与えられる．

また，表面で反射する波は界面の法線方向に対して入射波に対称に出て行く．

$$\theta_1 = \theta_3 \qquad (6.5)$$

これを**反射の法則**という．

図 6.1 では媒体 B の光速の方が遅い場合を考え $n_{\mathrm{AB}} > 1$ として作図した

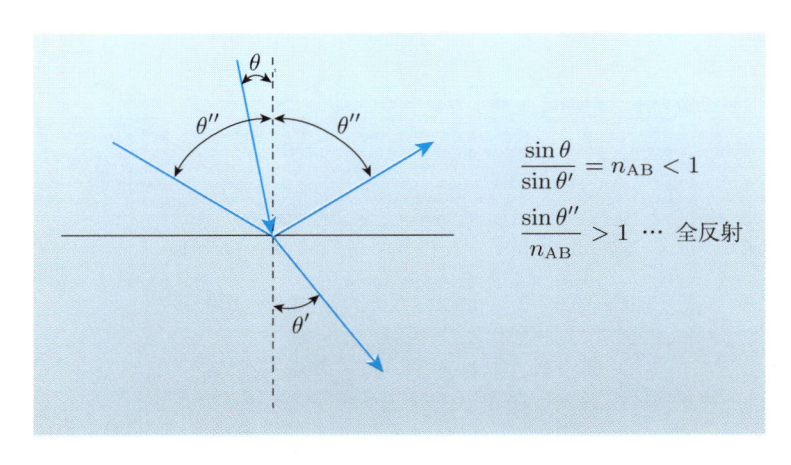

図 6.2 全反射

が，逆に屈折率の大きい方から入射すると $(n_{AB} < 1)$，

$$\sin\theta > n_{AB} \tag{6.6}$$

では $\sin\theta'$ が 1 より大きくなり，解がなくなる．このとき屈折は起こらず，全ての入射波は反射する．このような場合を**全反射**という．

● プリズム

光の速度は真空中では振動数によらず一定

$$c = 2.99792458 \times 10^8 \mathrm{km/s} \tag{6.7}$$

であるが，物質中ではその誘電率 ε，透磁率 μ によって $c = 1/\sqrt{\varepsilon\mu}$ (第5章，5.89) であり，一般に振動数によって変わる．そのため，屈折率が変わってくる．それを利用して，光を色 (振動数) ごとに分解するものとしてプリズムがある (図6.3)．虹は水滴によって起きるプリズム現象である．虹の色は波長が長い方から，赤，橙，黄，緑，青，藍，紫の7色であるとされるが，もちろん連続的に変化している．

このように振動数によって光が分解することを**分散**という．物質はその原子，分子構造によって特定の光を吸収したり放出したりする．それを利用して，物質を特定したり，物質の内部構造を調べたりするのが分光学と呼ばれる分野である．遠くの星にアルコールがあるかどうかわかるのは，アルコールに特有の波長の光が検出されるからである．また，どうして物質によって

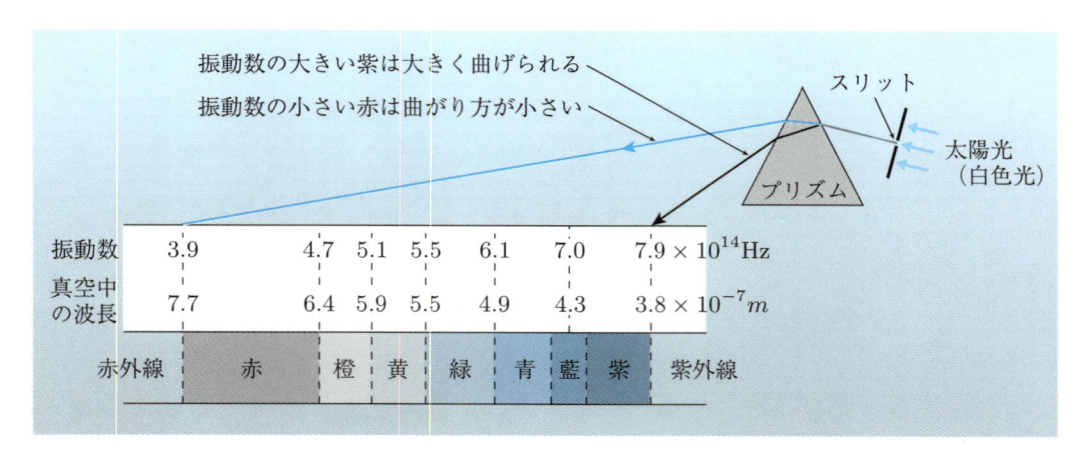

図 6.3 プリズムと分光

特定の光だけが吸収，発光するのかという謎が量子力学の発見につながった．

● 鏡

鏡では光が反射される．どのように光線が反射され，観測者からどのように見えるかを知るには，反射の法則にしたがって光線を描けばよい．入射角と反射角を等しくする簡単な製図法としては，図 6.4 のように鏡面での対称な図形を考えればよい．見ている人は光が直進してくると考えるので，光は，実際にはそこから出ているのではないが，そこから出ているように見え，界面での対称な図形があるように見える．それを**虚像**という．

● レンズ

レンズ (凸レンズ) を光が通過するときは光が屈折し，図 6.5 の細い実線で表わすように平行な光は焦点に集まる．また，レンズの中心を通る光は直進する (細い点線)．これらの性質を用いると，レンズを通しての光線の振る舞いは図 6.5 のように製図できる．焦点より遠くにある光源から出た光は図のように点 A′ に集まる．つまり，物体 A の像がそこに写ることになる．それを**実像**という．

図 6.6 から明らかなように焦点の 2 倍より遠くの物体の倒立実像は物体より小さくなり，逆に焦点の 2 倍より近い物体の像は大きくなる．さらに物体が焦点より近くなると実像は結べなくなり，光は点線で描いた正立虚像から出てくるように見える．この場合，虚像の大きさはいつも物体より大きい．虫

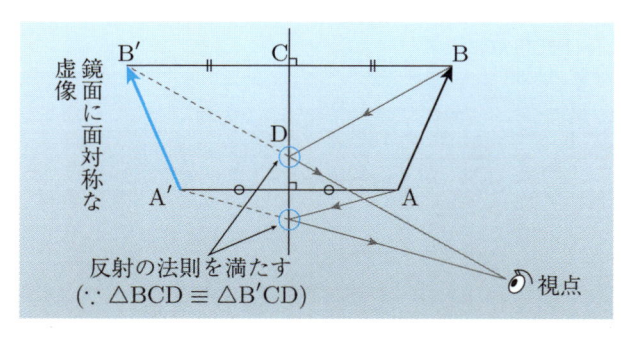

図 6.4 鏡：反射の法則と虚像

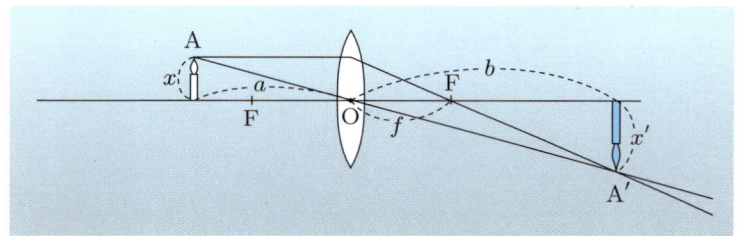

図 6.5 凸の像

眼鏡で物体を見ると大きく見えるのはこの虚像を見ているのである．

像の位置や大きさは，相似の関係を用いて簡単に求められる．図 6.5 のように焦点距離を f，物体のレンズからの距離を a，像の位置を b とすると図 6.5 に示すように

$$x : a = x' : b, \quad x : f = x' : b - f \tag{6.8}$$

より

$$\frac{x'}{x} = \frac{b}{a} = \frac{b-f}{f} \tag{6.9}$$

である．これから像の大きさは b/a 倍になり，a, b, f の間には

$$\frac{1}{a} + \frac{1}{b} = \frac{1}{f} \tag{6.10}$$

の関係があることがわかる．また，虚像の場合は同様な考察で

$$x : a = x' : b, \quad x : f = x' : b + f \tag{6.11}$$

であるので

$$\frac{1}{a} - \frac{1}{b} = \frac{1}{f} \tag{6.12}$$

である．

凹レンズでは光を広げるので実像は結ばない．図 6.6 に示すように物体より小さい虚像を結ぶ．

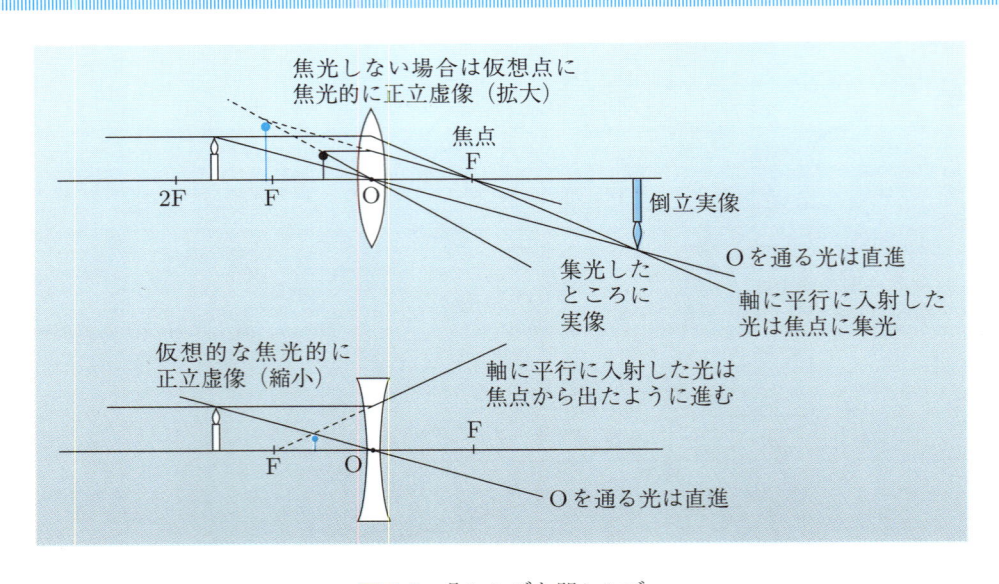

図 6.6　凸レンズと凹レンズ

6.2 波動光学

光は電磁波の一つであるので,波動を $\Psi(\boldsymbol{r},t)$ とすると電磁波の方程式 (5.101), (5.105)

$$\varepsilon\mu\frac{\partial^2\Psi(\boldsymbol{r},t)}{\partial t^2} - \nabla^2\Psi(\boldsymbol{r},t) = 0 \qquad (6.13)$$

に従う.光の強度 I は

$$I(\boldsymbol{r},t) = |\Psi(\boldsymbol{r},t)|^2 \qquad (6.14)$$

で与えられる.与えられた境界条件のもとで上の方程式を解くと光のすべての振る舞いが得られる[†].

[†] ただし量子力学に基づく量子光学 (6.3 節) の振る舞いは別である.

6.2.1 回折とホイヘンスの原理

上で述べたように与えられた境界条件のもとで波動方程式を解くとその振る舞いがわかるが,この波動としての性質を直感的に理解する方法として,光は現在に波面の各点を始点とする球面波として伝播していくと考えるホイヘンスの原理と呼ばれるものがある (図 6.7).

その典型的な例として,平面波として直線的に伝わってきた光が,小さな穴を通る場合にその点から球面上に広がる現象がある.このように直線的には伝わらないところに波がまわりこんで行く現象を**回折現象**という.

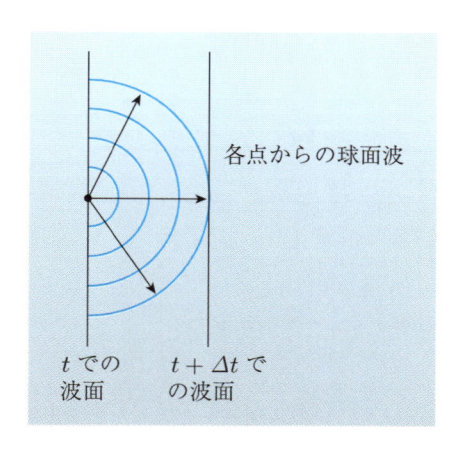

図 6.7 ホイヘンスの原理

6.2.2 干渉現象

光の波としての性質の顕著なものとして干渉現象がある．これは，波の位相のため，波が強めあったり弱めあったりする現象である．有名なものに二つのスリットを通った光の干渉がある．図 6.8 のように，d だけ離れたスリットを考える．それぞれの点からホイヘンスの原理で波が円状に広がる．今，スリットがある面に垂直に光が入射しているとすると両スリットでの光の位相はそろっている．

空間のある一点 (x,y) で両スリットから来る波の重ね合わせを考えてみよう．スリット 1, 2 から出て球状に広がる光の波動は，(6.13) の解である球面波である．光の波数を k，振動数を ω とすると，中心からの距離 r，時刻 t での波動関数は

$$\Psi(\boldsymbol{r},t) = A_1 e^{-i(kr-\omega t)} \tag{6.15}$$

で表わされる．スリット 1, 2 からある点 $\boldsymbol{r}=(x,y)$ までの光の光路を r_1, r_2 とするとそれぞれからの光の波動関数は

$$\begin{aligned}\Psi_1(\boldsymbol{r},t) &= A_1 e^{-i(kr_1-\omega t)} \\ \Psi_2(\boldsymbol{r},t) &= A_2 e^{-i(kr_2-\omega t)}\end{aligned} \tag{6.16}$$

である．これらが点 $\boldsymbol{r}=(x,y)$ で重ね合わされた波動は

$$\begin{aligned}\Psi_1(\boldsymbol{r},t)+\Psi_2(\boldsymbol{r},t) &= A_1 e^{-i(kr_1-\omega t)} + A_2 e^{-i(kr_2-\omega t)} \\ &= (A_1 e^{-ikr_1} + A_2 e^{-ikr_2})e^{i\omega t}\end{aligned} \tag{6.17}$$

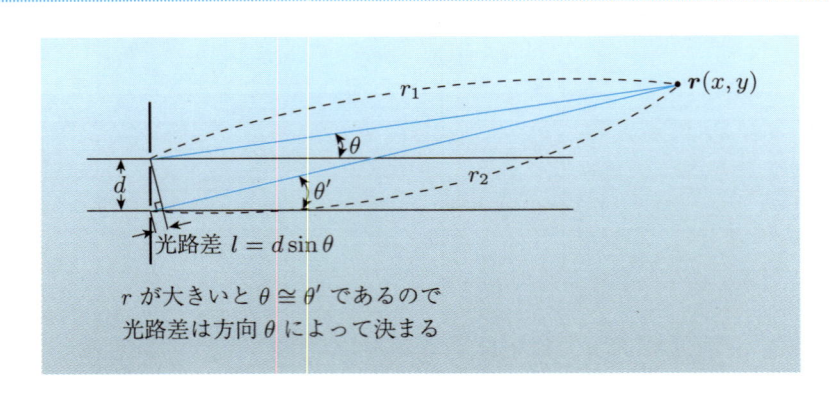

図 6.8 二つのスリットを通った光の干渉

6.2 波動光学

となる (図 6.8). 簡単のために, スリット 1, 2 での光の強度が等しい

$$A_1 = A_2 = A \tag{6.18}$$

とすると, 重ね合わされた波の振幅は

$$\begin{aligned}
A|(e^{-ikr_1}+e^{-ikr_2})| &= A|e^{-ikr_1}(1+e^{-ik(r_2-r_1)})| \\
&= A\sqrt{(1+\cos(k(r_2-r_1)))^2 + \sin^2(k(r_2-r_1))} \\
&= A\sqrt{(2+2\cos(k(r_2-r_1))} = 2A\left|\cos\left(\frac{k(r_2-r_1)}{2}\right)\right|
\end{aligned} \tag{6.19}$$

である. 振幅は $\left|\cos\left(\frac{k(r_2-r_1)}{2}\right)\right|$ が 1 となるとき, つまり

$$k(r_2 - r_1) = 2\pi n, \quad (n = 0, 1, 2, \cdots) \tag{6.20}$$

の時, 波は強め合って最大になる. これは, 光路差が波長 ($\lambda = 2\pi/k$) の整数倍

$$光路差 = r_2 - r_1 = \frac{2\pi}{k}n = n\lambda \tag{6.21}$$

のとき波は最大になり, そこから半波長ずれると

$$光路差 = r_2 - r_1 = \left(n + \frac{1}{2}\right)\lambda \tag{6.22}$$

打ち消しあって 0 になることを表わしている.

この様子を調べるには, 図 6.9 のようにスリットから半径が波長の整数倍

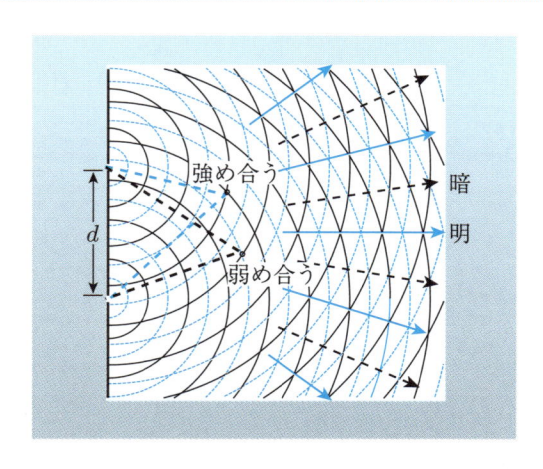

図 6.9 干渉縞

の半円を描くとわかりやすい．交点の位相差が波長の整数倍の点で光が強め合う場所である．それらの中間に打ち消しあって 0 になる点がある．スリットから出てくる光をスクリーンで受けると光の強弱の縞ができる．この縞模様は**干渉縞**と呼ばれる．

この干渉縞の位置を図 6.10 で考えてみよう．スクリーンがスリットから十分遠くにあるとき $\cos\theta \simeq \cos\theta'$ に注意すると光路差 l は，スリットからの角度 θ の関数として

$$l = r_2 - r_1 \simeq r_2 - r_1 \cos\Delta\theta = d\sin\theta \qquad (6.23)$$

と与えられる．これから，強め合う方向は

$$\sin\theta = \frac{n\lambda}{d}, \quad n = 0, 1, 2, \cdots \qquad (6.24)$$

弱め合う方向は

$$\sin\theta = (n + \frac{1}{2})\frac{\lambda}{d}, \quad n = 0, 1, 2, \cdots \qquad (6.25)$$

である．

6.2.3 回折格子

スリットが二つでなくたくさんあるときは，図 6.10 のように多くの波の重ね合わせが起こる．n 個離れたスリットから出る光の位相差は

$$\phi_n = 2\pi\frac{nd\sin\theta}{\lambda} = nkd\sin\theta \qquad (6.26)$$

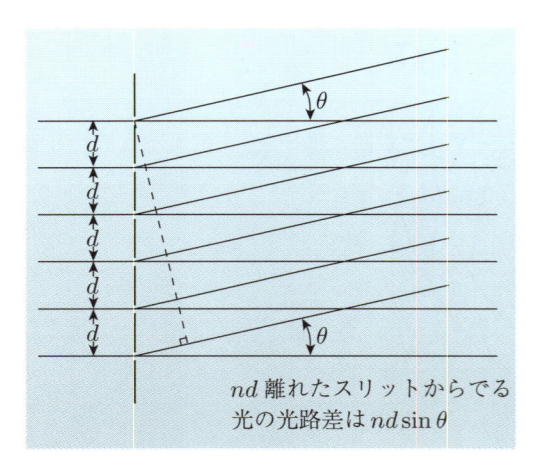

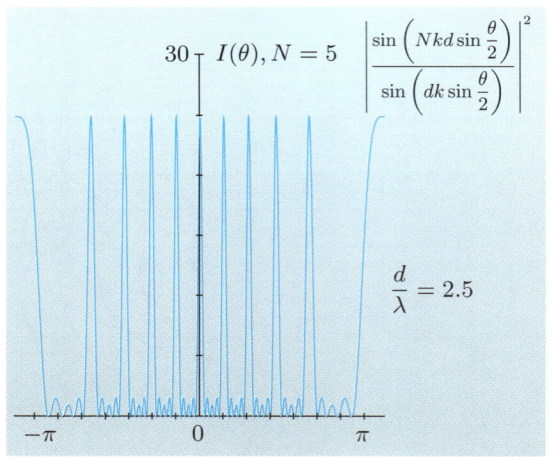

図 6.10 回折格子

図 6.11 回折格子　光の強度

であるので，スクリーンが十分遠くにあるときに θ 方向の波の重ね合わせは，

$$1 + e^{ikd\sin\theta} + e^{i2kd\sin\theta} + \cdots + e^{i(N-1)kd\sin\theta} = \frac{1 - e^{iNkd\sin\theta}}{1 - e^{ikd\sin\theta}} \quad (6.27)$$

である．重ね合わせた波の強度は

$$\left| \frac{1 - e^{iNkd\sin\theta}}{1 - e^{ikd\sin\theta}} \right|^2 = \left| \frac{\sin\left(Nkd\sin\frac{\theta}{2}\right)}{\sin\left(dk\sin\frac{\theta}{2}\right)} \right|^2 \quad (6.28)$$

である．$N = 5$ の場合の強度変化を図 6.11 に示す．N が大きくなると，強弱が非常にはっきりしてくる．

6.2.4 ニュートンリング

干渉現象として，有名なものにニュートンリングがある．これは球面の一部を平面において上から見たものである．図 6.12 のように，明暗の縞が輪状に見える．これは，真上から入射した光のうち，ガラスの下面で反射するものと，下の表面で反射するものの干渉現象である．曲率が十分大きいので屈折の効果は考えない．光路差は

$$2d = 2(R - \sqrt{R^2 - r^2}) \simeq \frac{r^2}{R} \quad (6.29)$$

である．ガラスの下面で反射するものはガラスから空気に向かっての反射であるので位相が逆転する．そのため，

$$2d = n\lambda, \quad n = 0, 1, 2, \cdots \quad (6.30)$$

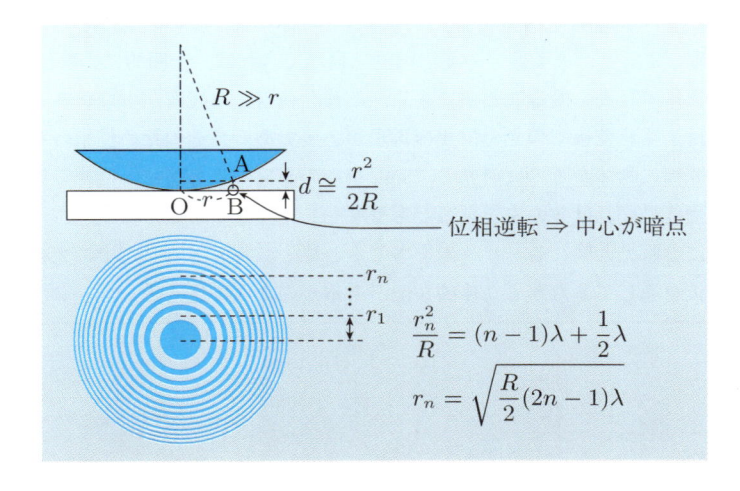

図 6.12 ニュートンリング

の場合，弱め合い暗く見える．また，

$$2d = (n+\frac{1}{2})\lambda, \quad n = 0, 1, 2, \cdots \qquad (6.31)$$

の場合，強め合って明るく見える．(6.29) の関係があるので，$n = 1, 2 \cdots$ に対応する明暗の幅が $\sqrt{n}$ に反比例して小さくなる．この現象は曲率を調べる場合などに用いられる．シャボン玉など薄い膜での反射でも同様に干渉が起こり，虹色の縞模様が見える．

6.2.5　屈折・反射における波動関数

屈折や反射という現象は波動方程式の立場からはどのように理解すればよいのであろうか．屈折は光の速度が異なる二つの領域での波の伝搬であり，本質的には 6.1.1 で説明したような波の接続で考えればよい．境界 $\boldsymbol{r}_0$ での接続の条件は，境界で特に異常がなければ，波動の値と，その微分が連続であることである．それぞれの領域での波動関数を $\Psi_1(\boldsymbol{r},t)$, $\Psi_2(\boldsymbol{r},t)$ とし，境界に垂直な方向を y とすると

$$\begin{aligned}\Psi_1(\boldsymbol{r}_0,t) &= \Psi_2(\boldsymbol{r}_0,t) \\ \left.\frac{\partial \Psi_1(\boldsymbol{r},t)}{\partial y}\right|_{\boldsymbol{r}_0} &= \left.\frac{\partial \Psi_2(\boldsymbol{r},t)}{\partial y}\right|_{\boldsymbol{r}_0}\end{aligned} \qquad (6.32)$$

と表わせる．屈折・反射を考えるために図 6.13 の配置で波動関数を考える．上半面での入射波と反射波は

【ホログラフィ】

ホイヘンスの原理によると，ある面での光の波動を再現できれば，空間的に光の様子を再現できる．つまり，立体的な物体の写真を撮ることができる．これを利用した技術がホログラフィである．

ホログラフィでは，写真乾板での光の位相の再現が必要である．そのため位相のそろったレーザー光を利用し，写真乾板に物体からの反射光と，光源からの直接の光を当て，位相を反映したパターンを記録する．この強度の記録はそのまま見るともやもやした模様である．

しかし，この板に参照光と同じレーザー光を当てると板上の各場所 (x,y) での光の波動は，反射光の情報を再現し，板を通してあたかも立体的な像があるかのように見える．

6.2 波動光学

$$\Psi_1(\boldsymbol{r},t) = e^{i(\boldsymbol{k}\cdot\boldsymbol{r}-\omega t)} + Re^{i(\boldsymbol{k}''\cdot\boldsymbol{r}-\omega t)} \tag{6.33}$$

と表わされる．それぞれの光速は等しいので波数ベクトルの大きさは等しい．

$$|\boldsymbol{k}| = |\boldsymbol{k}''| \tag{6.34}$$

また，境界上で一致しなくてはならないので

$$k_x = k_x'' \tag{6.35}$$

でなくてはならない．そのため，

$$\frac{k_x}{|\boldsymbol{k}|} = \sin\theta = \frac{k_x''}{|\boldsymbol{k}|} = \sin\theta'' \tag{6.36}$$

であることがわかる．つまり反射の法則 (6.5) である．また，

$$k_y = -k_y'' \tag{6.37}$$

である．

下半面では

$$\Psi_2(\boldsymbol{r},t) = Te^{i(\boldsymbol{k}'\cdot\boldsymbol{r}-\omega t)} \tag{6.38}$$

である．境界で (6.33) と (6.38) が条件 (6.32) を満たさなくてはならないので

$$\begin{aligned}(1+R)e^{ik_x x} &= Te^{ik_x' x} \\ k_y(1-R)e^{ik_x x} &= Tk_y'e^{ik_x' x}\end{aligned} \tag{6.39}$$

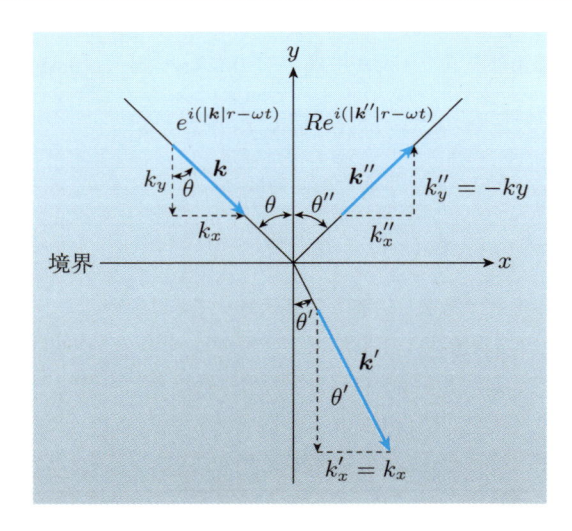

図 6.13 屈折・反射の波数

でなくてはならない．これから

$$k_x = k'_x \tag{6.40}$$

であることがわかる．また，光速 $\left(c = \dfrac{\omega}{k}\right)$ の比が屈折率であるので，$n_{12} = \dfrac{c}{c'}$ より

$$n_{12}^2(k_x^2 + k_y^2) = (k_x'^2 + k_y'^2) \tag{6.41}$$

が成立する．図 6.13 より

$$\frac{k_x}{k_y} = \tan\theta, \quad \frac{k'_x}{k'_y} = \tan\theta' \tag{6.42}$$

であるので

$$\sin\theta = n_{12}\sin\theta' \tag{6.43}$$

つまり，スネルの法則 (6.2) が導ける．

6.2.6 偏　光

　光の性質の一つに偏光がある．これは光の進行方向に垂直な電場と磁場の向きである．一般に光はいろいろな向きをもつので，偏光の向きは決まっていない．偏光板という特殊な板を通すとある方向だけの偏光を持つ光だけを取り出すことができる．つまり，偏光板を通ってくるのはある方向に偏光した光である．図 6.14 に示すように，二枚の偏光板の偏光方向がそろっている時，その方向の偏光をもつ光は通るが，直交させるとすべての光がどちらか

【全反射】

　全反射の場合でも，境界条件を満たすためには T は 0 になれない．(6.41) より

$$k_y'^2 = n_{12}^2(k_x^2 + k_y^2) - k_x'^2 < 0 \qquad ①$$

であり k_y は純虚数となる．そのため下半面での波動は

$$\Psi_2(\boldsymbol{r}, t) = Be^{-|k_y|y + i(k_x x - \omega t)} \qquad ②$$

と指数的に小さくなり境界付近に局在し，波として伝わっていけない．
　また，光が金属で反射される現象は自由電子の動きのため，光の進入が妨げられ，やはり波動が指数関数的に小さくなるため起こる．その場合には全反射とは異なりどの方向からの光も反射される．これが金属光沢の原因であり，鏡などに利用される．金や銅など色のついた金属では，振動数の高い光の透過，吸収が大きく反射光ではそれらの振動数の光が少なくなり有色になる．

の偏光板で止められるので光は通らなくなる．液晶ディスプレイでは電圧による液晶の偏光を利用している．

入射面[†]に電場の振動方向が平行な場合と垂直な場合で反射の様子が違ってくる．そのため，偏光によって反射率が異なる．特に，**ブリュースター角**と呼ばれる

$$\tan\theta = n_{12} \tag{6.44}$$

のとき入射面に平行な成分 (次頁に示す P 偏光) の反射が完全になくなることがわかっている．この偏光を利用して余計な光を除き，より明瞭に水中の見たい対象をみることができる．プールの監視員が偏光レンズのメガネをかけているはこの現象を利用しているのである．

[†] 入射方向と面の法線で決まる面．

6.3 量子光学

光の実験で位相のそろった光を必要とすることがよくある．このような光は，レーザーと呼ばれる発振器で発生できることが発見された．レーザーは，分 (原) 子のエネルギー準位と光の相互作用における誘導放射と呼ばれる量子力学的な効果を利用したものである．これから発振される光はよく位相がそろっており，広がらず非常に遠くまで届く．また，小さな範囲に集中できるので高いエネルギーを集中でき，カッターやメスに利用されている．

また，光の強度に違いがあると物質の誘電率の違いによって物体に力が働くことを利用して，集光したレーザーによって微小な物体を操作する光ピンセットと呼ばれる操作方法も開発されている．

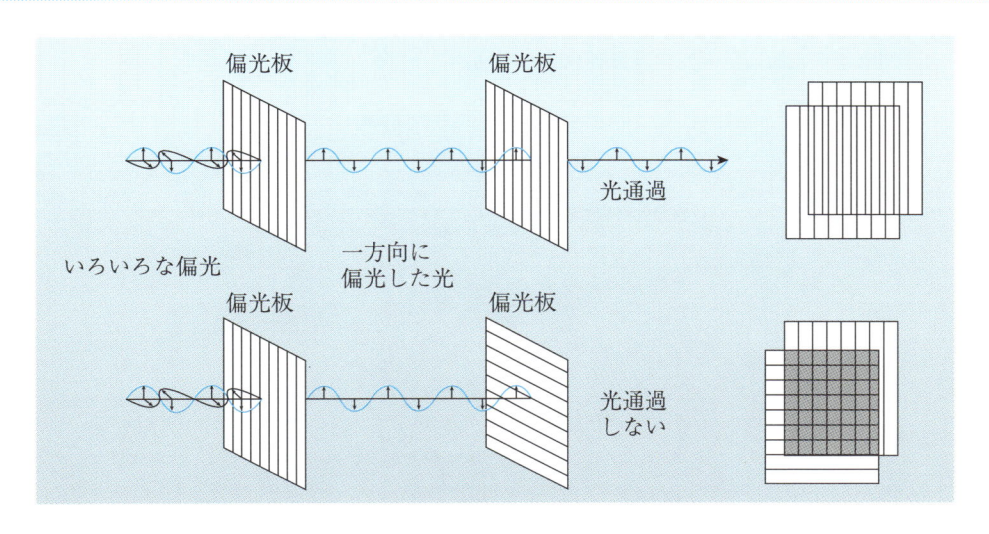

図 6.14　偏光

6.4 章末問題

6.1 両面とも曲率半径 $R = 30$ cm のレンズの焦点距離が 30 cm であった場合,このレンズの屈折率はいくらか.

6.2 間隔が 1μm のスリットをもつ回折格子に波長 0.7μm の光を照射したとき 1 次回折光の角度を求めよ.

6.3 薄い膜による干渉 (シャボン玉の虹模様) によって光の強めあう条件を求めよ.膜の厚さを d,屈折率を n とする.また入射波の波数を k とする.ただし,膜内での反射では位相が π ずれることに注意せよ.

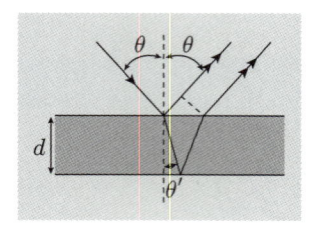

6.4 屈折現象における偏光による境界条件の違いを調べよ.

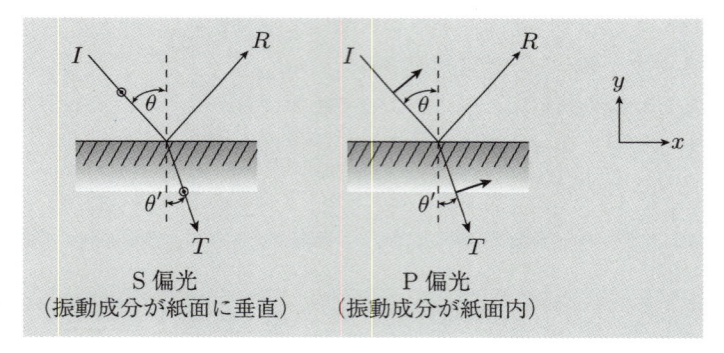

熱力学

7

　有史以来人類は火を利用し，熱はものを暖めるのに用いられてきた．しかし，熱を仕事に利用することは 16 世紀のニューコメンやワットによって蒸気機関が発明されてからである．これによって人類は圧倒的な力を得，その後の産業革命以降の大進化を遂げるにいたるのである．その熱と仕事の仕組みについての研究が熱力学として出現した．

　熱に関する現象は，熱伝導，対流，沸騰など多岐にわたるが，ここでは熱と温度の定式化と，熱平衡状態での諸性質を調べる．

　多くの構成要素が互いに相互作用している自然現象を理解するためには，それらが見せる集団的振る舞いの把握が必要である．個々の運動の法則がわかっていれば，集団的振る舞いはそれらの組み合わせに過ぎないといえるかもしれないが，実際にそのような立場から研究するのは非常に困難で[†]，集団的な振る舞いを記述する物理学の方法が必要になってくる．

[†] 多体系をミクロな運動方程式から直接，コンピュータで計算してその性質を知る方法が最近開発されてきており，分子動力学と呼ばれている．

本章の内容

温度，熱とは　　熱力学の法則
エントロピーと温度
熱力学ポテンシャル
マクスウェルの関係
熱の移動　　熱力学的安定性
理想気体の性質
混合のエントロピー
実在気体と相転移
クラペイロン・クラウジウスの関係

7.1 温度, 熱とは

実際, 温度という量を考えてみよう. この量は, これまでに習った物理量, たとえば, 長さ, 時間, 重さなどで, どのように表わせばよいのだろうか. この温度という量は, これまで出てきた量と質的に異なるものであることに気づくだろう. 同じように質的に異なる新しい量として, 電磁気学で説明した電荷があり, 新しい量として電荷が導入された. その単位はクーロンであった. ここでも温度に相当する新しい量を導入すべきであろうか.

このような考察は歴史的にもなされ, 温度と関連深い熱についていろいろな考えが出された. 特に, 熱の元になる量として, **熱素**の考えがラボアジェらから出された. この考え方は, 熱の移動に関しては有効で, たとえば 20℃ の水 100g と, 35℃ の水 200g とを接触させると後者から熱が前者に移り, 全体的に 30℃ の水 300g になる. 1g の水を 1℃ 上げる熱量を 1 **カロリー** [cal] と呼ぶ. ここで移動した熱量は 1000cal である.

熱素が存在していると, このカロリーという単位は大手を振って存在できたのであるが熱は, 摩擦などで発生しうることが指摘された. ルンフォードが大砲の砲身を穿っていたとき, 熱が発生することを発見した. 物を擦ると熱が出ることは誰もが知っているが, それが熱素の考え方に矛盾することを彼は指摘したのである.

熱は仕事によって発生することがわかったため, その変換性をジュールが確かめた. 彼は, 図 7.1 のように, 重りが下に下りる際にする仕事 Mgh と,

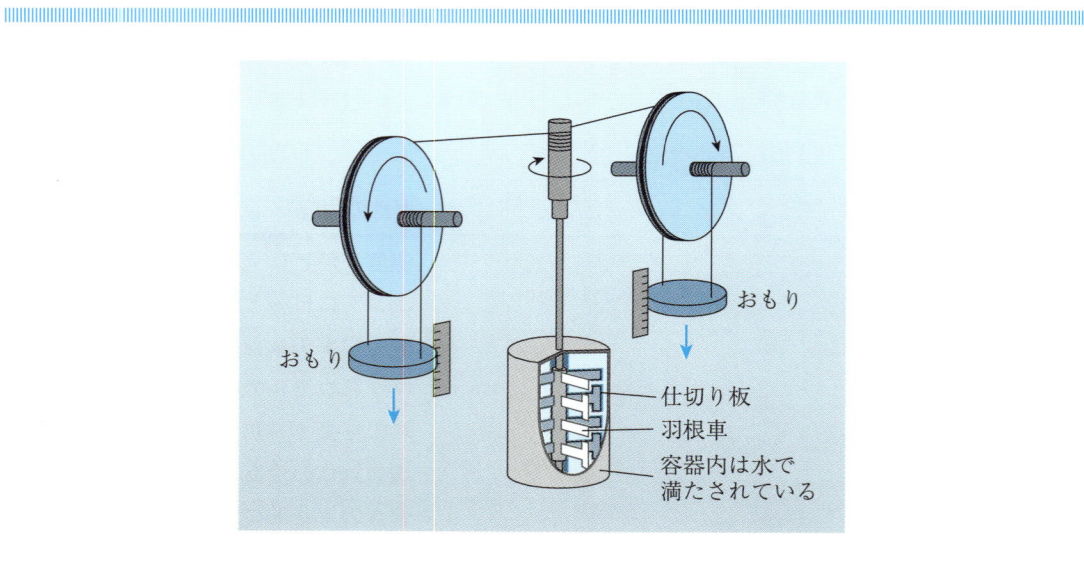

図 7.1 ジュールの実験装置

それによって水中のプロペラが回わされその際の摩擦による水の温度の上昇を比べて，仕事と熱量の関係(**熱の仕事当量**)

$$1\text{cal} = 4.18605\text{J} \tag{7.1}$$

を見出した．これにより熱の本性は力学的エネルギーと同じものであることを定量化された．熱の正体は巨視的には見えない分子の運動である(図 7.2)．しかし，熱力学は，そのような原子論的な見方にはよらず巨視的に把握できる量だけの議論で構築される．それは原子の存在が認知されるまえに熱力学が作られたからである．

7.2 熱力学の法則

7.2.1 熱力学第 0 法則

熱力学を定式化するために，**熱平衡状態**という自発的には変化しない巨視的な状態を考える．そのような状態が存在するというのが**熱力学第 0 法則**である．普通の一気圧，0°C の 1 リットルの酸素気体という場合，熱平衡状態を考えているといってよい．このように圧力や温度(まだ決めていないが)，体積などの巨視的な量が決まる状態が熱平衡状態である．逆に，一つの熱平衡状態を指定すると決まる量を**状態量**という．

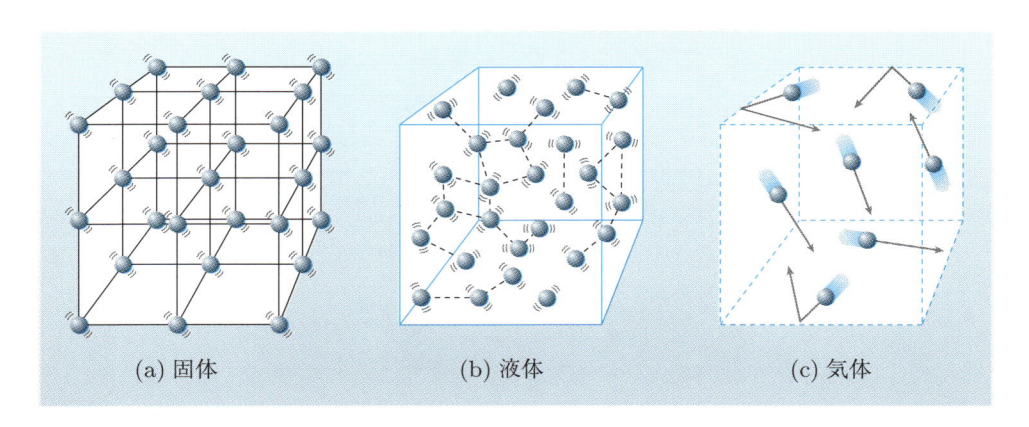

図 7.2 分子の運動：熱のミクロな原因

7.2.2　熱力学第 1 法則

ジュールの実験によって確立した熱の仕事の等価性を用いて，系の内部の全エネルギーを U (**内部エネルギー**) とし，その変化を仕事による変化分 ΔW と熱による変化分 ΔQ の和として

$$dU = \Delta W + \Delta Q \tag{7.2}$$

と表わすエネルギー保存の関係が**熱力学第 1 法則**である．たとえば系を高く持ち上げると位置のエネルギーが増える．それによる U の変化が仕事 ΔW であり，系が温められるときに吸収する熱による U の変化が ΔQ である．

変化分を表わすのに，d と Δ を使い分けている理由を説明しよう．内部エネルギー U は系の全エネルギーであり，状態量である．状態量の微小変化分を全微分と呼び，d をつけることにしている．状態が元に戻ると，状態量は元に戻るので変化分はゼロとなる．

熱や仕事が状態量でないことを表わすのに簡単な熱力学サイクルを考えてみよう．熱力学では伝統的に作業物質の例としてピストンの閉じ込められた気体を用いることが多い．図 7.3 に示すピストンを考えよう．気体の圧力は外からの圧力に等しく P であり，その体積は V である．またその温度は T とする．

図 7.4 に示した A→B→C→A を具体的に説明する．まずはじめに系は圧力 P_A，体積 V_A の A 点にある．次に体積一定で外から温められて圧力が上がり，圧力 P_B の B 点に移る．そしてピストンを少しずつゆるめ徐々に圧力

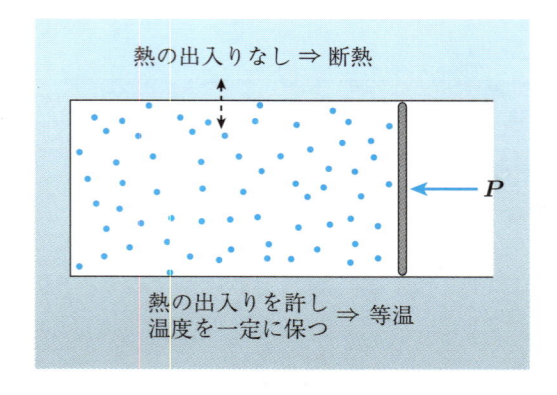

図 7.3　ピストン

を下げると気体は膨張し圧力 P_A，体積 V_C の C 点まで移動する．最後に圧力一定に保ちながら系を冷やすと，状態は A 点に戻る．このような状態図の中での閉じた過程はサイクルと呼ばれる．B→C の過程で気体は外界に

$$\Delta W_{BC} = \int_B^C P(V) dV \tag{7.3}$$

の仕事をする．C→A の過程で気体は外界に

$$\Delta W_{CA} = \int_C^A P_A dV = P_A(V_A - V_C) \tag{7.4}$$

の仕事をする ($\Delta W_{CA} < 0$)．つまり，$|\Delta W_{CA}|$ の仕事をされる．これらによってこのサイクル一周で系が外界にした仕事は，

$$\Delta W = \Delta W_{BC} - |\Delta W_{CA}| \tag{7.5}$$

である．その量は図の線で囲まれた部分の面積で与えられ，サイクル一周で系が外界にした仕事は 0 ではないことがわかる．つまり，系は外界に仕事をしているのである．それに対し，状態量である内部エネルギーは，状態が元に戻ったのであるからサイクル全体での変化量の総量は 0 である．

$$\oint dU = 0 \tag{7.6}$$

仕事と内部エネルギーの差は，熱のやり取りで補われている．

$$\oint \Delta Q = -\oint \Delta W \neq 0 \tag{7.7}$$

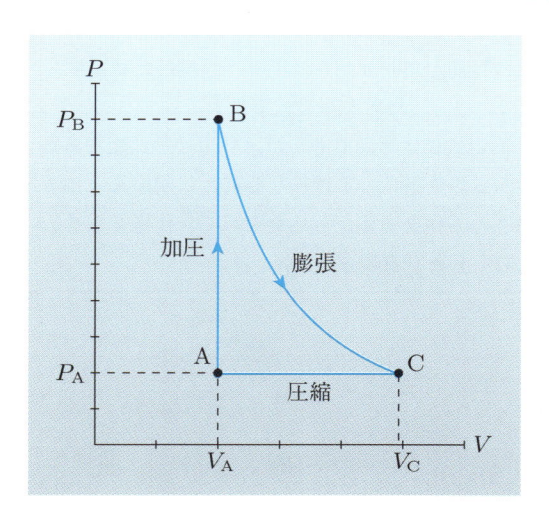

図 7.4 加圧・膨張サイクル

である．ここで注意しなくてはならないのは，dP, dV は全微分で

$$\oint dV = \oint dP = 0 \tag{7.8}$$

であるが，仕事 PdV は全微分ではなく

$$\oint PdV = \Delta' W \neq 0 \tag{7.9}$$

となることである．このように，熱や仕事のそれぞれの量は保存しないので，変化分を表わすのに d を用いず (7.2) のように表わされるのである．このような量の変化分は Δ あるいは $d̄$ で表わす．

7.2.3　熱力学第 2 法則

　熱現象における普遍的な事実として，熱は自発的に高温部から低温部へ流れる．これは一方的な流れで，流れた熱は自発的には元に戻らない．つまり，不可逆である[†]．これを熱の原理的性質として認め，熱力学の第 2 法則とする．

[†] ここで高温部や低温部といっているが，まだ温度が定義されていないので熱が流れ出す方を高温部とする．

7.3　エントロピーと温度

　第 2 法則を用いると熱の流れ出す方が高温部として温度の大小関係を一意的につけられる．ただし，二つ以上の系があるとき，どの二つをとっても大小関係が矛盾なくついていることが必要である．そこで，定量的に温度を定義することを考えてみよう．そのためには，温度が異なる系の間で一意的に決まる定量的関係が必要となる．そのようなものとして可逆サイクルが取り

【熱力学第 2 法則】

　熱力学の第 2 法則は「熱の移動が高温部から低温部へ自発的に移動する．その際，外界に対して巨視的に何の変化ももたらさない場合，外界からの仕事による操作なしに元に戻すことはできない」(クラウジウスの原理)，また，内容的には等価であるが，「仕事が熱に変わる現象はそれ以外に何の変化ももたらさない場合も，外界からの仕事による操作なしに元に戻すことはできない」(トムソンの原理) と表現される．さらに，「温度の一様な物体から熱を集めて，仕事をさせることは，外界からの仕事による操作なしには不可能である」とも表現される．

上げられる.

7.3.1 可逆サイクル

温度を矛盾なく定義するために，**カルノーサイクル**という可逆サイクルが用いられる．カルノーサイクルは，図 7.5 のように等温過程と断熱過程からなるものでどの過程でも熱を無駄に流さない仕組みになっている．ここで，「熱を無駄に流す」というのは温度差があるときそれを利用して仕事をすることができるのに，仕事をさせずに，熱の移動を許すことである．この熱の無駄な移動は，熱力学の第 2 法則が許すところである．しかし，もし熱が無駄に流れてしまうとその熱を元に戻すことは，低温部から高温部への熱の流れを起こすことが必要になり，熱力学第 2 法則によって禁止されている．そのため，熱の無駄な移動を含む過程を逆にたどることはできない．元に戻すためにはなんらかの外からの仕事が必要になる．それに対し，熱の無駄な移動が含まれない過程では過程を逆にたどることができる．このような場合，過程は**可逆**であるという．カルノーサイクルを考えると，**等温過程**では温度差がなく，熱の無駄な流れはない[†]．また，**断熱過程**ではそもそも熱の出入りがない．

[†] 温度差がないのにどうしてピストンがある方向に動くのか疑問であるが，実際には非常にゆっくり系を動かす極限で温度は一定とみなせる．

サイクルでのエネルギーの収支を考えてみよう．過程 AB で高熱源から得た熱 ΔQ_1 と過程 CD で低熱源へ放出した熱 ΔQ_3 の差が，過程 BC で外へした仕事 ΔW_2 と，過程 DA で外からされた仕事 ΔW_4 と一致している．つまり，1 サイクルで高熱源から得た熱 ΔQ_1 の内，$\Delta W_2 - \Delta W_4$ が仕事とし

【カルノーサイクル】

図 7.4 のカルノーサイクルを右回り (ABCD) に一周まわすと，過程 AB でこの系は外から熱を等温で取り入れ膨張する．そして，過程 BC で断熱的にさらに膨張する．このとき，外に仕事をするので内部エネルギーは減る．温度がどう変わるかはまだ決めていないが，内部エネルギーの増減は，熱の出入りと同じことなので温度の増減と対応する．つまりこの過程で温度は低くなる．そして，過程 CD では等温的に圧縮され，低熱源に熱を放出する．最後に，過程 DA で断熱的に圧縮され，外からの仕事で内部エネルギーが増大し，元の温度に戻る．

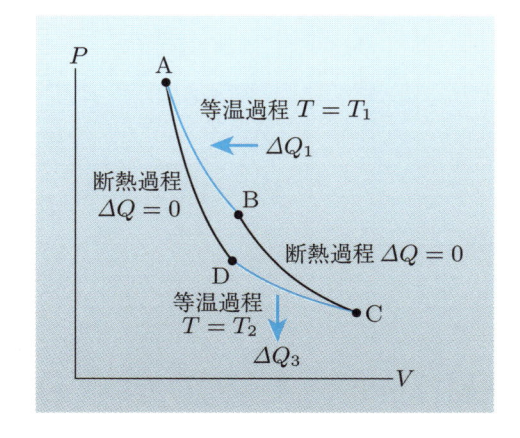

図 7.5 カルノーサイクル

て取り出せたことになる．

$$\Delta W_2 - \Delta W_4 = \Delta Q_1 - \Delta Q_3 \tag{7.10}$$

ここで，**サイクルの仕事効率** η を

$$\eta = \frac{\Delta W_2 - \Delta W_4}{\Delta Q_1} \tag{7.11}$$

として定義しよう．

　カルノーサイクルは逆回しが可能なので，外から $\Delta W_2 - \Delta W_4$ の仕事をすると，低温部から高温部へ，熱をくみ上げることができる．もし，系を単に低温部に接して ΔQ_1 の熱を無駄流ししてしまうとその熱の移動によって外部にした仕事はなく，仕事効率は 0 である．

　次に，他のサイクルを考え，そのサイクルにおいて高熱源から ΔQ の熱を得て，外部に ΔW の仕事をしたとする．もし，このサイクルの効率 η' がカルノーサイクルの効率よりよかったとすると，

$$\Delta W' = \eta' \Delta Q > \eta \Delta Q_1 = \Delta W_2 - \Delta W_4 \tag{7.12}$$

である．ここで得られた仕事 $\Delta W'$ を用いて，カルノーサイクルを逆回しすると，高熱源へ戻す熱は ΔQ より大きくなる．もしこのようなことが起こると，考えているサイクルと逆回しに用いたカルノーサイクルの合成系によって，低熱源から高熱源へ熱が外からの仕事なしに流れたことになり熱力学の第 2 法則に矛盾する．

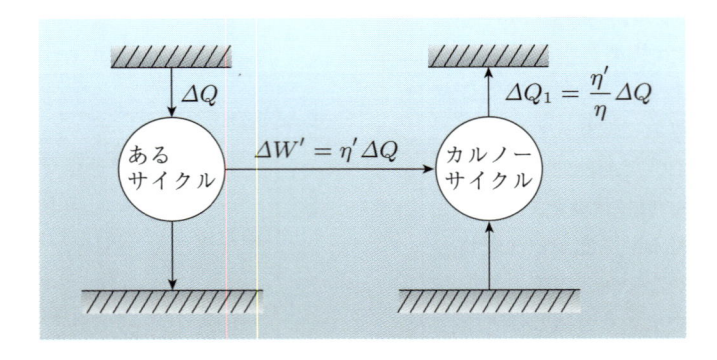

図 7.6　仕事の効率

7.3 エントロピーと温度

そこで，どんなサイクルの効率もカルノーサイクルの効率を越えないこと，つまり**カルノーサイクルの効率が最大**であることが結論できる．つまり，カルノーサイクルの効率は二つの熱源を決めれば一意的に決まる量であることがわかる．このカルノーサイクルの効率を利用して**温度**を一意的に決めることができる[†]．

具体的には熱力学温度として

$$1 - \eta(T_1, T_2) = \frac{T_2}{T_1}, \quad (T_1 > T_2) \tag{7.13}$$

と温度が定義される．この右辺は T_2/T_1 の代わりに e^{T_2/T_1} などでもよいがその関数形によって，温度計の目盛のつけ方が変わってくる．(7.13) の形を選び，水の三重点を 273.16 としたのが，**絶対温度**と呼ばれるものであり，K または °K を単位とする．この量は上記での導入をみてもわかるように，比の形で導入されており，単位は不明である．そこで温度は無次元とする．通常我々が用いている温度は，絶対温度の 273.15°K を 0°C とした摂氏温度である．

$$t°C = (T - 273.15)K \tag{7.14}$$

この温度の定義を用いるとカルノーサイクルの効率は

$$\eta(T_1, T_2) \equiv \frac{\Delta W}{\Delta Q_1} = \frac{T_1 - T_2}{T_1} \tag{7.15}$$

と表わせる．熱源の温度が近いと熱機関の効率が悪くなることがわかる．

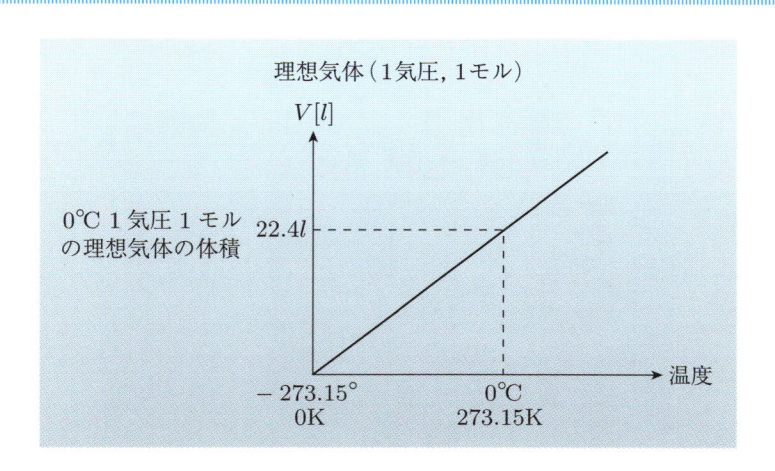

[†] 詳しくは拙著「熱力学の基礎」(サイエンス社, 1995 年) を参照.

図 7.7 °C と K

7.3.2 エントロピー

さて，ここであらためて，サイクル一周での熱の出入りを調べてみよう．上で説明したように，内部エネルギーは状態量でサイクル一周にわたっての変化の総量は 0 であるのに対し，仕事の総量は

$$\oint \Delta W = W_2 - W_4 \tag{7.16}$$

また，熱の総量は

$$\oint \Delta Q = Q_1 - Q_3 \tag{7.17}$$

であり，ゼロにならない．仕事の部分は

$$\Delta W = -PdV \tag{7.18}$$

と状態量を用いて表わせた．

熱の部分に関しても同様に状態量を用いて表わせないであろうか．温度の定義 (7.13) を思い出し，さらに熱効率の定義

$$\frac{T_2}{T_1} = 1 - \eta = 1 - \frac{Q_1 - Q_2}{Q_1} = \frac{Q_2}{Q_1} \tag{7.19}$$

から

$$\frac{Q_1}{T_1} = \frac{Q_2}{T_2} \tag{7.20}$$

であることがわかるので，熱を温度で割った量 $\frac{\Delta Q}{T}$ の変化量を考えると

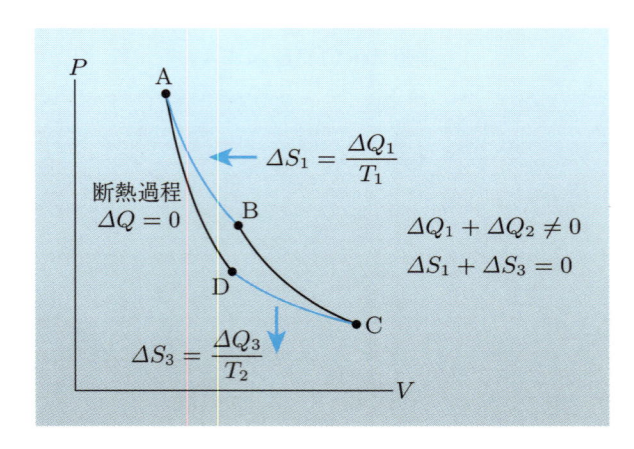

図 7.8 カルノーサイクルでの熱の出入とエントロピー

7.3 エントロピーと温度

$$\oint \frac{\Delta Q}{T} = \frac{Q_1}{T_1} - \frac{Q_2}{T_2} = 0 \tag{7.21}$$

つまり，

$$\oint \frac{dQ}{T} = 0 \tag{7.22}$$

であることがわかる．ここでは単一のカルノーサイクル (図 7.5) で考えたが，任意のサイクルも小さなカルノーサイクルの和で表わせるので一般のサイクルにおいても (7.22) は成立する．このことから，熱の移動を温度で割った量は状態量になることがわかる．そこで

$$dS = \frac{\Delta Q}{T} \tag{7.23}$$

として，新しい状態量 S を導入する．この S が**エントロピー**である．

7.3.3 熱力学の基礎方程式

(7.18) によって，内部エネルギーの変化は

$$dU = TdS - PdV \tag{7.24}$$

と表わされる．

さらに，通常，粒子数 N の変化に対する内部エネルギーの変化も考慮に入れ，粒子数が dN 変化するときの内部エネルギーの変化を μdN とする．ここで μ は**化学ポテンシャル**と呼ばれる外界から粒子を押し込もうとする粒子に

【状態方程式】

内部エネルギーを (7.25) のように表わすとき，S, V, N が自由に変化させることができる変数で**独立変数**と呼ばれる．温度や圧力，化学ポテンシャルは独立変数を変化させたときの内部エネルギーの変化分として与えられる．

$$\begin{aligned} T &= T(S, V, N) \equiv \left(\frac{\partial U}{\partial S}\right)_{VN} \\ P &= P(S, V, N) \equiv -\left(\frac{\partial U}{\partial V}\right)_{SN} \\ \mu &= \mu(S, V, N) \equiv \left(\frac{\partial U}{\partial N}\right)_{SV} \end{aligned} \quad \text{①}$$

これらがどのような関数であるかは具体的な系によって変わる．このような各系の固有性質を表わす関係を**状態方程式**という．ここで，$(S, T), (V, P), (N, \mu)$ はそれぞれセットの変数であり，互いに共役な変数と呼ばれる．

対する圧力のようなものである．この項も含めて，内部エネルギーの変化は

$$dU = TdS - PdV + \mu dN \tag{7.25}$$

と書かれる．すべての熱力学的関係はこの式から導かれる．その意味でこの式は熱力学の基礎方程式であるといってよいであろう．

7.4 熱力学ポテンシャル

ここまで，エントロピー (熱)，体積，粒子数を独立変数に考えてきたが，状況によってはエントロピーの代わりに温度を指定したい場合や，体積に代わりに圧力，粒子数の代わりに化学ポテンシャルをしたい場合もある．たとえば，エントロピーの代わりに温度を指定したい場合には，(7.1) の

$$T = T(S, V, N) \tag{7.26}$$

を S について解き，

$$S = S(T, V, N) \tag{7.27}$$

とする．ここで S は T, V, N の関数であり，その変化は

$$dS = \left(\frac{\partial S}{\partial T}\right)_{V,N} dT + \left(\frac{\partial S}{\partial V}\right)_{T,N} dV + \left(\frac{\partial S}{\partial N}\right)_{T,V} dN \tag{7.28}$$

と表わせる．このときたとえば，温度，体積，粒子数を独立変数にした場合，内部エネルギー変化は，(7.28) を (7.25) に代入し

【偏微分の性質】

熱力学では複数個の変数を用いるので，ある独立変数での微分の際に他の独立変数を固定する．このような操作は偏微分と呼ばれ，d の代わりに ∂ を用いる．また添え字は固定された独立変数を表わす．偏微分に関するいくつかの性質をあげておこう．

x, t が独立変数 y, z の関数であるとする．つまり独立変数を y, z とする．

$$x = x(y, z) \quad t = t(y, z) \qquad ①$$

これは，

$$dx = \left(\frac{\partial x}{\partial y}\right)_z dy + \left(\frac{\partial x}{\partial z}\right)_y dz$$
$$dt = \left(\frac{\partial t}{\partial y}\right)_z dy + \left(\frac{\partial t}{\partial z}\right)_y dz \qquad ②$$

であることを意味している．ここで，z の代りに t を独立変数とみなすと，x, z は

$$x = x(t, y), \quad z = z(y, t) \qquad ③$$

となる．これらの変数変換における，偏微分が互いにどのような関係にあるか調べておこう．

7.4 熱力学ポテンシャル

$$dU = T\left(\frac{\partial S}{\partial T}\right)_{V,N}dT + \left(T\left(\frac{\partial S}{\partial V}\right)_{T,N} - P\right)dV + \left(T\left(\frac{\partial S}{\partial N}\right)_{T,V} + \mu\right)dN \tag{7.29}$$

である．

独立変数を変換したとき，それぞれの独立変数の組に対して熱力学ポテンシャルと呼ばれる量が存在する．熱力学ポテンシャルを独立変数で微分すると，それに共役な量が出てくる．たとえば，(7.25) で表わされる内部エネルギーは，S, V, P を独立変数に選んだ場合の熱力学ポテンシャルである．(7.29) で表わされる内部エネルギーを温度で微分してもエントロピーは出てこない．つまり内部エネルギーは温度，体積，粒子数を独立変数にした場合，熱力学ポテンシャルとしては適当なものではない．それぞれの独立変数での熱力学ポテンシャルを作るには**ルジャンドル変換**と呼ばれる変換を行う．

たとえば，エントロピーの代わりに温度を独立変数にしたい場合は

$$dU - d(TS) = TdS - PdV + \mu dN - TdS - SdT = -SdT - PdV + \mu dN \tag{7.30}$$

を考える．この $U - TS$ の組み合わせは**ヘルムホルツの自由エネルギー**と呼ばれ F と書かれる．

$$F = U - TS, \quad dF(T, V, N) = -SdT - PdV + \mu dN \tag{7.31}$$

また，体積の代わりに圧力を独立変数にする場合，熱力学ポテンシャルは**ギブスの自由エネルギー**

他の変数を固定し，一つの変数だけ考える場合には，普通の微分 (常微分) と同じであるので

$$\left(\frac{\partial x}{\partial y}\right)_z = \frac{1}{\left(\frac{\partial y}{\partial x}\right)_z} \quad ④$$

である．また，

$$\left(\frac{\partial x}{\partial t}\right)_z \left(\frac{\partial t}{\partial y}\right)_z = \left(\frac{\partial x}{\partial y}\right)_z \quad ⑤$$

も成立する．

また，独立変数の変換するためには

$$dx = \left(\frac{\partial x}{\partial y}\right)_t dy + \left(\frac{\partial x}{\partial t}\right)_y dt \quad ⑥$$

と表わし，② の第 2 式を ⑥ に代入すると

$$dx = \left(\frac{\partial x}{\partial y}\right)_t dy + \left(\frac{\partial x}{\partial t}\right)_y \left[\left(\frac{\partial t}{\partial y}\right)_z dy + \left(\frac{\partial t}{\partial z}\right)_y dz\right]$$

である．独立変数を S, P, N にした場合はエンタルピー H

$$H = U + PV, \quad dH(S,P,N) = TdS + VdP + \mu dN \quad (7.33)$$

が熱力学ポテンシャルである．ただし，ギブス，デュエムの関係と呼ばれる．

$$U - TS + PV - \mu N = 0 \quad (7.34)$$

の関係があり，

$$0 = -SdT + VdP + Nd\mu \quad (7.35)$$

つまり，T, P, μ は独立に変化できないことがわかる．

7.5 マクスウェルの関係

熱力学では状態量は相転移点などを除いて独立変数の解析関数であり，その変化分が全微分であることから，一般の解析関数の偏微分に関する性質であるコーシー・リーマンの関係

$$\frac{\partial^2 f(x,y)}{\partial x \partial y} = \frac{\partial^2 f(x,y)}{\partial y \partial x} \quad (7.36)$$

が成り立つ．この関係をそれぞれの熱力学的ポテンシャルに適用すると，いくつかの恒等式が得られる．それらの関係は**マクスウェルの関係**と呼ばれる．

となる．ここで z 一定，つまり $dz = 0$ として全体を dy で割ると

$$\left(\frac{\partial x}{\partial y}\right)_z = \left(\frac{\partial x}{\partial y}\right)_t + \left(\frac{\partial x}{\partial t}\right)_y \left(\frac{\partial t}{\partial y}\right)_z \quad ⑦$$

が得られる．

さらに，②の第一式で $dx = 0$ のもとで全体を dz で割ると，

$$\left(\frac{\partial x}{\partial y}\right)_z \left(\frac{\partial y}{\partial z}\right)_x + \left(\frac{\partial x}{\partial z}\right)_y = 0 \quad ⑧$$

が得られる．これは，

$$\left(\frac{\partial x}{\partial y}\right)_z \left(\frac{\partial y}{\partial z}\right)_x \left(\frac{\partial z}{\partial x}\right)_y = -1 \quad ⑨$$

とも書ける．

たとえば，ヘルムホルツの自由エネルギーを温度，圧力で微分すると

$$\frac{\partial^2 F(T,V,N)}{\partial T \partial V} = \frac{\partial}{\partial T}\frac{\partial F(T,V,N)}{\partial V} = -\frac{\partial P}{\partial T}$$
$$\frac{\partial^2 F(T,V,N)}{\partial V \partial T} = \frac{\partial}{\partial V}\frac{\partial F(T,V,N)}{\partial T} = -\frac{\partial S}{\partial V}$$
(7.37)

であり，

$$\left(\frac{\partial P}{\partial T}\right)_V = \left(\frac{\partial S}{\partial V}\right)_T \tag{7.38}$$

が得られる．これは，圧力の温度依存性とエントロピーの体積依存性は等しいことが，恒等的に成り立っていることを示している．同様にして多くの関係が得られる．

7.6 熱の移動

仕事と熱の変換率はジュールによって明らかになった．エネルギーの保存則から仕事と熱の合計は常に一定で，何も無いところから仕事を取り出すような第一種の永久機関は熱力学の第 1 法則で禁止されている．また熱を仕事に変える場合の効率はカルノーサイクルの効率が上限であり熱を 100%仕事に変えることはできない，つまり，熱から仕事への変換は必ず 100%以下であることもわかった．

ここで，仕事によって熱の出し入れをする場合に適用してみよう．電熱で部屋を暖める場合，用いた仕事は 100%熱に変わり，電気が 100J の仕事をす

【マクスウェルの関係】

マクスウェルの関係は一般に任意の共役な組を $(X,x),(Y,y)$ に対し，

$$\left(\frac{\partial X}{\partial Y}\right)_x = (\pm)\left(\frac{\partial y}{\partial x}\right)_Y$$

の形をしている．つまり，互いに対角の位置に共役な変数が入る．符号 $(\pm)$ に関しては，Y と x を独立変数とする熱力学的ポテンシャルにおいて Xdx と ydY の項の符号が同じならば＋，異なればーを付ける．(7.38) の例では，$Y=T, x=V$ なのでヘルムホルツの自由エネルギー $F = -SdT - PdV$ を考え，両項の符号とも負であるから ＋ をとっている．

ると 100J の熱が発生する．それに対し，熱の移動を利用するとはるかに多くの熱を持ってくることができる．今，部屋の外が 17°C で部屋の温度が 27°C として，部屋の外から 100J の熱を運び込むのに必要な仕事 ΔW を計算してみよう．

可逆サイクルを用いた場合，(7.15) を用いると

$$\frac{\Delta W}{100\text{J}} = 1 - \frac{T_2}{T_1} = 1 - \frac{273+17}{273+27} = \frac{10}{300} \tag{7.39}$$

より

$$\Delta W = \frac{1000}{300}\text{J} \simeq 3.3\text{J} \tag{7.40}$$

であり，電熱で発生する熱量に比べて非常に小さい．部屋を暖めるには，仕事を熱に変える電熱より，仕事で熱の移動をさせるエアコンの方がはるかに効率が良いのである．部屋の得る熱は仕事の 100% を越すが，エネルギー保存則には反していないことに注意しよう．

クーラーの原理も同様に (7.15) である．部屋の外の温度が 33°C で部屋の温度が 27°C として，部屋の中から 100J の熱を運び出すのに必要な仕事 ΔW は

$$\frac{\Delta W}{\Delta W + 100\text{J}} = 1 - \frac{273+27}{273+33} = \frac{6}{306} \tag{7.41}$$

より

$$\Delta W = 2\text{J} \tag{7.42}$$

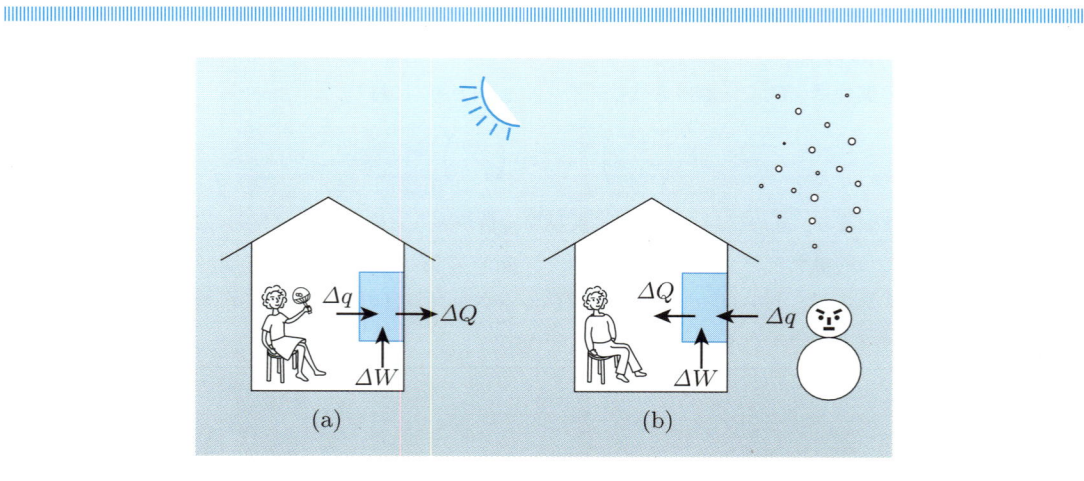

図 7.9 エアコン (a) クーラー，(b) ヒートポンプ

であり，移動する熱量に比べて非常に小さい．

7.7 熱力学的安定性

熱力学第 2 法則によって熱は高温部から低温部に自発的に流れる．このことは，熱の移動が許されたとき温度差がある状態は不安定であり，新しい平衡状態に向かって不可逆に変化することを意味している．不可逆な変化では必ず，熱は温度差がある状態で流れる，あるいはそれと実質的に同じことが起こっているので，その際のエントロピーの変化を調べてみよう．高温部の温度を T_1，低温部の温度を T_2 とし，流れた熱を ΔQ とすると，高温部でのエントロピーは

$$\Delta S_1 = \frac{\Delta Q}{T_1} \tag{7.43}$$

減り，低温部では

$$\Delta S_2 = \frac{\Delta Q}{T_2} \tag{7.44}$$

増える．全系でのエントロピーは

$$\Delta S = -\Delta S_1 + \Delta S_2 = \Delta Q \left(-\frac{1}{T_1} + \frac{1}{T_2}\right) > 0 \tag{7.45}$$

だけ増える．つまり，孤立系での不可逆な変化では必ずエントロピーが増大する．そしてエントロピーが最大の状態が熱平衡状態である．そのためには，任意の変化に対して

【二つの系 A, B の平衡の条件】

二つの系はそれら以外の系からは孤立しているとする．系 A でのエネルギー，体積，粒子数の仮想的な変化をそれぞれ $\delta U, \delta V, \delta N$ とした．このときのエントロピー変化は

$$\delta S_\mathrm{A} = \left(\frac{\partial S_\mathrm{A}}{\partial U}\right)_{V,N} \delta U + \left(\frac{\partial S_\mathrm{A}}{\partial V}\right)_{U,N} \delta V + \left(\frac{\partial S_\mathrm{A}}{\partial N}\right)_{U,V} \delta N \quad ①$$

$$\delta S_\mathrm{B} = -\left(\frac{\partial S_\mathrm{B}}{\partial U}\right)_{V,N} \delta U - \left(\frac{\partial S_\mathrm{B}}{\partial V}\right)_{U,N} \delta V - \left(\frac{\partial S_\mathrm{B}}{\partial N}\right)_{U,V} \delta N \quad ②$$

である．系 A の温度，圧力，化学ポテンシャルを $T_\mathrm{A}, P_\mathrm{A}, \mu_\mathrm{A}$，系 B の温度，圧力，化学ポテンシャルを $T_\mathrm{B}, P_\mathrm{B}, \mu_\mathrm{B}$ とすると，

$$\left(\frac{\partial S}{\partial E}\right) = \frac{1}{T}, \quad \left(\frac{\partial S}{\partial V}\right) = \frac{P}{T}, \quad \left(\frac{\partial S}{\partial N}\right) = -\frac{\mu}{T} \quad ③$$

より全系のエントロピーの変化は

$$\delta S = \delta S_\mathrm{A} + \delta S_\mathrm{B} = \left(\frac{1}{T_\mathrm{A}} - \frac{1}{T_\mathrm{B}}\right) \delta E + \left(\frac{P_\mathrm{A}}{T_\mathrm{A}} - \frac{P_\mathrm{B}}{T_\mathrm{B}}\right) \delta V - \left(\frac{\mu_\mathrm{A}}{T_\mathrm{A}} - \frac{\mu_\mathrm{B}}{T_\mathrm{B}}\right) \delta N \quad ④$$

となる．熱平衡の条件は $\delta S = 0$ で与えられる．つまり $T_\mathrm{A} = T_\mathrm{B}$，さらに $\delta V \neq 0$ のときは $P_\mathrm{A} = P_\mathrm{B}$，$\delta N \neq 0$ のときは $\mu_\mathrm{A} = \mu_\mathrm{B}$ である．

$$\delta S = 0, \quad \delta^2 S < 0 \tag{7.46}$$

でなくてはならない．

7.8 理想気体の性質

熱力学の具体的な系への応用の例として，理想気体の熱力学的諸性質を以降の節で調べる．そのためには理想気体の状態方程式が必要である．

理想気体の状態方程式は，ボイル・シャルルの法則

$$PV = nRT \tag{7.47}$$

と

$$U = \frac{3}{2}RT \tag{7.48}$$

である．ここで，n は気体のモル (mol) 数，R は気体定数である．

$$\begin{aligned} 1\text{mol} &= 6.0221367 \times 10^{23} \\ R &= 8.314510 \text{J/K}\cdot\text{mol} \end{aligned} \tag{7.49}$$

(7.48) の係数 3/2 は気体分子の構造によって変わるが，構造のない分子 (単原子分子) の場合に 3/2 である．

【エネルギー方程式】

194 ページの ⑧ において $x = U, y = V, z = T, t = S$ とすると

$$\left(\frac{\partial U}{\partial V}\right)_T = \left(\frac{\partial U}{\partial V}\right)_S + \left(\frac{\partial U}{\partial S}\right)_V \left(\frac{\partial S}{\partial V}\right)_T \quad ①$$

が得られる．ここで，$dU = TdS - PdV$ より

$$\left(\frac{\partial U}{\partial V}\right)_S = -P, \quad \left(\frac{\partial U}{\partial S}\right)_V = T \quad ②$$

を用い，さらにマクスウエルの関係

$$\left(\frac{\partial P}{\partial T}\right)_V = \left(\frac{\partial S}{\partial V}\right)_T \quad ③$$

によって，恒等式

$$\left(\frac{\partial U}{\partial V}\right)_T = -P + T\left(\frac{\partial P}{\partial T}\right)_V \quad ④$$

が得られる．この熱力学の恒等式は**エネルギー方程式**と呼ばれる．

7.8.1 定積熱容量と定圧熱容量

物体の温度を $1°K$ 上げるのに必要な熱量 (内部エネルギー) を**熱容量**という．この量 C はエントロピーによって

$$C = \frac{\partial Q}{\partial T} = T\frac{\partial S}{\partial T} \tag{7.50}$$

と表わされる．

理想気体の熱容量として，体積を一定にしたときの定積熱容量 C_V と，圧力を一定にしたときの定圧熱容量 C_P がある．ここでは 1 モル当たりの量を考える．同じ熱量を吸収したとき，定圧の場合は体積が膨張し，外に仕事をする．そのため，温度の上昇は小さくなる．

定積熱容量 C_V は，$dV = 0$ より

$$dU = TdS - PdV = TdS \tag{7.51}$$

であり，両辺を dT で割れば

$$T\left(\frac{\partial S}{\partial T}\right)_V = \left(\frac{\partial U}{\partial T}\right)_V \tag{7.52}$$

となる．これより C_V は内部エネルギーの温度変化であることがわかる．また，定積熱容量 C_P は理想気体の場合，

$$C_P - C_V = R \tag{7.53}$$

となる．この関係は**マイヤー (Mayer) の関係**と呼ばれる．

【理想気体のジュールの法則】

前ページの ④ に理想気体の状態方程式 $PV = nRT$ を代入すると

$$\left(\frac{\partial U}{\partial V}\right)_T = 0 \qquad\qquad ①$$

となる．つまり，理想気体が等温で体積を変えても内部エネルギーは変わらないことがわかる．普通，ジュールの法則というと，電流のする仕事に関する関係 (5.96) を意味するが，この関係は**理想気体のジュールの法則**と呼ばれる．

この関係は温度が一定であれば体積に依らず内部エネルギーが一定であることを示している．つまり等温での体積変化では内部エネルギーは変化していない．体積が膨張するのに必要なエネルギーだけ外部から熱を吸入しているのである．

7.8.2 体積変化

カルノーサイクルのところでも見たように，気体の体積変化の際に何を一定にしているかで，いろいろなタイプが考えられる．理想気体における体積と圧力の関係

$$\left(\frac{\partial P}{\partial V}\right) \tag{7.54}$$

をいろいろな場合に調べてみよう．

● 等温膨張

温度を一定にした等温膨張 (等温過程) は，ボイルの法則，つまり理想気体の状態方程式そのものであり，

$$P = \frac{nRT}{V} \tag{7.55}$$

より，

$$\left(\frac{\partial P}{\partial V}\right)_T = -\frac{nRT}{V^2} = -\frac{P}{V} \tag{7.56}$$

である．

● 断熱膨張

熱の出入りを遮断した過程はエントロピーを一定にした過程として扱う (等エントロピー過程)．このとき

【(7.53) の導出】

194 ページ ⑧ において $x = S, y = T, z = V, t = P$ とすると

$$T\left(\frac{\partial S}{\partial T}\right)_P = T\left(\frac{\partial S}{\partial T}\right)_V + T\left(\frac{\partial S}{\partial V}\right)_T \left(\frac{\partial V}{\partial T}\right)_P \quad ①$$

であり，マクスウエルの関係

$$\left(\frac{\partial S}{\partial V}\right)_T = \left(\frac{\partial P}{\partial T}\right)_V \quad ②$$

を用いると，恒等式

$$C_P = C_V + T\left(\frac{\partial P}{\partial T}\right)_V \left(\frac{\partial V}{\partial T}\right)_P \quad ③$$

が得られる．

③ に状態方程式 $PV = nRT$ を代入すると (7.53) となる．

7.8 理想気体の性質

$$P \propto V^{-\gamma}, \quad \gamma = \frac{C_P}{C_V} \tag{7.57}$$

が得られる．この関係は**ポアソン (Poisson) の関係**と呼ばれる．

● 自由膨張

図 7.10 のように閉じ込めていた気体を壁を取り外して，真空中に膨張させる場合，その過程で外からの仕事も，熱の出入りもないので内部エネルギーが保存する．この過程は自由膨張 (等内部エネルギー過程) と呼ばれる．この過程での (7.54) を考える．偏微分の公式 (p.188 の ⑧) より

$$\left(\frac{\partial P}{\partial V}\right)_U = \left(\frac{\partial P}{\partial V}\right)_T + \left(\frac{\partial P}{\partial T}\right)_V \left(\frac{\partial T}{\partial V}\right)_U \tag{7.58}$$

である．また最後の項を

$$\left(\frac{\partial T}{\partial V}\right)_U = \left(\frac{\partial T}{\partial V}\right)_S + \left(\frac{\partial T}{\partial S}\right)_V \left(\frac{\partial S}{\partial V}\right)_U \tag{7.59}$$

と変形して，$dU = TdS - PdV$ より

$$\left(\frac{\partial S}{\partial V}\right)_U = \frac{P}{T} \tag{7.60}$$

であること，および偏微分の公式 (7.9) とマクスウエルの関係

$$\left(\frac{\partial S}{\partial V}\right)_T = \left(\frac{\partial P}{\partial T}\right)_V$$

例題 (7.57) を導け．

解 エントロピーを一定にすることを与えられた状態方程式で直接表現することができないので，偏微分の公式 (p.194 の ⑧) を用いて，一定にする変数を変更する．

$$\left(\frac{\partial P}{\partial V}\right)_S = \left(\frac{\partial P}{\partial V}\right)_T + \left(\frac{\partial P}{\partial T}\right)_V \left(\frac{\partial T}{\partial V}\right)_S \quad ①$$

ここで $PV = nRT$ より

$$\left(\frac{\partial P}{\partial V}\right)_T = -\frac{P}{V}, \quad \left(\frac{\partial P}{\partial T}\right)_T = \frac{nR}{T} \quad ②$$

の関係を代入し，さらに偏微分の公式 p.194 の ⑨，およびマクスウエルの関係によって

$$\left(\frac{\partial T}{\partial V}\right)_S = -\left(\frac{\partial S}{\partial V}\right)_T \left(\frac{\partial T}{\partial S}\right)_V = -\frac{T}{C_V}\left(\frac{\partial P}{\partial T}\right)_V = -\frac{RT}{C_V V} \quad ③$$

である．これよりマイヤーの関係 (7.53) を用いると

$$\left(\frac{\partial P}{\partial V}\right)_S = -\frac{P}{V} + \left(\frac{nR}{V}\right)\left(-\frac{RT}{C_V V}\right) = -\frac{C_V + R}{C_V}\frac{P}{V} = -\frac{C_P}{C_V}\frac{P}{V} \quad ④$$

となる．

を用いて
$$\left(\frac{\partial T}{\partial V}\right)_S = -\left(\frac{\partial T}{\partial S}\right)_V \left(\frac{\partial S}{\partial V}\right)_T = -\frac{T}{C_V}\left(\frac{\partial P}{\partial T}\right)_V \quad (7.61)$$
となることより
$$\left(\frac{\partial T}{\partial V}\right)_U = -\frac{T}{C_V}\left(\left(\frac{\partial P}{\partial T}\right)_V + \frac{P}{T}\right) \quad (7.62)$$
である．理想気体では (7.62) は 0 となる．このことから，理想気体では
$$\left(\frac{\partial P}{\partial V}\right)_U = \left(\frac{\partial P}{\partial V}\right)_T \quad (7.63)$$
つまり，自由膨張と等温過程で同じ変化をすることがわかる．ただし，等温過程は準静的に行なえるのに対し，自由膨張は真空中への拡散（膨張）であり過程は準静的ではない．過程が準静的でなくても熱平衡状態としての始状態と終状態において内部エネルギーが同じであることから，自由膨張での変化が等内部エネルギー過程を用いて表わせるのである．自由膨張で温度が変化しないという結果は理想気体に特有なものであり (7.62)，一般の気体では必ずしも成り立たない．一般に分子間に引力がある場合，自由膨張させると温度は下がる．

● ジュール・トムソン過程

図 7.11 のように，高圧の気体を細孔栓で隔てられている低圧側へ押し出すときの変化を考える．気体が最初に細孔栓の左側にあるときの内部エネル

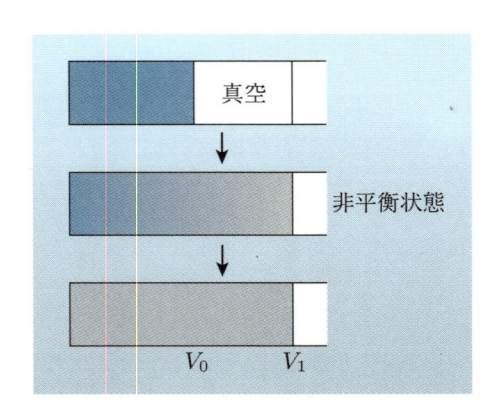

図 7.10 自由膨張

自由膨張でのエントロピーの変化も調べておこう．その大きさは
$$\Delta S = \int_{V_1}^{V_2}\left(\frac{\partial S}{\partial V}\right)_U dV = \int_{V_1}^{V_2}\frac{P}{T}dV = \int_{V_1}^{V_2}\frac{nRT}{V}dV = nRT\log\frac{V_2}{V_1} \quad ①$$
で与えられる．

7.8 理想気体の性質

ギー，体積をそれぞれ U_1, V_1 とする．この気体を圧力 P_1 で押し，体積 V_1 を押し出す過程で外力が気体に際した仕事は $P_1 V_1$ である．右側に押し出される気体は圧力 P_2 に対して体積 V_2 だけ押すので気体が外にする仕事は $P_2 V_2$ である．最終状態の内部エネルギーを U_2 とすると，

$$U_1 + P_1 V_1 - P_2 V_2 = U_2 \tag{7.64}$$

であり，これから

$$H_1 = U_1 + P_1 V_1 = U_2 + P_2 V_2 = H_2 \tag{7.65}$$

であること，つまりエンタルピーが一定であることがわかる．この過程はジュール・トムソン過程と呼ばれる．エンタルピー一定のもとで，温度の変化は一般に

$$\left(\frac{\partial T}{\partial P}\right)_H = \frac{1}{C_P}\left(T\left(\frac{\partial V}{\partial T}\right)_P - V\right) \tag{7.66}$$

と書ける．体積は $V_2 = \dfrac{RT_2}{P_2}$ で与えられる．(7.66) の量はジュール・トムソン係数と呼ばれる．理想気体の状態方程式を代入するとこれは 0 となるが，実際の気体では，正，負の両方の場合がある．押し出すことで温度が下がる場合を利用して，気体の冷却，液化を行うことができ，リンデの液化機と呼ばれている．

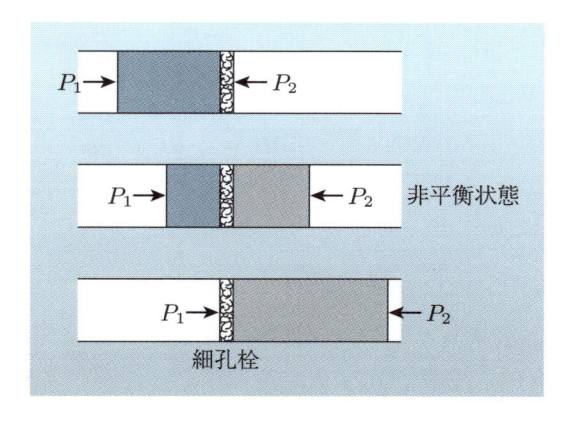

図 7.11 ジュール・トムソン過程

7.9 混合のエントロピー

二種類の理想気体を混合によるエントロピー変化を考えてみよう．混合前のそれぞれの気体のモル数を n_1, n_2 とし，体積を V_1, V_2 としよう．また，両方の圧力，温度は等しいとする．

$$\begin{cases} pV_1 = n_1 RT \\ pV_2 = n_2 RT \end{cases} \quad (7.67)$$

気体の間の相互作用を考えないと，気体の混合は図 7.12 のようにそれぞれの気体の自由膨張であるとみなせるので，エントロピー変化は自由膨張の場合のエントロピー変化 (p.202 の下の①) より，

$$\Delta S = n_1 R \ln \frac{V_1 + V_2}{V_1} + n_2 R \ln \frac{V_2 + V_2}{V_1} \quad (7.68)$$

と書ける．この混合に伴うエントロピー増加は，混合系での凝固点降下，沸点上昇，浸透圧，などの原因となっている．

7.10 実在気体と相転移

実在する気体は，理想気体ではなく互いに相互作用しており低温や高圧になると，液体に凝縮する．この現象は，**相転移**と呼ばれ化学的には同一の物体が温度によって形態を変化させる興味深い現象である．この気相・液相相転移を近似的に記述する状態方程式としてファンデアワールス状態方程式があ

例題 (7.66) を導け．
解 偏微分の公式 (p.194 の ⑨) を用いて，

$$\left(\frac{\partial T}{\partial P}\right)_H = -\left(\frac{\partial H}{\partial P}\right)_T \left(\frac{\partial T}{\partial H}\right)_P \quad ①$$

と変形し，ここでさらに $dH = TdS + VdP$ より

$$\left(\frac{\partial H}{\partial P}\right)_S = V, \quad \left(\frac{\partial H}{\partial S}\right)_V = T \quad ②$$

に注意し，さらに p.194 の ⑧ とマクスウエルの関係を用いると

$$\left(\frac{\partial H}{\partial P}\right)_T = \left(\frac{\partial H}{\partial P}\right)_S + \left(\frac{\partial H}{\partial S}\right)_P \left(\frac{\partial S}{\partial P}\right)_T = V - T\left(\frac{\partial V}{\partial T}\right)_P \quad ③$$

となる．また，$dH = TdS + VdP$ より

$$\left(\frac{\partial T}{\partial H}\right)_P = \frac{1}{T}\left(\frac{\partial T}{\partial S}\right)_P = \frac{1}{C_P} \quad ④$$

であるので (7.66) が導かれる．

7.10 実在気体と相転移

る．実在の気体では粒子間の引力が働いているため，内向きに引かれる．この効果を取り入れ実効的な圧力 P_eff は外圧 P より少し大きくなる．その効果は粒子間の相互作用は二体力であるので密度の二乗に比例する．

$$P_\text{eff} = P + a\left(\frac{N}{V}\right)^2 \tag{7.69}$$

また実効的な体積 V_eff は，粒子に大きさがあることを考慮して

$$V_\text{eff} = V - bN \tag{7.70}$$

とする．これら実効的な圧力，体積を用いると理想気体の状態方程式は

$$\left(P + a\left(\frac{N}{V}\right)^2\right)(V - bN) = Nk_\text{B}T \tag{7.71}$$

と変更される．これがファンデアワールス状態方程式である．この簡単な方程式は実際の気相・液相の状態をよく記述し，実験的にいろいろな気体における a, b の値が求められている．

臨界点の値 $P_0 = a/27b^2, V_0 = 3bN, T_0 = 8a/27Rb$ で規格化すると (7.71) は a, b によらず同じ形

$$\left(\left(\frac{P}{P_0}\right) + \frac{3}{(V/V_0)^2}\right)\left(3\frac{V}{V_0} - 1\right) = 8\frac{T}{T_0} \tag{7.72}$$

となる．異なる気体でも，規格化された変数が同じになる場合には同一の状態とみなせる．このように同一視した状態を**対応状態**と呼ぶ．

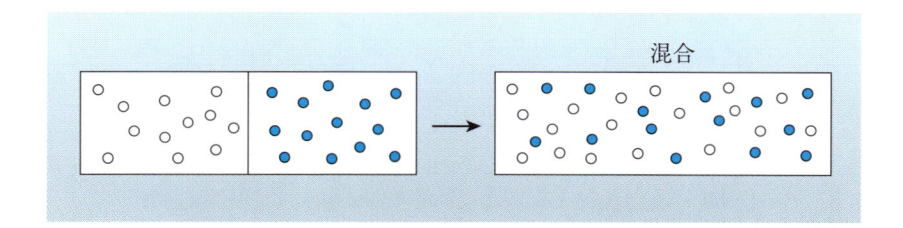

図 7.12 理想気体の混合

いろいろな温度でのPV図を図7.13に示す．温度が高い場合には，図7.13の$T_1/T_0 = 2$のようにほぼボイルシャルルの法則となる．しかし低温では図の$T_3/T_0 = 0.8$のように非単調な変化が現われる．これは，気体が液体に相転移することを示している．実際，T_3では一つの圧力に対して，三つの体積が対応している領域が現われている．中間の体積では，

$$\frac{\partial P}{\partial V} > 0 \tag{7.73}$$

つまり，体積が大きくなると圧力が増えることになっている．そのような状況では，体積が大きくなると圧力が上がりますます外に膨張しようとするため，状態が安定に存在できない．このような場合，状態が**熱力学的に不安定**という．そこで，この点を無視し，両端の二つの体積を考える．この体積が小さい方が液体状態，大きい方が気体状態に対応している．与えられた温度で，どちらの相が熱力学的により安定化は，自由エネルギーの比較で決まる．

気体と液体の状態は図7.13の横線に示すように不連続に変わる．これが沸騰における体積変化を表わしている．横線の長さが相転移点での体積変化である．温度を高くしていくと，$T_2/T_0 = 1$で体積変化がなくなる．その温度以上では体積は連続的に変わり，気体と液体の区別が無くなる．この温度を**臨界温度**と呼び，この点自身を**臨界点**という．

物質の基本的な三つの相である，固相，液相，気相を温度と圧力の関数として相図を描いたものが，物質の三相図である（図7.14）．そこで，気相液相の相転移線の端点が臨界点である．三相図で，もう一つ特徴的な点として，固

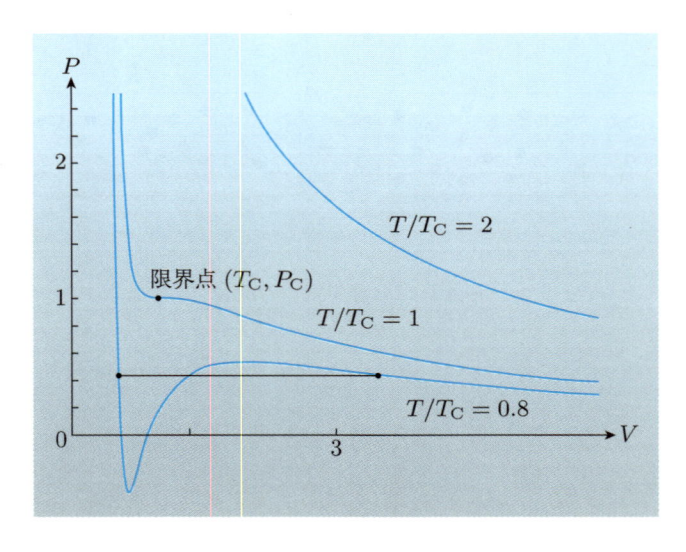

図 7.13　ファンデアワールス状態方程式

相，液相，気相が交わる点がある．この点は**三重点**と呼ばれる．

7.10.1 準 安 定

図 7.13 では自由エネルギーが等しくなる圧力で横線を引いたが，その線を越えて圧力を上げてもしばらくの間は

$$\frac{\partial P}{\partial V} < 0 \tag{7.74}$$

であり，局所的には状態が安定であるため，本当は液体の方が熱力学的平衡状態なのであるが，気体状態もしばらくは気体として存在することができる．

つまり，**過飽和状態**である．このような状態を準安定状態という．この過飽和状態は，少しのショックで液化するので放射線の検出に用いる**霧箱**で利用されている．また逆に，液体側から考えると相転移を越えて圧力を下げるとしばらく液体でいるが，少しのショックで爆発的に気化する．この現象は**突沸**という．準安定状態は $\frac{\partial P}{\partial V} = 0$ となる点で終わりになる．この準安定状態の端点を**スピノーダル点**という．この点に達したら系は速やかに状態を変える．その変化はスピノーダル分解と呼ばれる．

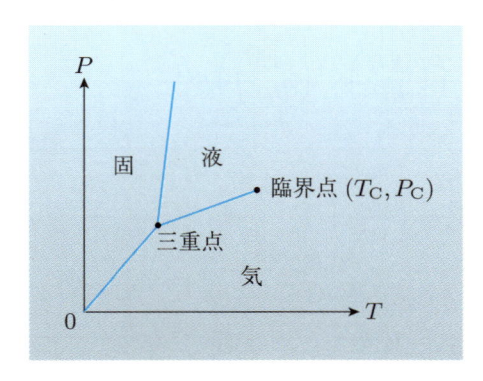

図 7.14 三相図

7.11 クラペイロン・クラウジウスの関係

気相液相間の相転移のように体積に不連続変化を伴う変化を**一次相転移**という．一次相転移点では相の変化に伴う**潜熱**が存在する．たとえば，1g の水が 1g の水蒸気になるのに 540cal 必要である．潜熱 ΔQ は，相転移におけるエントロピーのとび ΔS に関係し $\Delta Q = T\Delta S$ である．潜熱と体積のとび ΔV とはクラペイロン・クラウジウスの関係と呼ばれる関係

$$\frac{dT_C(P)}{dP} = \frac{T_C \Delta V}{\Delta Q} \tag{7.75}$$

がある．ここで，$T_C(P)$ は圧力の関数としての臨界温度である．つまり，左辺は相図上での相転移線の傾きである．

(7.75) は次のようにして導かれる．相転移線上ではギブスの自由エネルギーが等しいから，相転移線の上の 2 点 $(T, P), (T+dT, P+dP)$ で

$$\begin{aligned} G_g(T, P) &= G_l(T, P) \\ G_g(T+dT, P+dP) &= G_l(T+dT, P+dP) \end{aligned} \tag{7.76}$$

である．第二式を展開し，第一式との差を取る．

$$\left(\frac{\partial G_g}{\partial T}\right) dT + \left(\frac{\partial G_g}{\partial P}\right) dP = \left(\frac{\partial G_l}{\partial T}\right) dT + \left(\frac{\partial G_l}{\partial P}\right) dP \tag{7.77}$$

ここで下に与える関係を用いると (7.75) が得られる．

$$\left(\left(\frac{\partial G_l}{\partial T}\right) - \left(\frac{\partial G_g}{\partial T}\right)\right) dT = \left(\left(\frac{\partial G_g}{\partial P}\right) - \left(\frac{\partial G_l}{\partial P}\right)\right) dP \quad ①$$

である．ここで

$$S_l = -\left(\frac{\partial G_l}{\partial T}\right), \quad V_l = \left(\frac{\partial G_l}{\partial P}\right) \quad ②$$

に注意すると

$$(S_g - S_l) dT = (V_g - V_l) dP \quad ③$$

$$\Delta Q = T(S_g - S_l), \quad \Delta V = (V_g - V_l) \quad ④$$

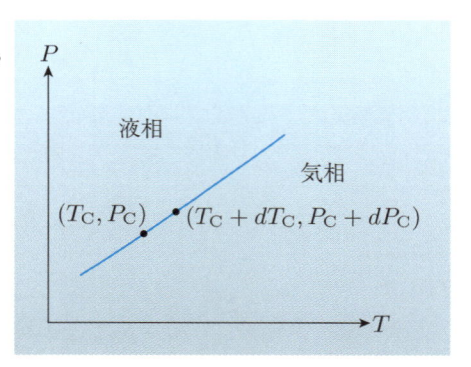

図 7.15 液相・気相の相境界

7.12 章末問題

7.1 300K の理想気体の体積を断熱的に半分に圧縮するときの温度変化を求めよ．ただし定積比熱は C_V で与えられるとする．

7.2 断熱圧縮率 K_S と等温圧縮率 K_T の比は，定積比熱 C_V と定圧比熱 C_P の比に等しいことを示せ．ただし

$$K_S = -\frac{1}{V}\left(\frac{\partial V}{\partial P}\right)_S, \quad K_T = -\frac{1}{V}\left(\frac{\partial V}{\partial P}\right)_T,$$

$$C_V = T\left(\frac{dS}{dT}\right)_V, \quad C_P = T\left(\frac{\partial S}{\partial T}\right)_P$$

である．

7.3 クラウジウスの不等式

$$\oint \frac{dQ}{T_e} \leq 0$$

を証明せよ (T_e は熱浴の温度)．

7.4 ファンデアワールス気体の定積比熱が温度だけの関数であることを示し，内部エネルギー，エントロピーを求めよ．

8 トピックス

ここまで，物理学の基礎的な法則を説明してきたが，もう少し進んだ物理学を説明しておこう．詳しい説明はそれぞれの専門書を読んでほしいが，それらを読むときの予備知識となれば幸いである．

本章の内容

相対性理論
量子力学
統計力学と散逸現象
ランダムウォークと拡散
散逸現象
線形安定性
カオス
フラクタル
物質の構造
原子核，素粒子

8.1 相対性理論

8.1.1 慣性系の座標変換とエーテル問題

互いに等速で動いている系は，相対的な速度の違いこそあれどちらが止まっているという議論は意味がないことになっている．宇宙に中心というものがあって，それが止まっているなどと考えてもしかたなく，互いに等速で動いている系は同等で，慣性の法則が成り立つ座標を慣性系と呼ぶ．物理学の法則は，すべての慣性系で同等に成り立つと信じられている．これを**相対性原理**という．

この原理を満たすためには，異なる慣性系の間での変換の規則を決めなくてはならないが，その変換は何を物理学の法則とするかで変わってくる．ニュートンの運動方程式を物理学の法則とする場合には，異なる慣性系の位置や速度の間に**ガリレイ変換**という直観的な相対速度の関係が成り立つ．つまり，ある座標系 S_1 に対して相対速度 $\bm{v}_{12}$ で動いている系 S_2 から，S_1 系で速度 $\bm{v}_1$ で動いている物体を見るとそれは速度

$$\bm{v}_2 = \bm{v}_1 - \bm{v}_{12} \tag{8.1}$$

で動いているように見える (図 8.1)．$\bm{v}_{12}$ が一定，つまり互いに等速直線運動をしている慣性系では，$\bm{v}_1$ と $\bm{v}_2$ が従うニュートンの運動方程式は同じである．つまり，ガリレイ変換でニュートンの運動方程式の相対性は保たれており，このことは**ガリレイの相対性原理**と呼ばれる．

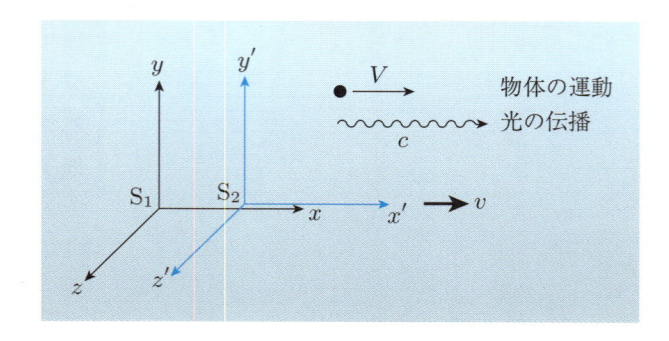

図 8.1 慣性系の相対運動

これに対し，電磁気学，つまりマクスウエルの方程式では，電磁波の速さ(光速)は方程式をたてた慣性系に対して一定である．それはどの慣性系であろうか．その慣性系に対して地球はどちら向きに進んでいるのであろうか．光が伝わる媒体はエーテルと呼ばれ，この問題は**エーテル問題**と呼ばれた．

それを決めるために，マイケルソンとモーレイは地球の公転による光速の変化を測定しようとした (図 8.2)．しかし，地球がどの向きに進んでいるときも光速は一定であった．これは，ガリレイ変換では説明できないので，その解釈が 20 世紀初頭の大きな問題であった．

アインシュタインは**光速が一定であること**を物理法則に含める，**特殊相対性原理**を考え出した．そこでは，電磁気学の方程式を不変にする変換 (ローレンツ変換:後出) が異なる慣性系の間での時空に関する変換であり，力学で考えていたガリレイ変換は成り立たなくなる．多くの実験結果から，アインシュタインの考え方が正しいということがわかった．

8.1.2 ローレンツ変換

すべての慣性系で光速一定を仮定すると，座標変換はどのようなものになるのであろうか．互いに速度 v_{12} で動いている二つの慣性系 S_1, S_2 を考える．ここで S_1 系に v_{12} に平行 (x 方向とする) に置いてある長さ l の棒を考える (図 8.3)．

棒の端にある光源からある時刻 t に出た光が棒の右端に着く時刻を考えてみよう．光源が止まっている系 (S_1 系) では

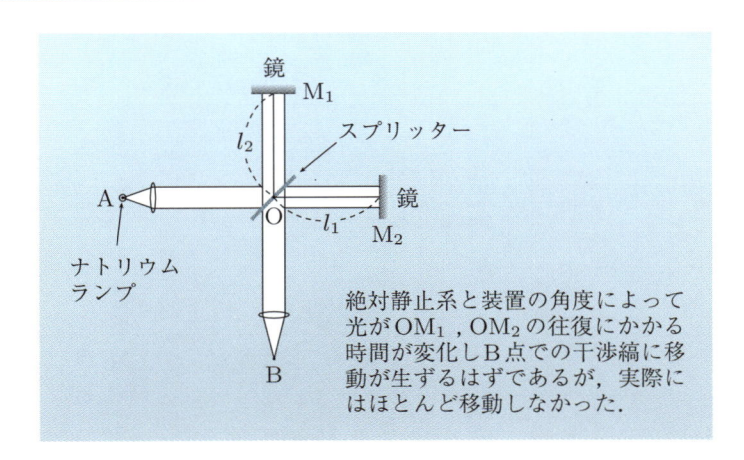

図 8.2 マイケルソンモーレイの実験

$$ct_1 = l, \quad つまり \quad t_1 = \frac{l}{c} \tag{8.2}$$

である．

S_1 系に対して，等速度 $\bm{v}_{12}$ で動いている系 (S_2 系) からこの光の伝搬をみるとどうであろうか．まず，直観的なガリレイ変換で考えてみよう．簡単のため，$\bm{v}_{12}$ は x 方向で大きさは v とする．時刻 t での棒の左端の座標は

$$x_2 = l - vt \tag{8.3}$$

であるので，光が到着した時刻 t_1 では

$$x_2 = l - vt_1 = ct_1 - vt_1 = (c-v)t_1 \tag{8.4}$$

である．S_2 系から見ると光はこの距離を t_1 の時間で進んでいるので，S_2 系から見た光速は $c-v$ であるはずである．この結果は S_1 系の光速を S_2 系からみた速度ということでガリレイ変換の立場からは当然の結果である．

それにもかかわらず，S_2 系でみた光速も c であるとすると，おかしなことになる．そこで，S_1 系と S_2 系での時間が同じであるという要請をはずしてみよう．S_1 系で光が右端に着く時刻を $t_1(l=ct_1)$ とし，S_2 系の時計で光が棒の左端に着く時刻を t_2 としよう．そうすると

$$x_2 = ct_2 \tag{8.5}$$

である．光の進んだ距離は S_2 系では $l-vt_2$ であるので，$x_2 = l - vt_2 = ct_2$

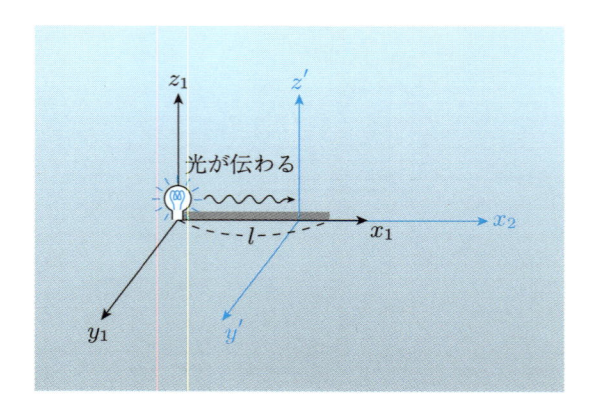

図 8.3　光の伝搬

であり,

$$t_2 = \frac{c}{c+v} t_1 \tag{8.6}$$

でなくてはならない.そこで時間が相対速度とともにこのように変化すると仮定しよう.次に,この関係の相対性を考えてみる.つまり,逆に S_2 系で止まっている棒を考え,同様な考察をすると

$$ct_2 = (c-v)t_1 \tag{8.7}$$

である.しかし,これらが両立するためには

$$\frac{c-v}{c} = \frac{c}{c+v}, \quad \text{つまり} \quad c^2 = c^2 - v^2 \tag{8.8}$$

でなくてはならず,この考え方は破綻する.

これを解決するため,相対速度とともに変化するのは時間だけでなく,位置の座標も変換を受けると仮定してみる.つまり,S_2 系から見た棒の端の座標が l ではなく,αl に見えたとしよう.この α を考慮に入れると,上の関係 (8.6), (8.7) は

$$\alpha c t_1 - v t_2 = c t_2, \quad \alpha c t_2 + v t_1 = c t_1 \tag{8.9}$$

となり,

$$\alpha c^2 = (c-v)(c+v), \quad \alpha = \sqrt{1-(v/c)^2} \tag{8.10}$$

【ローレンツ収縮】

相対的に動いている系の棒の進行方向の長さを考えてみよう.これは上の S_2 系を静止系として,棒が $-v$ で動いていると考えればよい.静止系での長さを L_0 とし,時刻 $t=0$ で棒の後端が $x=0$ にあったとする.棒といっしょに動いている系で測った長さは $x_1 = L_0$ である.それに対し,時刻 t で静止系 S_2 系からみた棒の長さ L は,上の考察から

$$L = \alpha L_0 \qquad \qquad ①$$

となる.つまり $\sqrt{1-(v/c)^2}(<1)$ 倍になる,つまり縮んで見えることがわかる.この現象は,**ローレンツ収縮**と呼ばれる.

とすると，相対的に矛盾なく変換ができることになる．

ここで用いた変換を，光の伝播だけでなく一般の場合に拡張して整理すると，

$$x_2 = \frac{x_1 - vt_1}{\sqrt{1-\beta^2}}, \quad t_2 = \frac{t_1 - vx_1/c^2}{\sqrt{1-\beta^2}} \tag{8.11}$$

となることがわかっている．ここで

$$\beta = \frac{v}{c} \tag{8.12}$$

と置いた．この変換は**ローレンツ変換**と呼ばれ，電磁気の方程式を不変に保つ変換としてローレンツによって発見されていたものである．

8.1.3 相対論的運動方程式

相対性理論ではガリレイ変換が成り立たず，ニュートンの力学が成り立たない．ニュートンの運動方程式を相対論的に変更，つまりローレンツ変換不変になるようにすると，どうなるであろうか．ここではその結果だけを示しておこう．運動方程式を

$$\frac{d\boldsymbol{p}}{dt} = \boldsymbol{F} \tag{8.13}$$

の形に書くとき，運動量が

$$p_x = \frac{m_0 v_x}{\sqrt{1-\beta^2}}, \quad \text{etc.} \tag{8.14}$$

【時間のおくれ】

相対的に動いている系の時計の進み方を考えてみよう．時計の進みは，時計とともに動く座標系での時間の進み（固有時）を刻む．S_2 系で固有時 τ 経ったときを S_1 系でみると

$$\tau = \frac{t_1 - v(vt_1)/c^2}{\sqrt{1-\beta^2}} = \sqrt{1-\beta^2}\, t_1 \qquad ①$$

で表わされる．$\tau < t_1$ であるので，相対的に動いている系の時計は遅れている，あるいは時間の進み方が遅いとみえる．この現象は，寿命のある素粒子が崩壊するのにかかる時間が，粒子が高速に走っている場合，止まっているものより長いこととして実際に観測されている．

と与えられる．ここで m_0 は速度 0 のときの質量で，**静止質量**と呼ばれる．上の関係は，質量が速度とともに大きくなり

$$m = \frac{m_0}{\sqrt{1-\beta^2}} \tag{8.15}$$

加速されにくくなっていくことを表わしていると見ることもできる．

さらに，粒子に働く力がする単位時間当たりの仕事は (8.13) より

$$\begin{aligned}
\frac{dW}{dt} &= \boldsymbol{F}\cdot\boldsymbol{v} = \frac{d\boldsymbol{p}}{dt}\cdot\boldsymbol{v} \\
&= \frac{dm}{dt}\boldsymbol{v}^2 + m\frac{d\boldsymbol{v}}{dt}\cdot\boldsymbol{v} \\
&= \frac{dm}{dt}c^2
\end{aligned} \tag{8.16}$$

となる．ここでは (8.15) の関係を用いた．この関係 (8.16) は粒子にされた仕事は質量の増加となることを意味している．mc^2 を $\boldsymbol{v}^2$ について展開すると

$$mc^2 = \frac{m_0 c^2}{\sqrt{1-\beta^2}} \simeq m_0 c^2 + \frac{m_0}{2}v^2 + \cdots \tag{8.17}$$

であり，ここで出てきた $\dfrac{m_0}{2}v^2$ の項がニュートン力学での粒子の運動エネルギーに相当するものである．このように，v が小さいときはニュートン力学が正しい記述を与えていることがわかる．

これまでの議論は，互いに等速運動をする慣性系の間の関係を与えており，特殊相対性理論と呼ばれる．そこでは速さが非常に大きい場合，つまり，非常に大きなエネルギーをもつ状態ではニュートンの力学は正しくなく，より

【静止エネルギーと核エネルギー】

第一項の $m_0 c^2$ は静止エネルギーと呼ばれ，質量とエネルギーの変換性を表わしている．この変換率は非常に大きくわずかな質量の変化で大きなエネルギーが取り出せる．たとえば，1 kg の質量は

$$E = 1[\text{kg}] \times (3\times 10^8 \text{m/s})^2 = 9\times 10^{16} \text{J} \qquad \text{①}$$

に匹敵する．このエネルギーを利用するのが，核分裂の際の質量変化を利用する原子爆弾や原子力発電であり，また核融合である．原子爆弾の威力を示すメガトンという単位は，高性能火薬 TNT 1000000t 分のエネルギーのことである．9×10^{16} J はほぼ 2 メガトンである．核融合は現在のところ水素爆弾以外では，実用化されていない．核融合発電の試みが続けられている．太陽は自然の核融合炉である．

正しい形に改定された．ただし，速さが光速に比べて小さい，$\beta \sim 0$ の場合には，近似形としてニュートンの法則が成立している．

さらに，質量に働く力，つまり重力と加速度を持つ系での見かけの力を同一視する等価原理という考え方に基づき，局所慣性系に対しても物理法則が不変 (特に光速不変) として，重力がある場合に相対性の論理を展開し，一般相対性理論が構築された．この理論はブラックホールなど宇宙の現象の解明に役立っている．

8.2 量子力学

相対論はエネルギーが大きな状況でのニュートンの力学の限界を示したが，エネルギーが小さい極限でもニュートンの力学は変更を余儀なくされた．それは，固体の比熱の温度変化や，物体から出てくる光の振動数の離散性，熱せられた物体からの輻射のエネルギーの振動数分布が，ニュートンの力学を用いた場合に説明がつかなくなる事実が，やはり今世紀初頭に明らかになってきたからである．

8.2.1 不確定性原理

それらの現象を説明するためには，状態とは何かという物理学上の根本的な問題を考えなければならず，その結果，物質の位置と運動量が同時に測定できないという**不確定性原理**が発見された．そして，量子力学という全く直感的でない体系が構築された．量子力学では，場所場所で個々の物理量がと

【量子力学における「状態」】

古典力学では粒子の位置と速度を決めて状態を指定する．それに対し，不確定性原理により位置と速度の両方を決めることができない．量子力学では，系全体にわたる波動関数と呼ばれる関数 $\phi(r)$ で状態を表わす．光学などの波動では波数 k を与えて状態を指定するのでそれと似ている．しかし，光学の波動と本質的に異なるのは $\phi(r)$ が波として観測されるのではなく $|\phi(r)|^2$ がその場所で粒子を発見する確率に比例するという特殊な解釈を必要とするところである．この考え方では，粒子はそこにいるかも知らないが，いないかもしれないという記述になっている．そのような，状態が，巨視的な結果を生み出すときは直観的には受け入れがたいものがある．この問題は，シュレディンガーの猫の問題，として多くの議論を呼んでいる．この問題は，ある微視的な量子現象によって毒ガスが出るか出ないかが決まり猫の生死が決するような場合，猫が生きている状態と死んでいる状態が混ざった状態がありうることになるが，そのような状態がありうるかどうかという問題である．確率的な解釈に対して，アインシュタインも数々の反論を試みているが，現在まですべての実験結果がこの解釈を支持しており，量子力学はほぼ確立していると言ってよいであろう．

8.2 量子力学

る値ではなく，波動関数という系全体に関係する関数 φ で系の状態が記述される．そして，ある状態の出現確率は $|\varphi|^2$ で与えられるという不思議な性質があることがわかっている．また，エネルギーは，古典的な場合のように連続値を取らず，飛び飛びの値をとる離散量となることが示されている．実際，量子力学の発見に大きな寄与をした，光の性質をいくつか紹介しておこう．

8.2.2 黒体輻射

物質を熱していくと温度が上がるにつれて，光を発するようになりその光の波数分布は温度の関数として与えられる．鉄が溶けている溶鉱炉の温度をその色から判定する場合などにこの関係は重要である．光はその色ごとに異なる波数をもつ電磁波であり，そのエネルギーは振幅の二乗に比例する．この系に，波動に関する古典統計力学の性質であるエネルギーの等分配則を適用すると，各波数 k ごとに，$2k_BT$ のエネルギーを分配しなくてはならない．ここでの係数 2 は偏光の自由度によるものである．

波数の大きさ $k \sim k+dk$ を持つ波数 k の数を状態数と呼び，$D(k)dk$ で表わす．三次元空間 ($k = \sqrt{k_x^2 + k_y^2 + k_z^2}$) では波数空間 (k_x, k_y, k_z) での半径 k の球殻の大きさに比例し，

$$D(k)dk = \frac{V}{(2\pi)^3} 4\pi k^2 dk \tag{8.18}$$

で与えられる．上で述べたように古典統計力学のエネルギーの等分配則よると，波数 k を持つ光のエネルギーは波数に依らず $2k_\mathrm{B}T$ であるので，波数

【不確定性原理】

平面波
$$\varphi(x,t) = \varphi_0 e^{i(k_0 x - \omega t)}$$
では運動量 $k_0 \hbar$ は確定．位置は全く決まらない．それに対し，$x = x_0$ に局在した波動関数
$$\varphi(x,t) = \delta(x - x_0) = \frac{1}{2\pi} \int e^{ikx} dk$$
では位置は決まるが，運動量は全く決まらない．そこで次式で与えられる波束を考える．
$$\varphi(x,t) = \left(\frac{1}{4\pi^3 \alpha}\right)^{1/4} \int_{-\infty}^{\infty} e^{-\frac{1}{2\alpha}(k-k_0)^2 - ik(x-x_0)} dk$$
$$= \left(\frac{\alpha}{\pi}\right)^{1/4} \exp\left(\frac{1}{2}\alpha(x-x_0)^2 + ik_0(x-x_0)\right)$$

この状態では位置の存在確率 $|\varphi(x,t)|^2$ は $x = x_0$ のまわりに幅 $\Delta x = \frac{1}{\sqrt{2\alpha}}$ のガウス分布，運動量は $\hbar k = \hbar k_0$ のまわりに幅 $\Delta p = \sqrt{\frac{\alpha}{2}}$ のガウス分布をしておりそれぞれの不確定性の積が最小になる．
$$\Delta x \Delta p = \frac{1}{2}\hbar$$

$k \sim k + dk$ を持つ光のエネルギー分布は

$$E(k)dk = 2k_\mathrm{B}TD(k)dk = 2k_\mathrm{B}T\frac{V}{(2\pi)}4\pi k^2 dk \qquad (8.19)$$

となる†. ここで振動数 $\nu = 2\pi\omega = 2\pi ck$ を用いると

$$E(\nu)d\nu = \frac{8k_\mathrm{B}T\pi V}{c^3}\nu^2 d\nu \qquad (8.20)$$

と与えられる. このエネルギー分布はレイリージーンズの**輻射式**と呼ばれる古典力学からの結論である. この関係において, 系の全エネルギーを求めようとすると

$$\int_0^\infty E(\nu)d\nu = \int_0^\infty \frac{8k_\mathrm{B}T\pi V}{c^3}\nu^2 d\nu = \infty \qquad (8.21)$$

となり, 明らかに不都合である. 実験的に得られるエネルギー分布はある振動数で最大となり, 大きな振動数のところは小さくなる (図 8.4). 単調に増加するレイリージーンズの輻射式 (8.20) は明らかに正しくない. ただし, (8.20) は振動数が小さいところの分布は正しく表わしている.

統計力学によると, エネルギーがある値 ε の整数倍をとる場合, 温度 T での系の平均エネルギーは, $\beta = 1/k_\mathrm{B}T$ として

$$E(\varepsilon) = \frac{\varepsilon}{e^{\beta\varepsilon}-1} \qquad (8.22)$$

であることがわかっている. もし振動数 ν の光のエネルギーが $h\nu$ の整数しか取らないとすると, エネルギー分布は

† k_B はボルツマン定数と呼ばれ $k_\mathrm{B}=R/N_\mathrm{A}$ $=1.380658\times10^{-23}$J/K. ここで R は気体定数, N_A はアボガドロ数, K はケルビン (温度の単位) である.

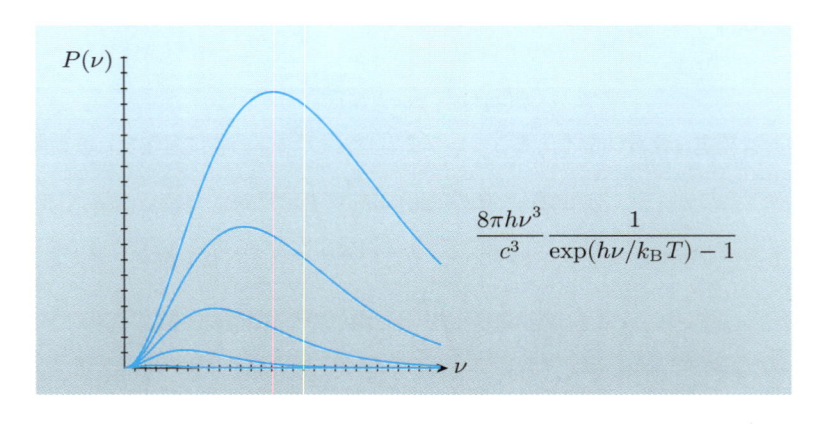

図 8.4 プランクの輻射公式

$$\frac{8\pi h\nu^3}{c^3}\frac{1}{\exp(h\nu/k_\mathrm{B}T)-1}$$

$$E(\nu)d\nu = \frac{8\pi V}{c^3} \frac{h\nu}{e^{h\nu/k_{\rm B}T}-1} \tag{8.23}$$

となる．このエネルギー分布は**プランクの輻射式**と呼ばれる．ここで

$$h = 6.626 \times 10^{-34} {\rm J \cdot sec} \tag{8.24}$$

とすると，(8.23) は実験を正確に再現した．この定数 h は**プランク定数**と呼ばれる．ここで驚くべきことは，連続的と考えられた光の強度がエネルギーが小さいときには離散的な値しかとれないということである．

8.2.3 光の粒子性

光が金属に照射されると金属中の電子がたたき出される．この現象は**光電効果**と呼ばれる．光電効果では，振動数の小さな光をどんなに強い強度 (振幅) で照射しても電子は飛び出さないが，ある値より大きな振動数の光を当てれば光の強度に比例して電子が飛び出す．この現象は光の波動性からは理解できない．アインシュタインは，光を「エネルギーが $h\nu$，運動量が $h\nu/c$ の粒子 (**光量子**)」と考えれば，この現象を説明できることを示した．この現象からも光のエネルギーが $h\nu$ の整数倍に離散化されていることが明らかになった．アインシュタインは量子力学そのものには違和感をもっていたが，彼のこの研究は量子力学の誕生に重要な役割をした．

また，光と荷電粒子の散乱で光は振動数を変えることが発見され (コンプトン散乱)，やはり，光にはエネルギー $h\nu$ 運動量 $h\nu/c$ をもつ粒子と考えざ

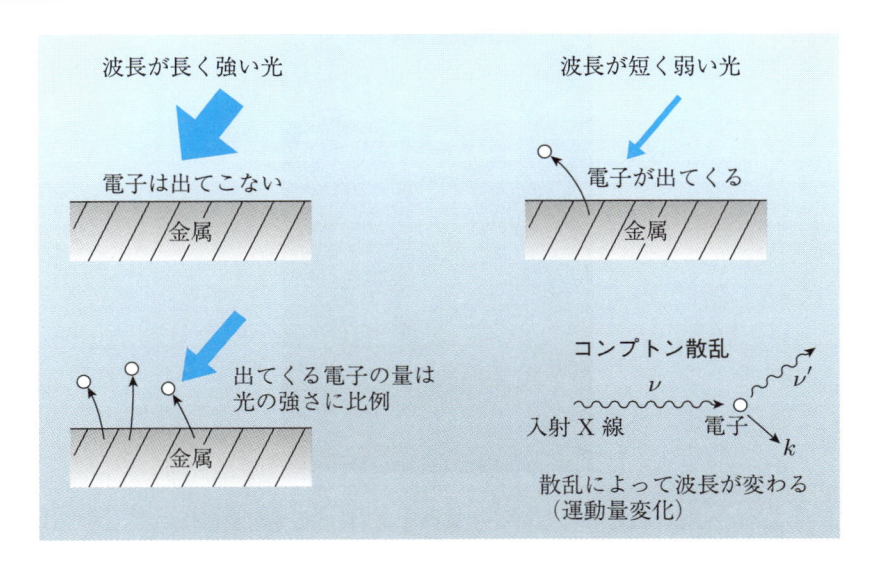

図 8.5 光電効果とコンプトン散乱

8.2.4 量子力学的現象

量子力学にはエネルギーの離散性や不確定性関係など直感的でない性質があるが，日常的な大きさで量子効果が現われるのが，**超伝導現象や超流動現象**である．また，トランジスタなどで利用されるトンネル効果も量子力学に由来する効果である．トンネル効果は，ナノスケールの電子回路，磁性体でのトンネル効果や干渉など，多くの興味深い現象として現われている．

8.3 統計力学と散逸現象

熱力学を実際の系に適用しようとする場合，対象となる系を特徴づける状態方程式が必要である．状態方程式は多くの場合，経験的な関係が用いられるが，系のミクロな情報から状態方程式を導くのが統計力学である．

8.3.1 ボルツマンの原理

統計力学の原理は，区別できない状態は等確率で出現するとする**等重率の原理**である．この原理から，エントロピーが，同じエネルギーを持ち巨視的に区別できない状態の数 W によって

$$S = k_\text{B} \log W \tag{8.25}$$

図 8.6 ボルツマンの墓の写真 (桂重俊先生撮影)

8.3 統計力学と散逸現象

と表わせることが示される．この関係はボルツマンの原理と呼ばれる．さらに，温度 T の熱平衡状態ではエネルギー E をもつ状態の出現確率 $p(E)$ は

$$p(E) = e^{-E/k_{\mathrm{B}}T}/Z \tag{8.26}$$

と表わされることも知られている．ここで Z は規格化定数で分配関数と呼ばれる．このように，平衡状態を多くの状態の集合として捉える方法は**ギブスのアンサンブル理論**と呼ばれる．

8.3.2 輸 送 現 象

さらに，平衡状態だけでなく平衡から離れた状態における集団運動の普遍的な性質を探すべく，非平衡統計力学の構築に向けて多くの努力が払われている．特に，平衡に近い**定常流**に関する現象は輸送現象と呼ばれる．たとえば，電位差 ΔV のもとで電流 I が流れる電気伝導現象

$$(\text{オームの法則}) \quad I_E = \sigma \Delta V, \quad \sigma: 電気伝導率 = \frac{1}{抵抗 R} \tag{8.27}$$

とか，温度差 ΔT があるとき熱流 I_Q が流れる熱伝導現象

$$(\text{フーリエの法則}) \quad I_Q = \kappa \Delta T, \quad \kappa: 熱伝導率 \tag{8.28}$$

である．

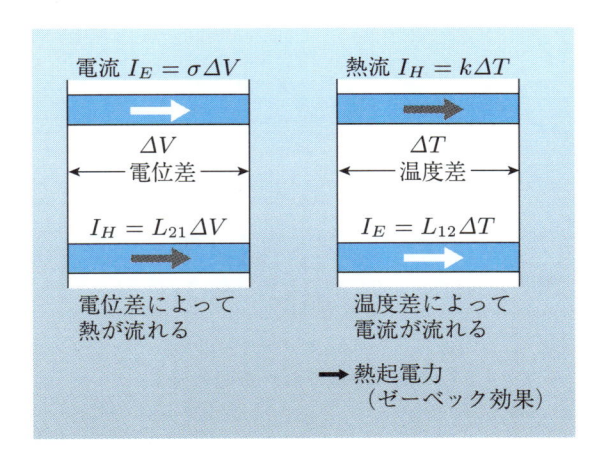

図 8.7　輸送現象

●オンサーガーの相反定理

(8.27), (8.28) 以外にも，電位差 ΔV のもとで ΔV に比例した熱流 I_Q が流れたり，温度差 ΔT があるとき ΔT に比例して電流 I が流れたりする．

$$I_E = L_{11}\Delta V + L_{12}\Delta T$$
$$I_Q = L_{21}\Delta V + L_{22}\Delta T \tag{8.29}$$

これらに関する現象として，温度差によって起電力が生じる**ゼーベック効果**や，異なる金属の接点で熱の吸収や発生がおきる**ペルティエ効果**がある．これらの比例係数は輸送係数と呼ばれ，マクスウエルの関係を拡張した**オンサーガーの相反定理**と呼ばれる関係がある．これらの現象に関して，これらの現象を統一的に扱うのが**線形応答理論**であり，久保によって完全に定式化されたので，久保理論と呼ばれる．

8.4 ランダムウォークと拡散

規則正しくない運動の代表として，ランダムウォークをとり上げよう．この運動は，酔っ払いが右に，左にふらふら歩く様子に似ているので日本語では**酔歩**と呼ばれる．コンピュータで描いたランダムウォークを図 8.9 に示す．この運動を一次元で説明しよう．高次元ではそれぞれの方向の独立なランダムウォークを考えればよい．説明を簡単にするため時間，空間を離散化する．時間の間隔を Δt，空間の間隔を Δx としよう．図 8.8 のように，時間 Δt 後に，A が右に Δx 移動する確率を p，左に移動する確率を q，そのまま留まっ

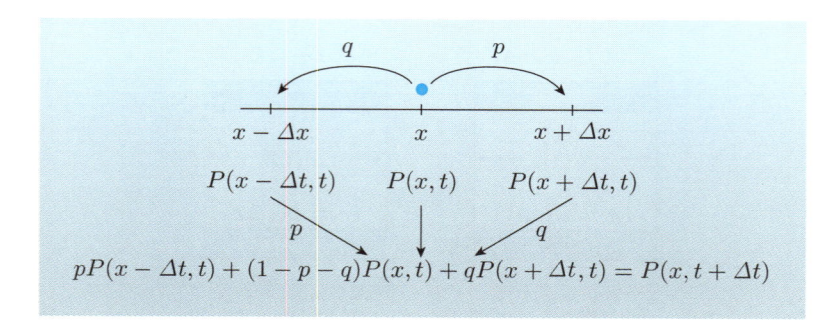

図 8.8 酔歩における遷移確率

8.4 ランダムウォークと拡散

ている確率を $1-p-q$ とする．このような移動の率を表わす量を**遷移確率**という．ある時間 t に A が場所 x にいる確率分布を $P(x,t)$ と表わす．**確率分布**とは，同じ遷移確率で何回も試行を繰り返したとき，時刻 t において場所 x に A がいる場合の数の全試行における割合である．

Δt 後の確率分布を $P(x, t+\Delta t)$ とすると，時刻 t での分布 $P(x,t)$ からの変化は，図 8.8 のように場所 x に左から入ってくる確率 p，右からその点に入ってくる確率 q，x から左右に出て行く確率 $(p+q)$，を考えて

$$P(x,t+\Delta t) = P(x,t) + P(x-\Delta x,t)p + P(x+\Delta x,t)q - P(x,t)(p+q) \tag{8.30}$$

と表わせる．このように確率分布関数の時間発展を表わす方程式を**マスター方程式**という．

(8.30) は差分方程式であるが，Δt，Δx を無限小にした極限での微分方程式を考えてみよう．このとき Δt，Δx の一次まででは

$$\begin{aligned} P(x, t+\Delta t) &= P(x,t) + \frac{\partial P(x,t)}{\partial t}\Delta t + O(\delta t^2) \\ P(x+\Delta x, t) &= P(x,t) + \frac{\partial P(x,t)}{\partial x}\Delta x + O(\delta x^2) \end{aligned} \tag{8.31}$$

として (8.30) に代入すると

$$\frac{\partial P(x,t)}{\partial t}\Delta t = (-p+q)\frac{\partial P(x,t)}{\partial x}\Delta x + O(\delta t^2) + O(\delta x^2) \tag{8.32}$$

となる．

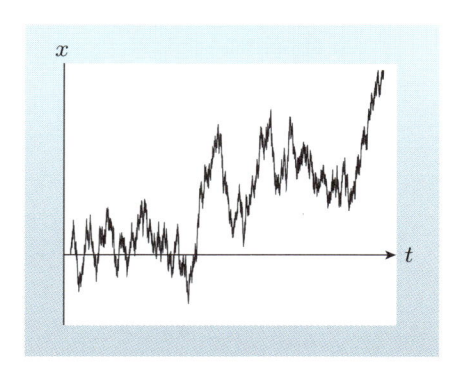

図 8.9 ランダムウォーク

$$v = (p-q)\frac{\Delta x}{\Delta t} \tag{8.33}$$

とおいて整理すると

$$\left(\frac{\partial}{\partial t} + v\frac{\partial}{\partial x}\right)P(x,t) = 0 \tag{8.34}$$

と表わされる．この関係は $P(x,t)$ が $x - vt$ の関数

$$P(x,t) = P(t-vt) \tag{8.35}$$

ならば，どんな関数形でも成立する．つまり，任意の分布が速度 v で進んでいることを表わしている．この移動は各点での左右へ移動する確率が異なっていることの結果である．これは，ランダムウォークではなく，規則的にどちらかの方向に進んでいる様子を表わしている．

そこで次に

$$p = q \tag{8.36}$$

の場合を考えてみる．このときは $v=0$ であり，(8.34) では $P(x,t)$ が変化しない．しかし，たとえ $p=q$ でも運動としては全く止まっているわけではない．その運動による $P(x,t)$ の変化を見るには，空間微分の高次の項を見なくてはならない．そこで

$$P(x+\Delta x, t) = P(x,t) + \frac{\partial P(x,t)}{\partial x}\Delta x + \frac{1}{2}\frac{\partial^2 P(x,t)}{\partial x^2}(\Delta x)^2 + O(\Delta x^3) \tag{8.37}$$

図 8.10 ブラウン運動 (2 次元)

として (8.30) に代入すると

$$\frac{\partial P(x,t)}{\partial t}\Delta t = 2p\frac{(\Delta x)^2}{2HV}\frac{\partial^2 P(x,t)}{\partial x^2} + O(\Delta x^3) \tag{8.38}$$

となる．ここで

$$D = 2p\frac{(\Delta x)^2}{2\Delta t} \tag{8.39}$$

と置くと

$$\frac{\partial P(x,t)}{\partial t} = D\frac{\partial^2 P(x,t)}{\partial x^2} \tag{8.40}$$

とまとめられる．この方程式は**拡散方程式**と呼ばれる．これがランダムウォークを表わす運動である．図 8.11 に $\Delta t = 0.01, \Delta x = 0.1, p = q = 0.5$ の場合のランダムウォークののシミュレーションから求めた Δx の頻度と，対応するフォッカープランク方程式 ($D = 0.5$) の解 (実線 $t = 100$)

$$P(x,t) = \frac{1}{\sqrt{4\pi Dt}}e^{-\frac{x^2}{4Dt}} \tag{8.41}$$

を示す．

ここで注意しておかなくてはならないのは，拡散では平均の速度は 0 であり，その広がり (**分散** σ^2) が時間に比例して大きくなることである．

$$\sigma^2 = \langle x^2 \rangle = Dt \tag{8.42}$$

このことからも拡散の広さは時間の平方根に比例して広がることがわかる．

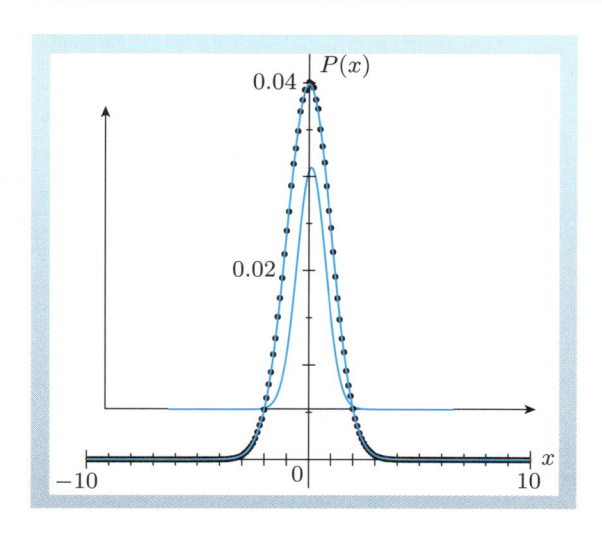

図 8.11 拡散

$$\sqrt{\langle x^2 \rangle} = \sqrt{Dt} \tag{8.43}$$

一般に $p \neq q$ の場合には，v の項も含めて

$$\frac{\partial P(x,t)}{\partial t} = -v\frac{\partial P(x,t)}{\partial x} + D\frac{\partial^2 P(x,t)}{\partial x^2} \tag{8.44}$$

となる．ただし

$$D = (p+q)\frac{(\Delta x)^2}{2\Delta t} \tag{8.45}$$

である．確率密度に関するこの形の式は**フォッカープランク (Fokker-Planck) 方程式**と呼ばれる．

8.4.1 熱伝導

熱は拡散によって伝わり，一点に与えられた熱は拡散によって周囲に広がっていく．そのときの解は (8.41) で与えられる．また，系の両端の温度を指定した場合

$$P(x=0) = T_1 \quad P(x=L) = T_2 \tag{8.46}$$

の場合の熱伝導方程式の定常解は

$$P(x) = T_1 + \frac{T_2 - T_1}{L}x \tag{8.47}$$

と線形になる．

【並進と拡散】

ここで，並進と拡散は v と D の定義から明らかなように次元が違う運動である．v がゼロでないとき，

$$X = x - vt, \quad T = t \qquad ①$$

と平行移動とともに進む座標系に移ると，(8.44) は

$$\frac{\partial P(X,T)}{\partial T} = D\frac{\partial^2 P(X,T)}{\partial X^2} \qquad ②$$

となるので，幅の広がりは $\sqrt{2DT}$ である．拡散の広さ $\sqrt{2DT}$ は時間 T 経った後の分布の平行移動の距離 vT に比べて，

$$\frac{\text{拡散の広さ}}{\text{分布の平行移動の距離}} = \frac{\sqrt{2D}}{v}T^{-1/2} \qquad ③$$

と T とともに相対的に小さくなる．

そのため，十分長い時間後の分布を十分大きなスケール (vT を単位にする程度) でみると，分布の幅は無視できるようになる．分布が広がりながら，進んでいくように見えるためには遷移確率と時間や距離のスケールとの間にちょうどよい関係が必要である．

熱伝導は温度の空間変化として捉えられる．熱の密度を $\rho(x)$ とし，温度を $T(x)$ とする．これらの変化は系の熱容量を C とすると

$$\frac{\partial \rho}{\partial t} = C \frac{\partial T}{\partial t} \tag{8.48}$$

となる．また，熱の保存則から

$$\frac{\partial \rho}{\partial t} = -\mathrm{div}\boldsymbol{j}, \quad \boldsymbol{j}:熱流の密度 \tag{8.49}$$

の関係がある．熱が温度勾配に比例して流れるとする (フーリエの法則)

$$\boldsymbol{j} = -\kappa \nabla T, \quad \kappa:熱伝導率 \tag{8.50}$$

と組み合わせて，

$$\frac{\partial \rho}{\partial t} = \mathrm{div}\kappa \nabla T \tag{8.51}$$

(8.48) を用いると

$$\frac{\partial T}{\partial t} = \frac{\kappa}{C} \Delta T \tag{8.52}$$

となる．これより，熱あるいは温度の拡散係数は

$$D = \frac{\kappa}{C} \tag{8.53}$$

で与えられる．また逆に，熱伝導率は拡散係数と比熱の積で与えられる．

$$\kappa = CD \tag{8.54}$$

表 8.1 熱伝導率 $[\mathrm{Wm}^{-1}\mathrm{K}^{-1}]$

銀	429	石英ガラス	1.4	水	0.561
銅	401	コンクリート	1	グリセリン	0.286
金	318	レンガ	0.5	変圧器油	0.136
アルミニウム	237	パラフィン	0.24	メタン (ガス)	0.030
ニッケル	91	セッコウ	0.13	空気	0.024
鉄	80	毛布	0.04	アルゴン	0.016
金属 (25°C)		非金属 (常温)		流体 (0°C)	

金属では自由電子によって熱が運ばれるため熱伝導率が大きくなっている．また金属の種類によらず，各温度で電気伝導率と熱伝導率は比例することが知られている (ウィーデマン・フランツ則)．

8.5 散逸現象

　線形領域では定常流に関してはオンサーガーの相反定理が成り立ち，そこでは最小エントロピー生成という考え方が成り立つことがプリゴジン (I. Prigogine) によって指摘された．さらに，非線形領域で起こる時間的あるいは空間的対称性が破れたさまざまな構造はプリゴジンによって**散逸構造**と呼ばれた．いろいろなことが起こるのでどのように統一的に捉えるかは難しい問題であるが，個別の現象に関しては詳しく調べられており，散逸構造の一般的な概念も整理されつつある．ここでは，その典型例であるいくつかのモデルを紹介する．

8.5.1 ロトカ・ヴォルテラモデル (Lotka-Volterr model)

　このモデルは捕食・非捕食モデルとも呼ばれ，えさとなる生物 A (ウサギ) とそれを食べる生物 B (狐) の数を，それぞれ N_A, N_B とする．A は草を食べてある率 a で増加するとする．

$$\frac{dN_A}{dt} = aN_A \tag{8.55}$$

しかし，B に出会うとある率 b で食べられてしまう．この効果を含め N_A の変化は

$$\frac{dN_A}{dt} = aN_A - bN_AN_B \tag{8.56}$$

N_A　うさぎ　草
- 増殖　　　　　　aN_A
- きつねに食べられる　$-bN_AN_B$

N_B　きつね
- うさぎを食べて増殖　dN_AN_B
- 死ぬ　　　　　　$-cN_B$

$$c\ln N_A + a\ln N_B - bN_B - dN_A = \text{一定}$$

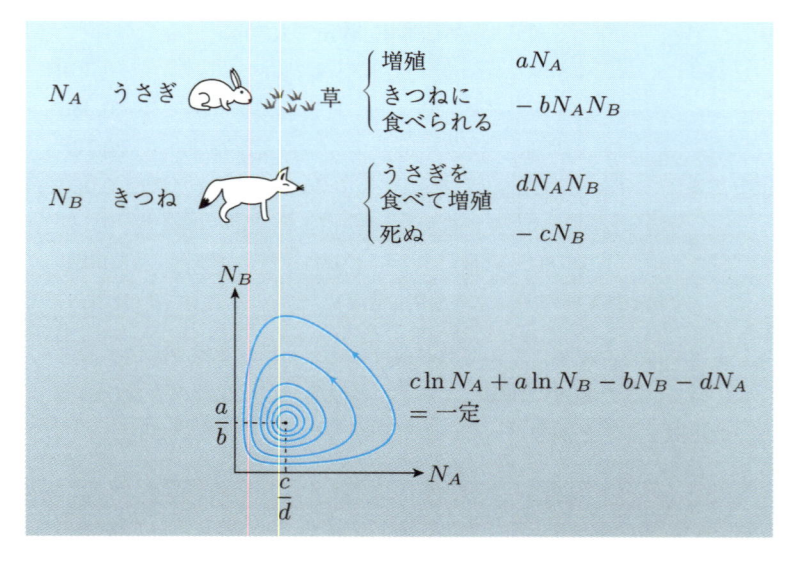

図 8.12　ロトカ・ヴォルテラモデル

8.5 散逸現象

である．一方，B は A を食べないと一定の率 c で死んでしまい，

$$\frac{dN_B}{dt} = -cN_B \tag{8.57}$$

であるが，A を食べることである率 c で増加する．

$$\frac{dN_B}{dt} = -cN_B + dN_A N_B \tag{8.58}$$

N_A, N_B の変化を与える (8.56), (8.58) の形のモデルはロトカ・ヴォルテラモデルと呼ばれる．このような変化率を表わす方程式を**レート方程式**という．

このモデルの定常解は，

$$\frac{dN_A}{dt} = \frac{dN_B}{dt} = 0 \tag{8.59}$$

とおいて

$$\begin{cases} aN_A - bN_A N_B = 0 & \to \quad N_B^0 = \dfrac{a}{b} \\ -cN_B + dN_A N_B = 0 & \to \quad N_A^0 = \dfrac{c}{d} \end{cases} \tag{8.60}$$

である．この定常解から数がわずかにずれた場合

$$N_A = N_A^0 + x, \quad N_B = N_B^0 + y \tag{8.61}$$

のずれ (x, y) の運動で調べてみよう．(8.61) を (8.56), (8.58) に代入すると，x, y に関して線形の範囲で

【ロトカ・ヴォルテラモデルにおける保存量】

ちなみに，(8.56), (8.58) は一般的に解ける．

$$\text{第一式} \times \frac{c}{N_A} + \text{第二式} \times \frac{a}{N_B} \qquad \text{①}$$

を考えると

$$\frac{c}{N_A}\frac{dN_A}{dt} + \frac{a}{N_B}\frac{dN_B}{dt} = -bcN_B + adN_A = -b\frac{dN_B}{dt} + d\frac{dN_A}{dt} \qquad \text{②}$$

より

$$\frac{d}{dt}\left(c\ln N_A + a\ln N_B + bN_B - dN_A\right) = 0 \qquad \text{③}$$

これより，

$$c\ln N_A + a\ln N_B + bN_B - dN_A \qquad \text{④}$$

が保存量であることがわかる．図 8.12 に (N_A, N_B) の変化の様子を示す．

$$\begin{cases} \dfrac{dx}{dt} = a(N_A^0 + x) - b(N_A^0 + x)(N_B^0 + y) \\ \qquad = ax - b(yN_A^0 + xN_B^0) - bxy = -byN_A^0 - bxy \simeq -\dfrac{bc}{d}y \\ \dfrac{dy}{dt} = -c(N_B^0 + y) + d(N_A^0 + x)(N_B^0 + y) \\ \qquad = -cy + d(yN_A^0 + xN_B^0) + dxy = dxN_B^0 + dxy \simeq = \dfrac{ad}{b}x \end{cases} \quad (8.62)$$

であり，まとめると

$$\frac{d}{dt}\begin{pmatrix} x \\ y \end{pmatrix} = \begin{pmatrix} 0 & -\dfrac{bc}{d} \\ \dfrac{ad}{b} & 0 \end{pmatrix} \begin{pmatrix} x \\ y \end{pmatrix} \quad (8.63)$$

となる．この方程式の固有値 λ は

$$\lambda^2 = -\frac{-bc}{d} \times \frac{ad}{b} = ac, \quad \lambda = \pm\sqrt{ac} \quad (8.64)$$

であるから，定常解からのずれは定常解の周りを周期

$$T = \frac{2\pi}{\sqrt{ac}} \quad (8.65)$$

で回転する．つまり，個体数の振動現象が振動する．このような個体数の時間的な振動現象はよく観測され，そのモデルとしてロトカ・ヴォルテラモデルが考えられている．もちろん，個々の現象と仔細に比べるとこのモデルはたいへん大雑把なものであるが，振動現象が各個体数の復元力でなく，他の個体数との非線形な結合からもたらされているなど興味深い性質を明らかにしている．

【レート方程式】

その他，いろいろな化学反応を表わすモデル（レート方程式）が調べられている．たとえばシュレーゲルモデル (Schlögel model) は

$$A + 2X \leftrightarrow 3X, \quad X \leftrightarrow B \qquad ①$$

のタイプの化学反応を調べたもので，X の濃度 N の変化は

$$\frac{dN}{dt} = k_1 c_A N^2 - k_2 N^3 - k_3 N + k_4 c_B \qquad ②$$

で与えられ，N が不連続に変わる点があることが知られている．また，時間的に振動的な変化を示す化学反応として有名なベルーゾフ・ザボチンスキー (Belousov-Zhabotinski) 反応を表わすレート方程式としてブラッセルモデルと呼ばれるモデルが導入されている．

さらに，上部の温度が高い温度差がある平板間にはさまれた流体の熱伝導は温度差が小さい間は熱伝導で熱が伝わるが，温度差が大きくなると対流が始まる．この対流が始まる際の流体モードの不安定性はベナール (Bénard) **不安定性**と呼ばれる．温度差をより大きくすると対流のロールが振動を始め (倍周期化)，さらに乱流状態に移行する．

8.6 線形安定性

多変数の絡まった非線形現象は連立非線形方程式で表わされ，

$$\begin{cases} \dot{x}_1 = f_1(x_1, x_2, \cdots, x_N) \\ \dot{x}_2 = f_2(x_1, x_2, \cdots, x_N) \\ \quad \cdots \\ \dot{x}_N = f_N(x_1, x_2, \cdots, x_N) \end{cases} \tag{8.66}$$

一般にその解析は難しい．そこで，考えている状態の変化をある状態のまわりで線形化して，

$$x_i = x_i^0 + \delta_1, \quad i = 1, \cdots N \tag{8.67}$$

その様子を調べるのが線形解析である．8.5.1 項で行ったように，特に固定点 ($\dot{x}_1 = \cdots \dot{x}_N = 0$) のまわりでのわずかなずれがどのように変化するかを調べるのが線形安定性解析である．たとえば変数 x_1 の変化は

$$\begin{aligned}\dot{\delta}_1 &= f_1(x_1 + \delta_1, x_2 + \delta_2, \cdots, x_N + \delta_N) \\ &\simeq \left(\frac{\partial f_1}{\partial x_1}\right)\delta_1 + \left(\frac{\partial f_1}{\partial x_2}\right)\delta_2 + \cdots \left(\frac{\partial f_1}{\partial x_N}\right)\delta_N\end{aligned} \tag{8.68}$$

である．すべての変数の変化を行列を用いて表わすと，

$$\begin{bmatrix} x_1 \\ x_2 \end{bmatrix} = \begin{bmatrix} x_1^0 e^{\lambda_1 t} \\ x_2^0 e^{\lambda_2 t} \end{bmatrix}$$

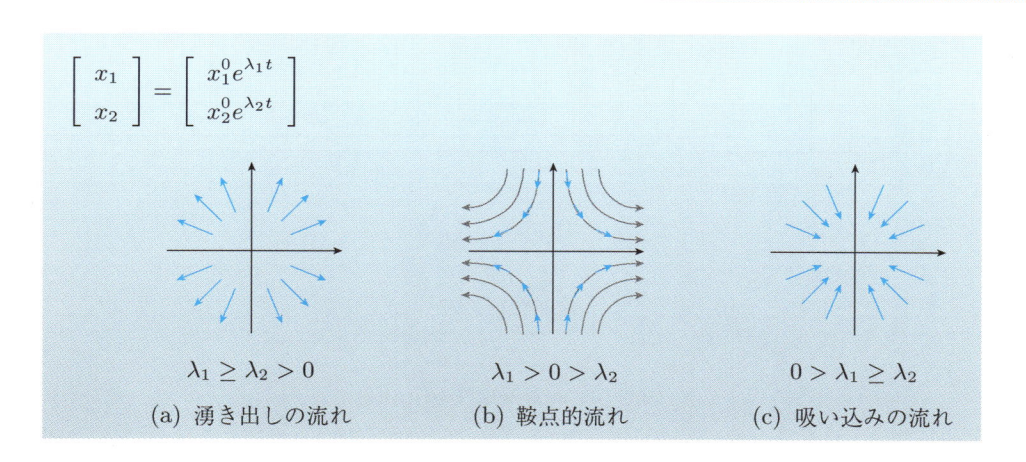

$\lambda_1 \geq \lambda_2 > 0$ 　　　　$\lambda_1 > 0 > \lambda_2$ 　　　　$0 > \lambda_1 \geq \lambda_2$
(a) 湧き出しの流れ　　(b) 鞍点的流れ　　(c) 吸い込みの流れ

図 8.13　線形安定性 (a)(b)(c)

$$\begin{bmatrix} \dot{\delta}_1 \\ \dot{\delta}_2 \\ \cdots \\ \dot{\delta}_N \end{bmatrix} = \begin{bmatrix} \left(\dfrac{\partial f_1}{\partial x_1}\right) & \left(\dfrac{\partial f_1}{\partial x_2}\right) & \cdots & \left(\dfrac{\partial f_1}{\partial x_N}\right) \\ \left(\dfrac{\partial f_2}{\partial x_1}\right) & \left(\dfrac{\partial f_2}{\partial x_2}\right) & \cdots & \left(\dfrac{\partial f_2}{\partial x_N}\right) \\ \cdots & & & \cdots \\ \left(\dfrac{\partial f_N}{\partial x_1}\right) & \left(\dfrac{\partial f_N}{\partial x_2}\right) & \cdots & \left(\dfrac{\partial f_N}{\partial x_N}\right) \end{bmatrix} \begin{bmatrix} \delta_1 \\ \delta_2 \\ \cdots \\ \delta_N \end{bmatrix} \tag{8.69}$$

となる．簡単のため二変数の場合を調べる．

$$\left(\dfrac{\partial f_1}{\partial x_1}\right) = a, \left(\dfrac{\partial f_1}{\partial x_2}\right) = b, \\ \left(\dfrac{\partial f_2}{\partial x_1}\right) = c, \left(\dfrac{\partial f_2}{\partial x_2}\right) = d \tag{8.70}$$

として

$$\frac{d}{dt} \begin{bmatrix} \delta_1 \\ \delta_2 \end{bmatrix} = \begin{bmatrix} a & b \\ c & d \end{bmatrix} \begin{bmatrix} \delta_1 \\ \delta_2 \end{bmatrix} \tag{8.71}$$

この行列の固有値は

$$\lambda_\pm = \frac{a + d \pm \sqrt{(a-d)^2 + 4bc}}{2} \tag{8.72}$$

である．

ここで λ が実数で $\lambda_+ > \lambda_- > 0$ の場合は湧き出しの流れになる (図 8.13(a))．$\lambda_+ > 0 > \lambda_-$ の場合は図 8.13(b) のように鞍点的な流れにな

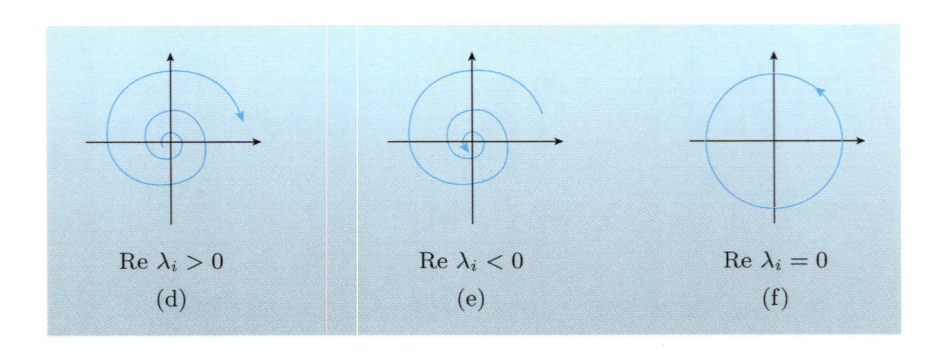

図 8.14 線形安定性 (d)(e)(f)

る．$0 > \lambda_+ > \lambda_-$ の場合は図 8.13(c) のように吸い込みの流れになる．$\text{Re}(\lambda_\pm) > 0$, $\dfrac{(a-d)^2 + 4bc}{2} < 0$ の場合は図 8.14(d) のように回転しながら湧き出す．また，$\text{Re}(\lambda_\pm) < 0$, $\dfrac{(a-d)^2 + 4bc}{2} < 0$ の場合は図 8.14(e) のように回転しながら吸い込む．$\text{Re}(\lambda_\pm) = 0$ の場合は回転になる（図 8.14(f)）．8.5.1 項の例はこの場合にあたる．

8.7 カオス

　運動を具体的に関数として求めるためには，運動方程式を解かなくてはならない．しかしそれは，原理的に閉じた式の形で解が書けない場合があることが知られている．これまで扱ってきた運動方程式は解ける例であったが，むしろほとんどの場合がこのケースにあたり，そのような場合はカオスと呼ばれる．剛体の運動の場合は変数の数が増え，カオスになる場合が多い．

　方程式が解けないとどのようなことが起こるのであろうか．どんな方程式でも，特殊な状況がないかぎり与えられた初期状態から一意的な（交わらない）軌道を示す．その軌道が有限の領域に留まり，さらに周期的でないとすると非常に複雑な形にならざるを得ないことは容易に想像される．

　カオスと呼ばれる状況では，互いに近くの初期状態からはじめても時間が経つにつれて，軌道が指数関数的に離れていく．そのため，初期のわずかなずれが時間が経つと増大される．このような場合，**軌道が不安定**という．このとき，その不安定さを表わす量として，局所的に解が離れていく速さを表

【方程式の可能性】

　方程式が解けないというのはどのようなことであろうか．微分方程式の解が，たとえば $x(t)$ が t の関数として不定積分で表わすことができる場合，

$$x(t) = x(0) + \int_0^t X(t') dt' \qquad ①$$

その方程式は求積法で解けるという．そこでの不定積分が具体的に解けるかどうかは問題にしない．

　有名な問題に惑星の**三体問題**がある．太陽と地球だけに注目すると，それらの運動は，惑星の運動 (2.8 節) のところで見た二体問題であり，完全に解けた．ところが，そこに月，あるいは木星などもう一つの質点を考え，三体の運動方程式を考えると，それは求積法では解けないことがポアンカレ (H.Poincare) やブルンス (H.Bruns) によって示されている．

わす量，**リアプノフ数** (Liapunov exponent)，が考えられている．

$$|x_1(t) - x_2(t)| = Ae^{\lambda t}|(x_1(0) - x_2(0))| \qquad (8.73)$$

気象学者であるローレンツ (E.N. Lorenz) が，気象を表わす三変数の常微分方程式

$$\begin{cases} \dot{x} = -\sigma x + \sigma y \\ \dot{y} = -zx + \gamma x - y \\ \dot{z} = xy - bz \end{cases} \qquad (8.74)$$

を作り，それを数値的に解くとその解が不安定な振る舞いを見せた．彼は天気予報の長期予測ができないことの理由としてこの不安定性を指摘した．それが今日のカオスの研究のはじまりとなった．

このように予測不可能でランダムに見える現象があることは，単純な物理至上主義にとって脅威である．いくら式を立てても結局何もわからないからである．しかし，真理の探究に情熱を燃やす物理学者にとってはむしろはりきる対象の出現であり，そのカオスにあって何が普遍的な性質か，どのようなことが予想されるのかについて研究が進められている．

解の存在する領域が有限の領域にある場合には，解は広がることができずどこかで広げた空間を折りたたまなくてはならなくなる．この様子は**パイコネ変換**と呼ばれる (図 8.16)．このような運動の結果，位相空間の各場所で稠密に軌道があり，その密度が定義できるようになる．それは**普遍測度** (invariant

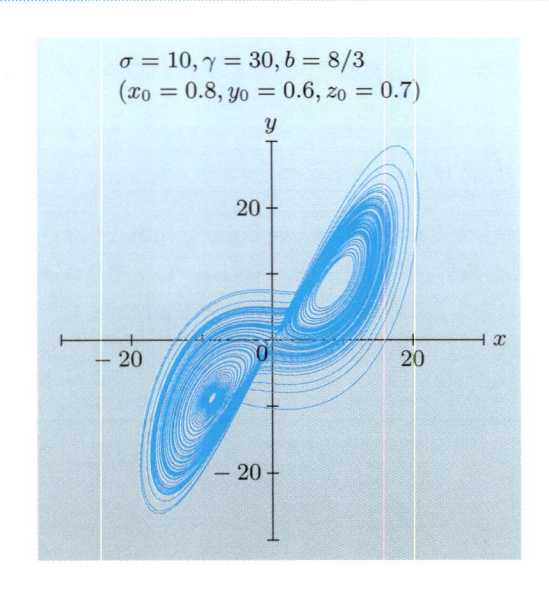

図 8.15　ローレンツマップ　　　　　　　　　　図 8.16　パイコネ変換

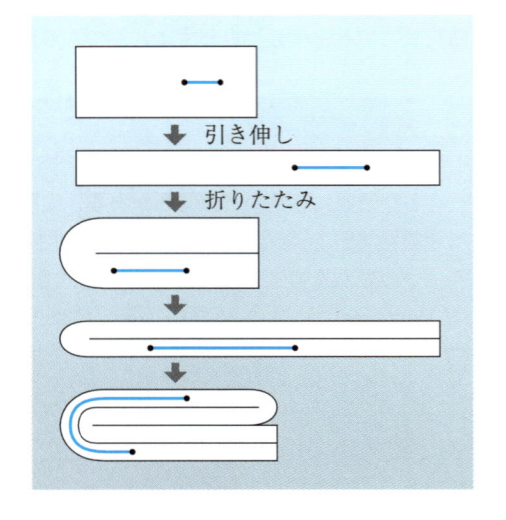

measure) と呼ばれる．

そもそも予測不可能なことを逆に用いてベルヌイ (J. Bernoulli) らが**確率論**を創始し，統計力学の発展につながった．そこでは確率は自明のこととして扱われ，カオス自身についてはあまり意識されていない．最近，カオスの研究とあいまって統計力学の基礎付けにカオスを用いようとする試みがある．

複雑な微分方程式系を数値的に解いて，その一般的性質を見出すのは大変であるので，その系の軌道の性質を現わすいろいろな方法が考え出されている．その一つにカオスの性質を調べるのに有効なモデルとして，一次元写像が用いる方法がある．それは，ある特徴的な値，たとえば時間変化における極大値の列 ($\{x_0, x_1, \cdots\}$) を求め，

$$(x_i, x_{i+1}) \tag{8.75}$$

をプロットしたものがはっきりとした関数構造

$$x_{i+1} = f(x_i) \tag{8.76}$$

を持つことがよくある．そのような場合，一次元写像 (マップ) に縮約されたという．

典型的な一次元写像として**ロジスティックマップ**と呼ばれるものがある．その写像は

$$F(x) = 1 - \mu x^2 \tag{8.77}$$

【初期条件依存性】

さいころの目は投げ出すときの初期状態によって決まっているはずであるが，初期条件のわずかな違いにより出る目が異なるため，どの目がでるかはランダムとみなされている．

この事情は，さいころだけでなくルーレットでも同じである．思った数が出せるディーラーがいるとギャンブルにならないが，どんなに修行してもそうならないとみんなが信じているのでカジノが成立している．

映画，『カサブランカ』でボニーがブルガリアからの若夫婦を救うために 22 に賭けさせる場面は初期条件依存性を克服した夢のディーラーの出番であった．

で与えられる (図 8.17). ここで, $y = f(x)$ と $y = x$ の交点である $x_0 = 0.5$, あるいは $x_0 = -1$ から写像をはじめると,

$$x_1 = f(x_0) = x_0, \quad , x_2 = f(x_1) = x_0, \quad \text{etc.} \tag{8.78}$$

であり, その点に留まる. このような点は**固定点**と呼ばれる. どのような μ の値でも今の写像では少なくとも一つの固定点が存在する. それを x_F とする.

$$1 - \mu x_F^2 = x_F, \quad x_F = \frac{-1 + \sqrt{1 + 4\mu}}{2\mu} \tag{8.79}$$

この固定点のまわりでの振る舞いを調べてみよう (図 8.18). x_0 が固定点から少し離れたところにあるとしよう.

$$x_0 = x_F + \delta \tag{8.80}$$

ずれ δ は一回の写像で

$$f(x_F + \delta) = 1 - \mu x_F^2 - 2\mu \delta x_F = x_F - 2\mu \delta x_F \tag{8.81}$$

であるから

$$\delta \to \delta' = -2\mu \delta x_F \tag{8.82}$$

つまり, $-2\mu x_F$ 倍になる. この値は $F(x)$ の x_F での傾きである. そこで

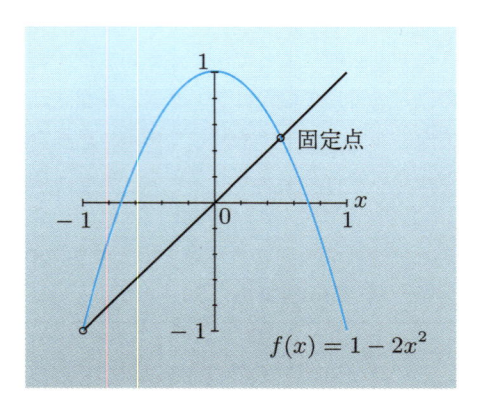

$$|-2\mu x_F| < 1 \tag{8.83}$$

図 8.17 ロジスティクマップ

であれば，写像を繰り返すうちに x は固定点に近づいていく (図 8.18)．このような固定点は安定な固定点と呼ばれる (**リミットサイクル**)．それに対し，

$$|-2\mu x_\mathrm{F}| > 1 \tag{8.84}$$

であれば，固定点は不安定である．その境果は

$$|-2\mu x_\mathrm{F}| = 2\mu \frac{-1+\sqrt{1+4\mu}}{2\mu} = -1+\sqrt{1+4\mu} = 1 \tag{8.85}$$

より，$\mu = 3/4$ である．しかし，固定点の不安定化は必ずしもカオスを意味しない．固定点の代わりに二つの点 $x_{\mathrm{F}1}$，$x_{\mathrm{F}2}$ に交互に移り変わる 2 倍の周期の軌道が現われる (図 8.18)．

さらに μ が大きくなるとこの 2 倍周期の軌道も不安定化し ($\mu = 1.25$)，次には 4 倍周期が現われる．同様にして

$$8, 16, \cdots, 2^n \to \infty \tag{8.86}$$

の周期が現われる．この現象は**周期倍化** (period doubling) と呼ばれる．それぞれの μ のおける固定点を図 8.19 に示す．

温度差によって対流が生じている流体で温度差をさらに上げていくと対流が振動し始める現象が観測され，その周期が倍倍になっていくことが知られている．この現象で単純な対流は固定点に相当し，その後の振動は，周期倍化に相当していると考えられている．

さて，周期が無限大になる ($\mu = 1.40115$) と，いよいよカオスの登場であ

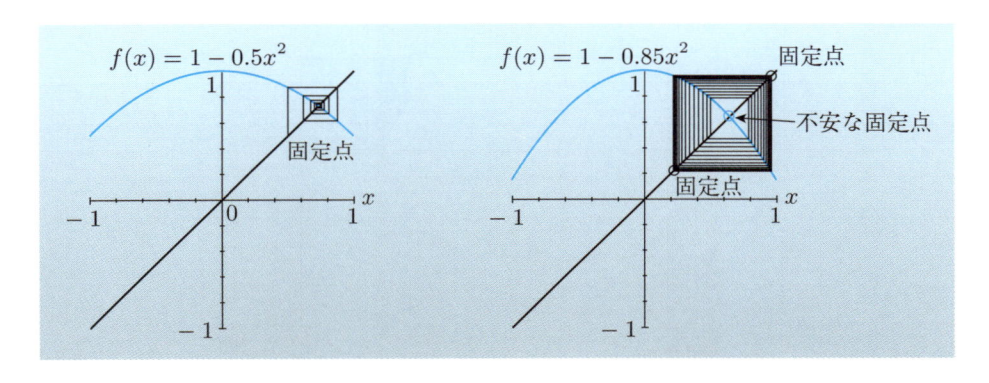

図 8.18　固定点への吸収と周期倍化

る．そこでは，周期を表わす点が有限個の周期軌道でなく，ある領域にべったり存在するようになる．べったりした領域も複雑な μ 依存性を示す．

$\mu = 2$ は最もカオスが発達したところであり，全領域にわたって点が存在する．その密度は

$$\rho(x) = \frac{1}{\pi\sqrt{(1-x^2)}} \tag{8.87}$$

である．この分布が普遍測度である．

ここで現われた周期軌道は元の多変数空間ではある軌道となっており，任意の点から出発した点はこれらの周期軌道に吸い込まれていく．系がカオスになった場合にも，その非常に複雑な軌道に吸い込まれるが，その場合その吸い込まれる先の'無限大の'周期軌道を**ストレンジアトラクター**と呼ぶ．つまり，任意の点から写像を始めるとカオスの普遍測度をもつ'周期'軌道へ近づいていく．その移動の過程はカオス軌道ではない．

系がカオスになる様子は，変数 x の時間変化 $x(t)$ をフーリエ変換したパワースペクトル

$$P(\omega) = \frac{1}{\pi}\int_0^\infty \left[\frac{1}{T}\int_0^T x(t)x(t+\tau)dt\right] e^{-i\omega\tau}d\tau \tag{8.88}$$

によっても特徴づけられる．周期軌道の場合は，パワースペクトルは周期 T を反映した周波数 $\omega = 2\pi/T$ のところのデルタ関数の集まりとなるが，カオスになると連続スペクトルとなる．

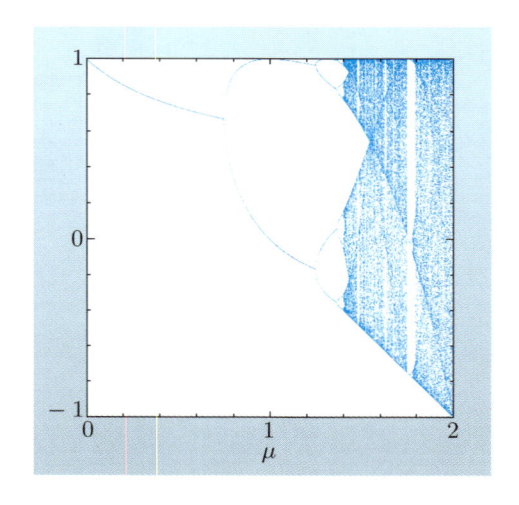

図 8.19 周期倍化

8.8 フラクタル

自然な構造はある程度細かくみると滑らかになる．そのため，微分が定義できるのである．

$$\frac{df(x)}{dx} = \lim_{\Delta x \to 0} \frac{f(x+\Delta x) - f(x)}{\Delta x} \tag{8.89}$$

しかし，どこまで細かく見てもその中に構造があり，接線が引けないような場合も概念的に考えられる．特に，ある図形の一部を細かく見るとその中に，同じ構造が繰り返しサイズを小さくしてある場合に**自己相似**の図形という．その典型例として**コッホ (Koch) 曲線** (図 8.20) と呼ばれるものがある．この図の長さを考えてみる．図 8.20(a) の一辺の長さを a とすると，図 8.20(a) での長さは $L_0 = 4a$ である．しかし，図 8.20(b) のように，長さの単位を 1/3 にして細かく見ると内部構造が見え，長さは

$$L_1 = 4 \times 4 \times \frac{a}{3} = \frac{4}{3} L_0 \tag{8.90}$$

になる．同様に，長さのスケールを小さくしていくと長さは

$$L_n = L_0 \times \frac{4^n}{3} \tag{8.91}$$

になる．通常の線 (一次元図形) の長さは，長さの単位を小さくするとそれに反比例して線分の長さが増え，全体の長さは変化しない．それに対して，コッホ曲線では，長さの精度に応じて長さが変わってしまうのである．この性質

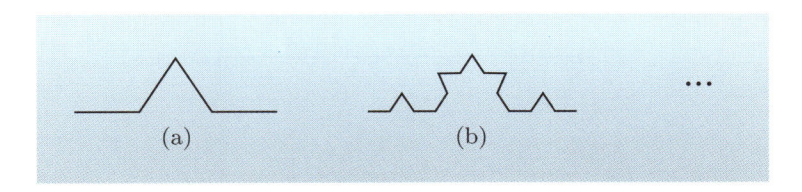

図 8.20　自己相似の図形

を利用して，**フラクタル次元**が定義される．一般に尺度を $1/b$ 倍したとき，ある量の大きさが

$$B = b^{d_\mathrm{F}} \tag{8.92}$$

になるとき，その図形のフラクタル次元は

$$d_\mathrm{F} = \frac{\ln B}{\ln b} \tag{8.93}$$

と定義する．普通の図形の場合，1次元，2次元，3次元の図形の大きさ，つまり長さ，面積，体積として，長さ，面積，体積をとると，普通の意味での次元と一致する．コッホ曲線のフラクタル次元は

$$d_{\text{コッホ曲線}} = \frac{\ln 4}{\ln 3} = 1.262\cdots \tag{8.94}$$

であり，一次元と二次元の間の中途半端な次元をもつ．

フラクタル次元の定義は必ずしも上のものだけとは限らないが，何らかの意味で中途半端な次元をもつ場合，図形はフラクタルといわれる．

もう一つの典型例として**カントール集合**と呼ばれるものがある．その例として，線分の真ん中 $1/3$ を取り除く操作を繰り返し行ってできる図形である（図 8.21）．

この場合残った長さは元の長さの $2/3$ になるので，n 回の操作後の長さは

$$L_n = \left(\frac{2}{3}\right)^n L_0 \tag{8.95}$$

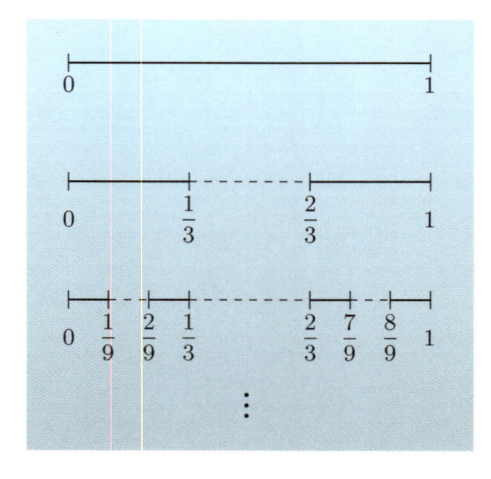

図 8.21　カントール図形

である．この場合のフラクタル次元は

$$d_{カントール集合} = \frac{\ln 2}{\ln 3} = 0.631\cdots \tag{8.96}$$

であり，0次元と1次元の間の中途半端な次元をもつ．

上で上げたような規則正しいフラクタル図形ではないが，平均として自己相似性をもつ現象として，ランダムウォーク，つまり拡散現象をあげることができる．ランダムウォークの軌跡のフラクタル次元は距離のスケールを b 倍にするとそこまで離れるのにステップ数は b^2 回必要なので，

$$d_{ランダムウォーク} = \frac{\ln b^2}{\ln b} = 2 \tag{8.97}$$

である．これは整数であるが，軌跡は自己相似的である．

さらに，自然界には近似的に自己相似性を示す形や，現象が多く存在する．たとえば川の長さは，どの程度の枝の大きさまで考えるかというスケールを変えると延べの長さはフラクタル的に長くなる．また，海岸の長さも同様である．一般に相関関数がべき的に振舞うものは，

$$\langle x(t)x(t+\tau)\rangle \sim C\tau^{-\eta} \tag{8.98}$$

で τ を b 倍するとき，x を $b^{\eta/2}$ 倍すると相関関数は同じであるので，それが表わす現象は同じになり，自己相似といえる．このような場合，**特徴的な長さがない**といい，それが表わす現象はフラクタル的という．

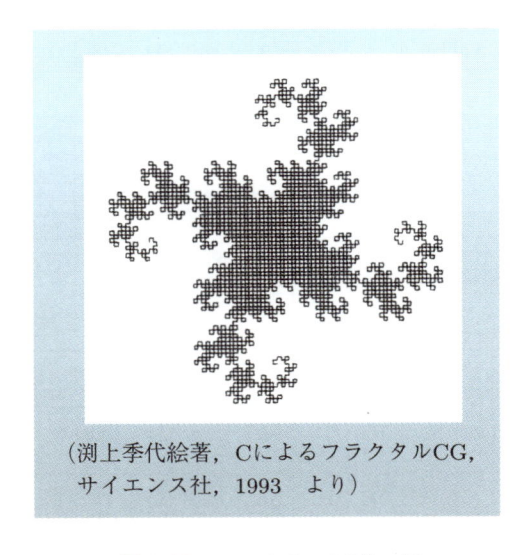

(渕上季代絵著，CによるフラクタルCG，サイエンス社，1993 より)

図 8.22 フラクタル図形の例

8.9 物質の構造

物体を構成している物質の構造を調べておこう．物質には三相，つまり気相・液相・固相がある (図 7.14)．固体としてまず結晶が思い浮かぶが，結晶の中にもいろいろな結晶構造がある．同じ組成からなる結晶もいろいろな格子構造を示すものがあり，**同素体**と呼ばれる．ダイヤモンドとグラファイトは結晶構造が違う炭素の固相である．また，水晶としてよく知られている SiO_2 の結晶もいろいろなタイプのものがある．また，結晶 (水晶) にはならずガラスになるものもある．ガラスを熱力学的にどのような位置づけにするのが妥当か，つまり，結晶の一部なのか，液体の一部なのか，それとも新しい相なのかなどはまだ明らかになっていない．

物質構造をミクロな立場から明らかにしようとすると，まずその構成要素である原子の性質を知らなくてはならない．原子の化学的性質にある規則性があることは昔から知られており，**周期表**として知られている．ここでは，その概要を紹介しよう．原子は，原子核と電子からなり，電子配置は，惑星形の運動を量子力学的に解いたとき現われる，離散状態のみが許されることがわかっている．

この許される電子配置を図示すると，図 8.23 のようになり内側から，K 殻，L 殻，M 殻と名前が付けられている．各軌道はそれぞれ 2，8，18 個でいっぱいになり，そのような状態は閉殻と呼ばれ極めて安定である．

各原子の基底状態，つまり最低エネルギー状態は，電子が最も内側の軌道

表 8.2　周期表

周期\族	1	2	3	4	5	6	7	8	9	10	11	12	13	14	15	16	17	18
1	1 H 1.008																	2 He 4.003
2	3 Li 6.941	4 Be 9.012											5 B 10.81	6 C 12.01	7 N 14.01	8 O 16.00	9 F 19.00	10 Ne 20.18
3	11 Na 22.99	12 Mg 24.31											13 Al 26.98	14 Si 28.09	15 P 30.97	16 S 32.07	17 Cl 35.45	18 Ar 39.95
4	19 K 39.10	20 Ca 40.08	21 Sc 44.96	22 Ti 47.87	23 V 50.94	24 Cr 52.00	25 Mn 54.94	26 Fe 55.85	27 Co 58.93	28 Ni 58.69	29 Cu 63.55	30 Zn 65.39	31 Ga 69.72	32 Ge 72.61	33 As 74.92	34 Se 78.96	35 Br 79.90	36 Kr 83.80
5	37 Rb 85.47	38 Sr 87.62	39 Y 88.91	40 Zr 91.22	41 Nb 92.91	42 Mo 95.94	43 Tc (98)	44 Ru 101.1	45 Rh 102.9	46 Pd 106.4	47 Ag 107.9	48 Cd 112.4	49 In 114.8	50 Sn 118.7	51 Sb 121.8	52 Te 127.6	53 I 126.9	54 Xe 131.3
6	55 Cs 132.9	56 Ba 137.3	57-71 *	72 Hf 178.5	73 Ta 180.9	74 W 183.8	75 Re 186.2	76 Os 190.2	77 Ir 192.2	78 Pt 195.1	79 Au 197.0	80 Hg 200.6	81 Tl 204.4	82 Pb 207.2	83 Bi 209.0	84 Po (209)	85 At (210)	86 Rn (222)
7	87 Fr (223)	88 Ra (226)	89-103 **	104 Rf (261)	105 Db (262)	106 Sg (263)	107 Bh (264)	108 Hs (269)	109 Mt (268)	110 Uun (269)	111 Uuu (272)	112 Uub (277)		114 Uuq (289)		116 Uuh (292)		
*ランタノイド				57 La 138.9	58 Ce 140.1	59 Pr 140.9	60 Nd 144.2	61 Pm (145)	62 Sm 150.4	63 Eu 152.0	64 Gd 157.3	65 Tb 158.9	66 Dy 162.5	67 Ho 164.9	68 Er 167.3	69 Tm 168.9	70 Yb 173.0	71 Lu 175.0
**アクチノイド				89 Ac (227)	90 Th 232.0	91 Pa 231.0	92 U 238.0	93 Np (237)	94 Pu (244)	95 Am (243)	96 Cm (247)	97 Bk (247)	98 Cf (251)	99 Es (252)	100 Fm (257)	101 Md (258)	102 No (259)	103 Lr (260)

(注) ここに与えた原子量は概略値である．( ) 内の値はその元素の既知の最長半減期をもつ同位体の質量数である．

8.9 物質の構造

に配置した状態である．その基底状態から電子が上の軌道へ励起された状態は励起状態という．これらの状態の間の遷移は光の吸収，放出を伴う．水素原子の分光スペクトルの研究は，水素原子の軌道のエネルギー構造を明らかにし，量子力学の発見の契機となった．

K殻，L殻，M殻はそれぞれ，(1s)，(2s, 2p)，(3s, 3p, 3d) と分類される軌道からなり，s軌道は2個，p軌道は6個，d軌道は10個の電子でいっぱいになる．1sがいっぱいになったときがヘリウムHe，1s, 2s, 2pがいっぱいになったものがネオンNeである．特に，M殻では，3s, 3pがいっぱいになったときも安定な閉殻とみなせる状態になる (アルゴン Ar)．ここまでは，最外殻の電子は規則的に増える．化学的な性質は主に，最外殻の電子によって決まり，化学的な性質は規則的に変化する．そのため，**典型元素**と呼ばれる．

化学結合は電子を何らかの形で閉殻構造とみなせる形にするように電子配置を作るように行われる．ある電子対を二つの原子で共有して，閉殻構造を作る共有結合，最外殻電子をやり取りして，イオンとなり結合するイオン結合，その中間の配位結合などがある．

もっと原子数が増え，電子数が増えてくると，電子の多体効果が効いて殻構造の順番通り入らなくなる．それらは**遷移元素**と呼ばれる．3d以上では4sの方に先に電子が入り，その後3dに10個の電子が詰まる (図 8.24)．そのため，化学的な性質は複雑になり，それらの元素は興味深い電気的，磁気的性質を示し，3d元素と呼ばれる (Sc, Ti, V, Cr, Mn, Fe, Co, Ni, Cu, Zn)．これらの元素の最外殻電子は4s電子であり，化学的には似た振る舞いを示し，これら

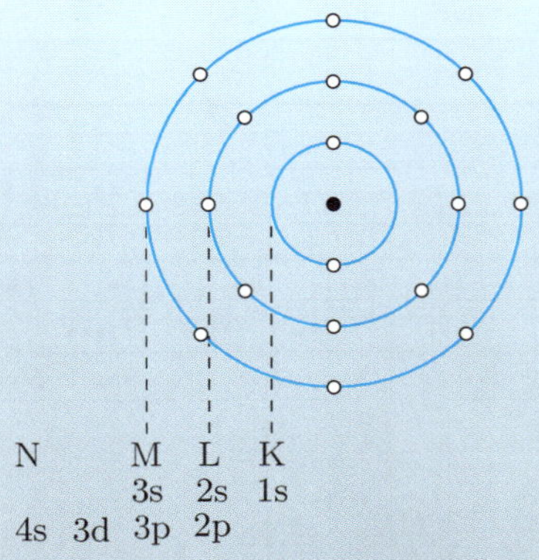

N	M	L	K			
	10	8	8	2		
0	0	0	0	1	水素	H
0	0	0	0	2	ヘリウム	He
0	0	0	1	2	リチウム	Li
			⋮			
1	0	8	8	2	カリウム	K
2	0	8	8	2	カルシウム	Ca
2	1	8	8	2	スカンジウム	Sc
2	2	8	8	2	チタン	Ti
			⋮			
2	10	8	8	2	亜鉛	Zn

図 8.23 原子の電子配置

を含む化合物は元素を取り替えることが比較的容易にでき，3d 軌道の電子あり方に応じて元素の個性を反映した興味深い磁性，結晶構造などの性質の違いを示す．特に，高温超伝導の発見以来，わずかな磁場で伝導率が大きく変わるコロッサル磁性体など多様な機能をもつ物質の性質が系統的に調べられている．

8.10 原子核，素粒子

物質の最小構成要素として '原子' も究極の要素でないことが明らかになってきた．19 世紀の終わりごろ，原子から X 線が放出されることがレントゲンによって発見され，ウランからある種の放射線が放出されることもベクレルによって明らかにされた．電子もトムソンによって発見された．これらの発見により，原子の構造ということが興味の対象になった．トムソンは正の電荷を持つ粒子と電子が一様に混ざった構造を考え，長岡半太郎は太陽系型のモデルを考えた．原子に α 線を照射する時の散乱の様子から 2.8.5 項に示したように，ラザフォードやガイガーらによって正の電荷を持つ粒子は，原子の中心に局在していることが明らかにされ，原子核が発見された．これらの発見により，原子は電子と原子核から構成され，その構造は量子力学と電磁相互作用でよく説明された．

原子核もより基本的な粒子から構成されている．水素の原子核としての**陽子**と**電子**だけを考えると，原子核の重さ(**質量数** A) が合わないので，原子核の中に質量数と陽子数(**原子番号** Z) の差だけの電子が入っているとすると

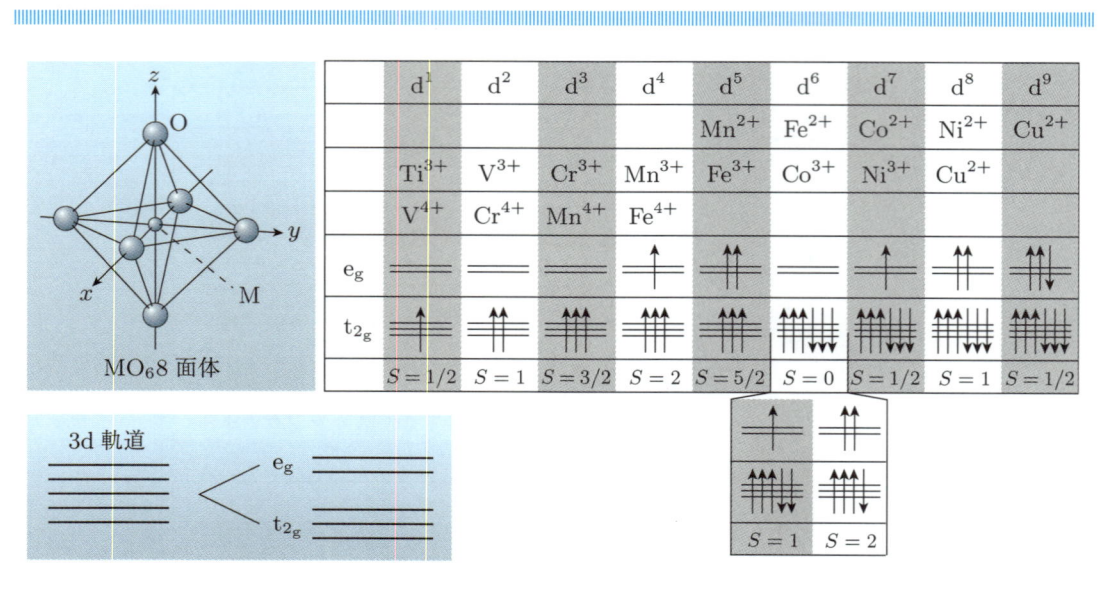

図 8.24 3d 元素の電子構造

質量や電荷はうまく説明できるが，原子核のスピンと呼ばれる量に関した実験が説明できず，新しく電荷を持たない**中性子**がチャドウィックによって発見された．基本的に，原子核は正の電荷をもつ陽子と，電荷を持たない中性子からなるとされる (図 8.25).

これらは**核子**と呼ばれ，その陽子の数 Z が，原子の化学的性質を決めている．また，中性子の数 N と Z の和は質量数 A である．

$$A = Z + N \tag{8.99}$$

同じ数の陽子を持ち，同様な化学的性質を示す原子が異なる数の中性子を持つ場合，**同位体** (アイソトープ) という．原子を表わすのに，原子の種類を表わす化学記号 X の添え字として A, Z を

$${}^{A}_{Z}\text{X} \quad \text{たとえば} \quad \text{質量数 238 のウランは} \quad {}^{238}_{92}\text{U} \tag{8.100}$$

のように表わす．

8.10.1 原子核の安定性

原子核と電子を結合させている力はクーロン力，つまり電磁的な力であった．しかし，これらの核を結合させている力は，核力と呼ばれクーロン力ではない．湯川秀樹が発見した**中間子**がその結合に役割を果たしていることがわかっている．原子核の結合エネルギーは鉄が最も安定 (図 8.26) であり，それ以外は核分裂，あるいは核融合でより安定な元素に変わる．これが原子核

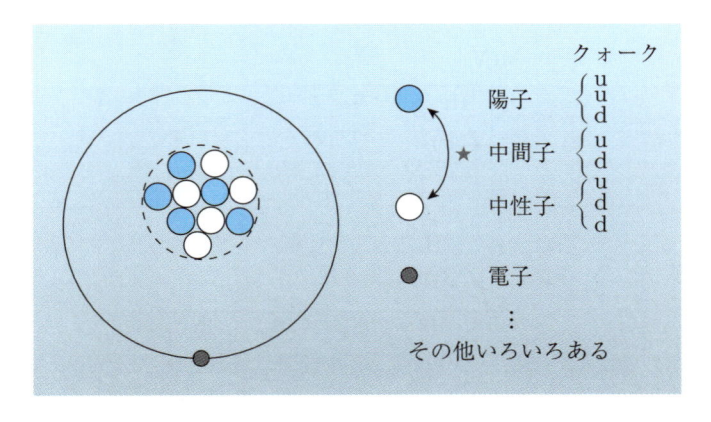

図 8.25 原子核と素粒子

反応である．

　その過程で放出される物質は**放射線**と呼ばれる．陽子2個，中性子2個からなるヘリウムの原子核による放射線はアルファ線，電子によるものはベータ線，電磁波の強いものはガンマ線と呼ばれる．これらを出して原子核が崩壊することを，それぞれアルファ崩壊，ベータ崩壊，ガンマ崩壊と呼ぶ．アルファ崩壊では原子番号が二つ減り，質量数は4減る．また，ベータ崩壊では中性子が一つ減り，陽子が一つ増える．そのため，質量数は変わらないが原子番号が一つ増える．不安定な原子核は崩壊を繰り返しながら，安定な核に緩和する．また，名前はついていないが中性子も重要な放射線である．

　これらの原子核の崩壊の際，余分なエネルギーを質量欠損 (8.1) によるエネルギーとして放出する．これを利用するのが原子力である．また，軽い原子核が結合するときにも，エネルギーを放出する．このエネルギーを利用するのが核融合である．

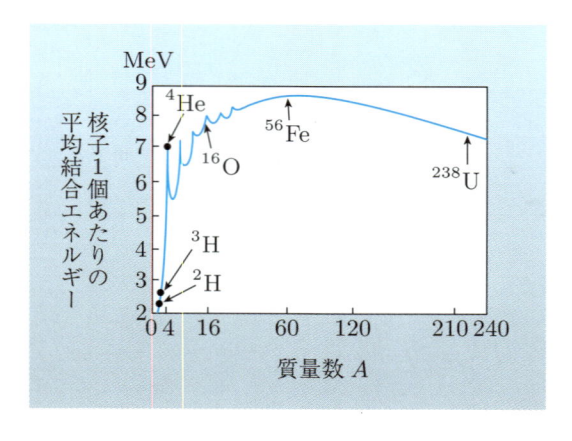

図 8.26　原子核の安定性

8.10.2 半減期

原子が単位時間当たりに崩壊する率を**崩壊率**という．それを a とすると，原子が崩壊せずに元のままいる確率 p が従う方程式は

$$\frac{dp}{dt} = -ap \tag{8.101}$$

である．その解は

$$p(t) = p(0)e^{-at} \tag{8.102}$$

となる．$p(t)$ が $p(0)$ の半分になる時間を半減期 τ という．

$$\frac{1}{2} = \frac{p(t)}{p(0)} = e^{-a\tau} \quad \text{より} \quad \tau = \frac{\log 2}{a} \tag{8.103}$$

である．

炭素 ^{14}C が ^{12}C へ崩壊するときの半減期が 5730 年であることを利用して，有機物が作られた年代を推定する方法がある．まず，有機物が作られたときの ^{14}C の割合は一定と考え，現在有機物に含まれる ^{14}C の割合と ^{14}C の半減期を比較して，その間の時間を推定するのである．この方法は考古学などで用いられ，**炭素年代測定法**と呼ばれる．

8.10.3 素 粒 子

陽子，中性子，電子，中間子以外にも多くの素粒子が発見されている．これらは，大きく分けて，**バリオン**と呼ばれる重い粒子 (陽子，中性子の他に，

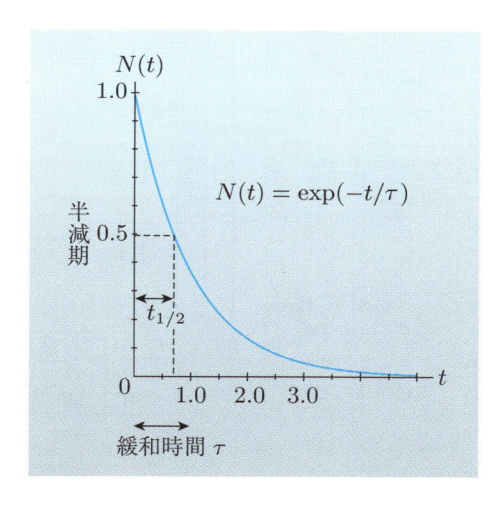

図 8.27 半減期

ラムダ，シグマ，グザイ，オメガと呼ばれる粒子)，**メゾン**と総称される中間子の仲間 (パイ中間子，K 中間子，η 中間子)，そして**レプトン**と呼ばれる電子の仲間である軽い粒子 (電子，ミュオン，タウ，電子ニュートリノ，ミューニュートリノ，タウニュートリノ) に分類される．この内，バリオンとメゾンは**ハドロン**と呼ばれ，**クォーク**と呼ばれる電荷が 1/3 の倍数の基本粒子 (？) から構成されると信じられてきている．これらの粒子の間に働く力として，荷電粒子間に働く電磁相互作用，レプトン間に働く弱い相互作用，ハドロン間に働く強い相互作用，その他すべての質量間に働く重力の四つが基本相互作用として知られている．これらの力の担い手は，電磁相互作用では光子，弱い相互作用では弱ボゾン，強い相互作用ではグルーオンと呼ばれる粒子である．このような力を媒介する粒子はゲージボゾンと呼ばれる．これらの，素粒子群とその間の力を説明する，**標準理論**と呼ばれる理論が出され，多くの関係が説明され，また理論的に予想される新しい粒子も発見されてきた．しかし，最近のカミオカンデの精密な測定などによりニュートリノに質量があることが明らかになってきているなど，いくつかの齟齬も見つかっており今後の発展が期待される．

	粒子名	記号 粒子	記号 反粒子	粒子の構成
レプトン	電子	e^-	e^+	
レプトン	μ 粒子	μ^-	μ^+	
レプトン	τ 粒子	τ^-	τ^+	
レプトン	ニュートリノ	ν_e ν_μ ν_τ	$\bar\nu_e$ $\bar\nu_\mu$ $\bar\nu_\tau$	
ハドロン 中間子	π 中間子	π^0 π^+	π^0 π^-	$u\bar u - d\bar d$ $u\bar d$
ハドロン 中間子	K 中間子	K^0 K^+	$\bar K^0$ K^-	$u\bar s$ $d\bar s$

		記号	反粒子	構成
ハドロン 重粒子	陽子	p	$\bar p$	uud
ハドロン 重粒子	中性子	n	$\bar n$	udd
ハドロン 重粒子	Λ 粒子	Λ	$\bar\Lambda$	uds
ハドロン 重粒子	Σ 粒子	Σ^+ Σ^0 Σ^-	$\bar\Sigma^+$ $\bar\Sigma^0$ $\bar\Sigma^-$	uus uds dds
ハドロン 重粒子	Ξ 粒子	Ξ^0 Ξ^-	$\bar\Xi^0$ $\bar\Xi^-$	uss dss
ハドロン 重粒子	Ω 粒子	Ω^-	$\bar\Omega^-$	sss

名称	記号	電荷 (e)
アップ	u	2/3
ダウン	d	$-1/3$
ストレンジ	s	$-1/3$
チャーム	c	2/3
ボトム	b	$-1/3$
トップ	t	2/3

図 8.28 素粒子の種類

● 章末問題解答 ●

第 2 章

2.1　p.35 の例題より
$$v(t) = \frac{mg}{b}\left(e^{-\frac{b}{m}t} - 1\right)$$
初期速度を 0 とすると t 秒後の落下距離 h は
$$h = -\frac{mg}{b}\int_0^t \left(e^{-\frac{b}{m}t'} - 1\right)dt'$$
$$= \frac{mg}{b}\left[\frac{m}{b}e^{-\frac{b}{m}t} + t - \frac{m}{b}\right]$$
である．ここで $b \to 0$ とすると $h = \frac{1}{2}gt^2$ である．

2.2
$$\Delta E = \frac{1}{2}mv^2 \times 2 - \frac{1}{2}m(v')^2 \times 2 = m(v^2 - v'^2)$$
運動エネルギーは衝突の際に熱エネルギーに変わることが考えられるので $\Delta E > 0$ と考えられる．そのため $v' \leqq v$ である．$v' = 0$ の場合，衝突後の二つの質点は一体となる．この場合を完全非弾性衝突という．また $v' = v$ の場合には運動エネルギーは保存される．この場合は弾性衝突という．一般に v'/v を反発係数という．

2.3　二つの質点の平衡点からのずれを，それぞれ x_1, x_2 とすると運動方程式は
$$\begin{cases} m\ddot{x}_1 = -k(x_1) - k(x_2 - x_1) \\ m\ddot{x}_2 = -k(x_1 - x_2) - kx_2 \end{cases}$$
である．これらより
$$\begin{cases} m\dfrac{d^2}{dt^2}(x_1 + x_2) = -k(x_1 + x_2) \\ m\dfrac{d^2}{dt^2}(x_1 - x_2) = -3k(x_1 + x_2) \end{cases}$$
であり $\omega = \sqrt{k/m}$ とすると
$$\begin{cases} x_1 + x_2 = Ae^{i\omega t} + Be^{-i\omega t} \\ x_1 - x_2 = Ce^{3i\omega t} + De^{-3i\omega t} \end{cases}$$
これより質点の運動は角振動数 ω と 3ω の振動の重ね合わせで表わされることがわかる．

2.4 運動エネルギー保存則より，無限遠での速さを v_∞ とすると

$$\frac{m}{2}v^2 - \frac{GmM}{R} = \frac{m}{2}v_\infty^2$$

である．$v_\infty \geq 0$ であるためには

$$v \geq \sqrt{2\frac{GM}{R}}$$

地表での重力加速度は $gm = \dfrac{GmM}{R^2}$ であるので

$$v \geq \sqrt{2gR}$$

$v = \sqrt{2gR}$ を第二宇宙速度という．

2.5 遠心力と重力がつり合うためには

$$m\frac{v^2}{R} = mg$$

であるので人工衛星になるためには

$$v \geq \sqrt{gR}$$

である必要がある．この速度は第一宇宙速度という．また，地球から遠ざかっていくためには前問と同じで $v \geq \sqrt{2gR}$ である．

2.6 全質量は $M = \rho \cdot \pi a^2 l$，トルクは

$$N = -\frac{1}{2}Ml \cdot g\sin\theta$$

端点を回転軸とした場合の慣性モーメントは

$$I = M\left(\frac{l}{2}\right)^2 + M\left(\frac{1}{4}a^2 + \frac{1}{12}l^2\right)$$

であるので

$$I\ddot\theta = -\frac{1}{2}Mgl\sin\theta$$

より，振幅が小さいとき

$$\omega = \sqrt{\frac{3g}{2l\left(1 + \frac{3}{4}a^2\right)}}$$

である．

第3章

3.1 ねじれ角 θ とすると，円柱の表面付近の，長さ l，dS，厚さ dr の直方体を考えると，横方向に $\theta\dfrac{r}{l}$ ずれを起こしていることがわかる．

この変形をもたらすせん断応力 f は，ずれ弾性率を G とすると

$$f = G\left(\theta\frac{r}{l}\right)$$

であり，上の面が受けている接線方向の力は $fdrdS$ である．この力が中心軸の周りに作り出すトルクは

$$d\tau = rf = G\theta\frac{r^2}{l}drdS = G\theta\frac{r^3}{l}drd\theta$$

であるので，全トルクは

$$\tau = \int_0^R\int_0^{2\pi} G\theta\frac{r^3}{l}drd\theta = \frac{\pi G\theta}{2l}R^4$$

である．

これからトルクはねじれ角に比例することがわかり，ねじれ角からトルクが求められる．これがねじり秤りの原理である．比例係数が R^4 に比例することから，R を小さくすると小さなトルクも測定が可能であり，精密な力の測定に用いられる (重力の測定キャベンディッシュ)．

3.2 各部分の変形は円弧で近似できるので，のびちぢみのない中心からの距離を y，中心部の曲率半径を R とすると，ひき伸ばしに必要な応力は

$$f = E\frac{\Delta l}{l} = E\frac{y}{R}$$

である．この応力による面 $dxdy$ に働く力は

$$dF = E\frac{y}{R}dxdy$$

であり，断面全体のトルクは

$$M = \int_{-\frac{a}{2}}^{\frac{a}{2}}\int_{-\frac{b}{2}}^{\frac{b}{2}} E\frac{y^2}{R}dxdy = \frac{E}{R}\cdot\frac{ab^3}{12}$$

となる．

3.3 板の形を $y = u(x)$ とする．曲率半径は

$$\frac{1}{R} = \frac{d^2}{dx^2}u(x)$$

であるので，

$$I = \frac{ab^3}{12}$$

とすると，場所 x でのつり合いは

$$-\frac{1}{2}g\rho(l-x)^2 = \frac{d^2}{dx^2}u(x)EI$$

となり

$$u(x) = -\frac{g\rho}{2EI}\left[\frac{l^2}{2}x^2 - \frac{l}{3}x^3 + \frac{x^4}{12}\right]$$

より

$$u(l) = -\frac{g\rho}{2EI}\frac{l^4}{3}$$

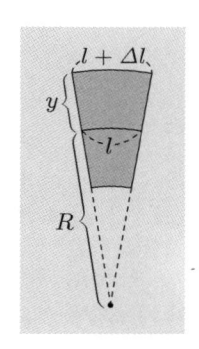

となる．

3.4 レイノルズ数を同じにしなくてはならないから

$$R = \frac{\rho L U}{\mu}$$

であるので，同じ流体を用いるのであれば $U = 100$ 倍にする．あるいは，速度も $\frac{1}{100}$ にするのであれば $\frac{\rho}{\mu}$ が 10000 倍のものを用いる．

3.5 ベルヌイの定理によって吹き抜ける場合 (外気圧 $= p_\infty$, v)，液体によって流れが止められている場合 (p, $U = 0$) を比較すると

$$p_\infty + \frac{1}{2}\rho v_\infty^2 + \rho g h = p + 0 + \rho g h$$

であるので

$$U_\infty = \sqrt{\frac{2(p - p_\infty)}{\rho}}$$

となる．

第 4 章

4.1 それぞれの音波を

$$\begin{cases} \varphi_1 = A\cos(k_1 x + \omega_1 t + \varphi_1) \\ \varphi_2 = B\cos(k_2 x + \omega_2 t + \varphi_2) \end{cases}$$

とする．ただし，$\omega_i = 2\pi f_i$, $k_i = \dfrac{\omega_i}{c}$, $i = 1, 2$, c は音速．

ある場所での波の重ね合わせは

$$\begin{aligned}
\varphi_1 + \varphi_2 &\simeq A'\cos(\omega_1 t) + B'\cos(\omega_2 t) \\
&= (A' + B')\cos\left(\frac{\omega_1 + \omega_2}{2}t\right)\cos\left(\frac{\omega_1 - \omega_2}{2}t\right) \\
&\quad + (B' - A')\sin\left(\frac{\omega_1 + \omega_2}{2}t\right)\sin\left(\frac{\omega_1 - \omega_2}{2}t\right)
\end{aligned}$$

であり，合成された音の振動数は $\dfrac{f_1 + f_2}{2}$ と $\dfrac{f_1 - f_2}{2}$ である．

$f_1 \simeq f_2$ のときは $\dfrac{f_1 + f_2}{2} \simeq f$ の音の振幅が振動数 $\dfrac{f_1 - f_2}{2}$ で変化して聞こえる．これがうなりである．音の大きさの変化の振動数は $2 \times \dfrac{f_1 - f_2}{2} = f_1 - f_2$ である．

4.2 $335.5 = \sqrt{\gamma \dfrac{1.013 \times 10^5 \mathrm{N/m^2}}{1.3 \mathrm{kg/m^3}}} = \sqrt{\gamma \dfrac{10.13}{1.2}} \times 100\,[\mathrm{m/s}]$ より

$$\gamma = 3.35^2 \cdot \frac{1.3}{10 \cdot 13} = 1.4$$

となる．

4.3 (1) (4.13) より $\dfrac{\partial^2 f}{\partial t^2} = \dfrac{S}{\rho}\dfrac{\partial^2 f}{\partial x^2}$

(2) $f(x) = \sum_n \dfrac{8a}{n^2\pi^2} \sin\left(\dfrac{n\pi}{2}\right) \sin\left(\dfrac{n\pi}{L}x\right)$

(3) $f(x,t) = \sum_n \dfrac{8a}{n^2\pi^2} \sin\dfrac{n\pi}{2} \sin\left(\dfrac{n\pi}{L}x\right) \cos\left(\dfrac{n\pi}{L}ct\right)$ ただし $c = \sqrt{\dfrac{S}{\rho}}$

4.4 (1) $\dfrac{\partial^2 f}{\partial t^2} = \dfrac{S}{\rho}\left(\dfrac{\partial^2 f}{\partial x^2} + \dfrac{\partial^2 f}{\partial y^2}\right)$

(2) $f = \sum_n Cn \sin\left(\dfrac{n\pi}{a}x\right) \sin\left(\dfrac{n\pi}{b}y\right) \times \cos\left(\dfrac{n\pi}{a}ct + \varphi\right)$ ただし, $c = \sqrt{\dfrac{S}{\rho}}$

第5章

5.1 全電荷は $Q = 4\pi a^2 \sigma$ である. 外向きの電場の強さを E とするとガウスの定理より

$$4\pi r^2 E = \dfrac{Q}{\varepsilon_0} \rightarrow \begin{cases} E = \dfrac{Q}{4\pi\varepsilon_0 r^2} = \dfrac{a^2}{\varepsilon_0 r^2} & (r > a) \\ E = 0 & (r < a) \end{cases}$$

電位は

$$\begin{cases} \phi = \displaystyle\int_r^\infty E dr = \dfrac{a^2}{\varepsilon_0 r} & r \geqq a \\ \phi = \displaystyle\int_r^a E dr + \phi(r=a) = \dfrac{a}{\varepsilon} & r \leqq a \end{cases}$$

5.2 電場はコンデンサー内にしかないとすると, コンデンサー平板に誘起される面電荷を ρ とすると, 挿入された物体以外での電場の強さは

$$\rho = \varepsilon_0 E$$

である. それによる電位差は $V_0 = \dfrac{\rho}{\varepsilon}(d_0 - d)$ となる. 電束密度は一定であるので, 物体内の電場の強さを E' とすると

$$D = \varepsilon_0 E = \varepsilon E'$$

である. それによる電位差は $V' = E'd = \dfrac{\varepsilon_0}{\varepsilon}Ed$ である. 全電位差は

$$V = \dfrac{\rho}{\varepsilon_0}\left(d_0 - d + \dfrac{\varepsilon_0}{\varepsilon}d\right)$$

より

$$C = \dfrac{Q}{V} = S\left(\dfrac{d_0 - d}{\varepsilon_0} + \dfrac{d}{\varepsilon}\right)^{-1}$$

である.

5.3 $H = \dfrac{I}{4\pi}\displaystyle\int_{-\infty}^\infty \dfrac{r\sin\theta}{r^3}dS$

$\sin\theta dS = rd\theta$, $r\sin\theta = r_0$ より

$$H = \dfrac{I}{4\pi}\int_0^\pi \dfrac{d\theta}{r} = \dfrac{I}{4\pi r_0}\int_0^\pi \sin\theta d\theta = \dfrac{I}{2\pi r_0}$$

5.4 磁束の大きさは

$$\Phi = \mu_0 H a^2 \cos(\omega t)$$

であるので起電力は

$$V = -\frac{d\Phi}{dt} = \mu_0 H a^2 \omega \sin(\omega t)$$

5.5 中心から半径 r のところでの速度は

$$v = r\omega$$

であるので，$r \sim r + dr$ の部分での起電力 de は

$$de = v\mu_0 H dr$$

これから

$$e = \int_0^a r\omega\mu_0 H dr = \frac{\omega B}{2}a^2$$

5.6 入射波，反射波，透過波の電場，磁場の振幅をそれぞれ (E, H), (E_1, H_1), (E_2, H_2) とする．

境界条件 $E + E_1 = E_2$
$H - H_1 = H_2$ （反射波の方向は逆向きのため）

となる．

$$H = \sqrt{\frac{\varepsilon_0}{\mu_0}}E, \quad H_1 = \sqrt{\frac{\varepsilon_0}{\mu_0}}E_1, \quad H_2 = \sqrt{\frac{\varepsilon}{\mu}}E_2$$

であるので，

$$\sqrt{\frac{\varepsilon_0}{\mu_0}}(E - E_1) = \sqrt{\frac{\varepsilon}{\mu}}E_2$$

これから

$$\begin{cases} E_1 = \dfrac{\sqrt{\varepsilon_0/\mu_0} - \sqrt{\varepsilon/\mu}}{\sqrt{\varepsilon_0/\mu_0} + \sqrt{\varepsilon/\mu}}E \\ H_1 = \sqrt{\dfrac{\varepsilon_0}{\mu_0}}E_1 \end{cases}$$

$$\begin{cases} E_2 = \dfrac{2\sqrt{\varepsilon_0/\mu_0}}{\sqrt{\varepsilon_0/\mu_0} + \sqrt{\varepsilon/\mu}}E \\ H_2 = \sqrt{\dfrac{\varepsilon}{\mu}}E_2 \end{cases}$$

である ($\varepsilon_0/\mu_0 < \varepsilon/\mu$ の場合には E_1 の符号が変わる．つまり位相が π ずれる)．

第6章

6.1 中心軸から r のところに入射した光は，面の法線に対し角度 $\theta = r/R$ 傾いている．屈折の法則から

$$\frac{\sin\theta}{\sin\theta'} = n$$

角度の変化 $\theta - \theta'$ は，$\theta,\ \theta'$ が小さいとして $\sin\theta \simeq \theta$，$\sin\theta' \simeq \theta'$ とすると

$$\theta - \theta' = \theta(n-1)$$

レンズから出るときもほぼ同じ変化があるので，レンズから出たときの角度の変化は $2\theta(n-1)$．ゆえに集光するところは

$$f = \frac{r}{\Delta\theta} = \frac{R}{2(n-1)}$$

となり r に依らない．この f は焦点距離である．

$$n = \frac{R}{2f} + 1$$

$n = 1.5$ である．

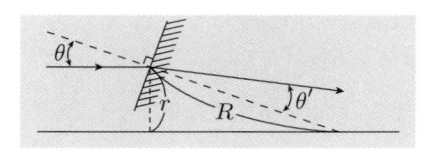

6.2 $\sin\theta = \dfrac{\lambda}{d} = 0.7$ より

$$\theta = \sin^{-1} 0.7 \fallingdotseq 44.4°$$

6.3 膜で直接反射した光と膜内で反射した光の光路はそれぞれ

$$2d\tan\theta' \cdot \sin\theta \times k$$

$$\frac{2d}{\cos\theta'} \times nk - \pi$$

であるが，光路差は

$$2d\tan\theta' \cdot \sin\theta \times k + \pi - \frac{2dkn}{\cos\theta'} = 2m\pi \quad (m \text{ は整数})$$

$\sin\theta = n\sin\theta'$ などを用いて整理すると

$$\pi - 2dk\sqrt{n^2 - \sin^2\theta} = 2m\pi$$

あるいは

$$\sin\theta = \sqrt{n^2 - \left(\frac{\lambda}{2d}\right)^2 \left(m - \frac{1}{2}\right)^2}$$

ただし $\dfrac{2\pi}{k} = \lambda$ （波長）

6.4 入射光 (I), 反射光 (R), 透過光 (T) の波動をそれぞれ

$$A_0 \sin(ks - \omega t), \quad R_0 \sin(ks' - \omega t + \delta), \quad T_0 \sin(k's'' - \omega t)$$

とする (ここで s は進行方向に沿っての長さ). 境界条件は上半面の波動を φ_0, 下半面の波動を φ_1 とすると

$$\begin{cases} \varphi_0(x,0,t) = \varphi_1(x,0,t) \\ \dfrac{\partial \varphi_0}{\partial y}(x,y,t)\bigg|_{y=0} = \dfrac{\partial \varphi_1}{\partial y}(x,y,t)\bigg|_{y=0} \end{cases}$$

であるので, $ks = \sin\theta \cdot x + \cos\theta \cdot y$, $ks' = \sin\theta \cdot x - \cos\theta \cdot y$, $k's'' = \sin\theta' \cdot x + \cos\theta' \cdot y$ を用いて S 偏光では

$$\begin{cases} A_0^S + R_0^S \cos\delta = T_0^S \\ \cos\theta(A_0^S - R_0^S \cos\delta) = n\cos\theta' \cdot T_0^S \end{cases}$$

P 偏光では振幅の境界に垂直な成分と平行な成分について別々に考える必要がある. 平行な成分については S 偏光と同じである.

$$\begin{cases} A_0^P \cos\theta + R_0^P \cos\theta \cos\delta = T_0 \cos\theta' \\ \cos^2\theta(A_0^P - R_0^P \cos\delta) = n\cos^2\theta' T_0^P \end{cases}$$

垂直成分については境界面に平行に伝搬するので, y 方向の微分は考えなくてよく

$$A_0^P \sin\theta - R_0^P \sin\theta \cos\delta = T_0^P \sin\theta'$$

が条件となる.

 これらを整理すると S 偏光の場合に $\tan\theta = n$ の場合に反射波の振幅が 0 となることがわかる. この角度がブリュースター角 (6.44) である.

第 7 章

7.1 $TV^{\gamma-1}$ ($\gamma = (C_V + R)/C_V$), R：気体定数) が一定であるので

$$300 V^{\gamma-1} = T\left(\frac{V}{2}\right)^{\gamma-1}$$

$$T = 300 \times 2^{\gamma-1}$$

$\gamma = \dfrac{7}{5}$ とすると $T = 300 \times 2^{2/5} \fallingdotseq 396$ と非常に高温 (123℃) になる.

7.2 p.188 の ⑧ より

$$\left(\frac{\partial V}{\partial P}\right)_S = \left(\frac{\partial V}{\partial P}\right)_T + \left(\frac{\partial V}{\partial T}\right)_P \left(\frac{\partial T}{\partial P}\right)_S$$

$$\left(\frac{\partial V}{\partial P}\right)_S \bigg/ \left(\frac{\partial V}{\partial P}\right)_T = 1 + \left(\frac{\partial V}{\partial T}\right)_P \left(\frac{\partial T}{\partial P}\right)_S \left(\frac{\partial P}{\partial V}\right)_T$$

P.188 の ⑩ より

$$= 1 - \left(\frac{\partial T}{\partial P}\right)_S \left(\frac{\partial P}{\partial T}\right)_V$$

一方

$$\left(\frac{\partial S}{\partial T}\right)_V = \left(\frac{\partial S}{\partial T}\right)_P + \left(\frac{\partial S}{\partial P}\right)_T \left(\frac{\partial P}{\partial T}\right)_V$$

$$\left(\frac{\partial S}{\partial T}\right)_V \bigg/ \left(\frac{\partial S}{\partial T}\right)_P = 1 + \left(\frac{\partial S}{\partial P}\right)_T \left(\frac{\partial P}{\partial T}\right)_V \left(\frac{\partial T}{\partial S}\right)_P = 1 - \left(\frac{\partial P}{\partial T}\right)_V \left(\frac{\partial T}{\partial P}\right)_S$$

ゆえに $\dfrac{K_S}{K_T} = \dfrac{C_V}{C_P}$ である.

7.3 (7.45) を積分したものである. 系の温度を T_1, 熱浴の温度を T_2 とすると $\Delta Q > 0$ のためには $T_1 < T_2$, $\Delta Q < 0$ では $T_2 < T_1$, いずれにしても, このとき

$$\frac{\Delta Q}{T_1} > \frac{\Delta Q}{T_2}$$

エントロピーは状態量であるから

$$\oint \frac{\Delta Q}{T_1} = 0 \geq \oint \frac{\Delta Q}{T_2}$$

7.4 エネルギー方程式 p.192 の ④ より

$$\left(\frac{\partial C_V}{\partial V}\right)_T = \frac{\partial^2 U}{\partial V \partial T} = \frac{\partial}{\partial T}\left\{T\left(\frac{\partial P}{\partial T}\right)_V - P\right\}$$

$$P = \frac{RT}{V-b} - \frac{a}{V^2}$$

を代入すると, これは 0 となる. ゆえに C_V は T だけの関数である. この量はファンデアワールス方程式からは決められないので

$$C_V = C_V(T)$$

とする. このとき

$$dU = \left(\frac{\partial U}{\partial T}\right)_V dT + \left(T\left(\frac{\partial P}{\partial T}\right)_V - P\right) dV = C_V dT + \frac{a}{V^2} dV$$

より

$$U = \int^T C_V dT - \frac{a}{V} + U_0$$

また

$$dS = \frac{1}{T} dU + \frac{PdV}{T}$$

より

$$S = \int \frac{C_V}{T} dT + R \log(V-b) + S_0$$

である.

索 引

あ 行

アイソトープ　247
アインシュタインの略記法　90
圧縮流体　99
圧力　80
アハラノフ・ボーム効果　143
アルキメデスの原理　92
アルファ崩壊　248
アンペア　126
アンペールの法則　133

位相　112
位置　12
一次相転移　208
位置のエネルギー　33
位置ベクトル　12
糸のたるみ　29
陰極線　126
インダクタンス　152

ウェーバー　140
渦　102
ウロボロスの図　10
運動エネルギー　32
運動の法則　19
運動量　30
運動量保存　31

エアコン　196
エーテル問題　213
エネルギー　33
エネルギー共鳴　42
エネルギー方程式　198
エネルギー保存則　33
遠心力　49, 61, 63
遠心力ポテンシャル　51
エンタルピー　194
円筒座標　47
エントロピー　186, 190, 191

オイラーの関係　24, 25
オイラーの微分　97
オイラーの方程式
　　　　　(剛体の運動)　74
オイラー方程式 (流体)　100
応力　80, 81
応力テンソル　81
凹レンズ　170
オームの法則　152
オンサーガーの相反定理　224
音速　116
温度　182, 189

か 行

回折現象　171
回折　171
回折格子　174
回転座標系　58
回転テンソル　84
解の重ね合わせ　23
開放端　113
ガウスの定理　130
ガウスの法則　129, 130
カオス　235
化学ポテンシャル　191
鏡　169
可逆　187
角運動量の保存　50
拡散方程式　227
核子　247
角振動数　111
角速度ベクトル　59
確率分布　225
確率論　237
過減衰　38
加速度　7, 15
過度　102
過飽和状態　207

ガリレイの相対性原理　212
ガリレイ変換　212
カルノーサイクル　187
カルマンの渦列　103
カロリー　8, 182
換算質量　44, 45
干渉現象　172
干渉縞　174
慣性運動　19
慣性系　57
慣性質量　18
慣性主軸　73
慣性テンソル　73
慣性の法則　19
慣性モーメント　68, 72
完全非弾性衝突　251
完全流体　94
カントール集合　242
ガンマ崩壊　248

幾何光学　166
軌道　52
軌道が不安定　235
ギブス，デュエムの関係　194
ギブスのアンサンブル理論　223
ギブスの自由エネルギー　193
境界条件　113
強磁性　139
強制振動　39
共鳴　41
極座標　45
虚像　169
霧箱　207
キルヒホッフの法則　156
キログラム原器　6
1kg重 (キログラム重)　7

クーラー　196
クーロン　8

クーロンゲージ　143
クーロン力　126, 127
クエット (Couette) 流　93
クォーク　250
屈折　166
屈折率　151
久保理論　224
クラウジウスの原理　186
グラディエント　43
クラペイロン・クラウジウスの関係　208

ゲージボゾン　250
ケーターの可逆振り子　72
ケプラーの第1法則　51
ケプラーの第2法則　50
ケプラーの第3法則　55
ケプラーの法則　54
原子番号　246
減衰振動　37
原理　3

光線　166
光速が一定　213
剛体　67
剛体の回転　73
剛体振り子　69
光電効果　221
勾配　43
光量子　221
黒体輻射　219
コッホ (Koch) 曲線　241
固定端　113
固定点　238
コリオリの力　60, 61
コロッサル磁性体　246
混合のエントロピー　204
コンデンサー　132
コンプトン散乱　221

さ 行

サイクル　185
サイクルの仕事効率　188
座標　12
作用反作用の法則　20
散逸　35
散逸構造　230
散逸力　36
三重点　207
三体問題　235
散乱断面積　56

磁化　128
磁荷　128

時間　4
時間のおくれ　216
式　2
自己インダクタンス　154
自己相似　241
仕事　7, 32
自然単位系　9
磁束　140
磁束線　142
磁束密度　139, 141
実像　169
質量　5, 18
質量数　246
磁場　133
斜方投射　16
自由回転　74
周期　26
周期境界条件　114
周期倍化　239
周期表　244
重心　69
自由膨張　201
重力　18, 66
重力質量　18
ジュール　7, 182
ジュール・トムソン過程　202
ジュール・トムソン係数　203
ジュール熱　154
ジュールの法則　199
主慣性モーメント　73
シュレディンガーの猫　218
循環　103
瞬間的な速度　14
衝撃波　119
常磁性　139
状態方程式　191
状態量　183
初期位置　21
初期条件　20, 21
初期速度　21
磁力線　142
真空の誘電率　127

水平投射　16
酔歩　224
ストークス近似　104
ストークスの法則　36, 130, 147
ストレンジアトラクター　240
スネル (Snell) の法則　167, 178
スピノーダル点　207
ずり応力　93

静止エネルギー　217

静止質量　217
静止摩擦力　34
静水圧　85, 92
静電ポテンシャル　131
静電誘導　136
ゼーベック効果　224
絶対温度　189
遷移確率　225
遷移元素　245
線形　23
線形安定性　233
線形応答理論　224
せん断応力　80
潜熱　208
全反射　168, 178
相互インダクタンス　154
相対屈折率　167
相対性原理　212
相対変位テンソル　83
相転移　204
速度　5, 13, 14
ソレノイド　135

た 行

第一宇宙速度　252
対応状態　205
ダイオード　161
大気圧　91
第二宇宙速度　252
台風の渦　64
楕円関数　29
縦波　90, 109, 114
ダランベールの原理　58
単位ベクトル　12
弾性エネルギー　86
弾性衝突　251
弾性テンソル　85
弾性波　89
炭素年代測定法　249
断熱過程　187
断熱膨張　200
単振り子　26

力　6, 18
力のモーメント　68
中間子　247
中心力　45
中性子　247
超伝導現象　222
超流動現象　222
直交座標系　12

定圧熱容量　199

抵抗　152
定在波　112
定常流　223
定積熱容量　199
デカルト座標　12
デシベル　117
テスラ　141
電位　131
電荷　8, 126
電気感受率　138
電気容量　132, 152, 155
電気力線　129
典型元素　245
電子　246
電磁波　150
電磁誘導　146
電束電流　139
電束密度　138
伝導体　138
電場　128

等温過程　187
等温膨張　200
等時性　28
等重率の原理　222
同位体　247
同素体　244
動粘性率　94
特解　40
特殊相対性原理　213
特徴的な長さがない　243
独立変数　191
突沸　207
ドップラー効果　118
トムソンの原理　186
トランジスタ　162
トリチェリーの定理　102
トルク　68

な　行

内部エネルギー　184
内力　31
ナヴィエ・ストークス方程式　98, 99
ナヴィエの方程式　89
長さ　4
投げ上げ　16
投げ下ろし　16
虹　168
ニュートリノ　250
ニュートン　6
ニュートンの運動方程式　18
ニュートンの粘性法則　94

ニュートンリング　175
ねじり秤り　105
熱　182
熱素　182
熱伝導　228
熱の仕事当量　183
熱平衡状態　183
熱容量　199
熱力学第 0 法則　183
熱力学第 1 法則　184
熱力学第 2 法則　186
熱力学的に不安定　206
熱力学の基礎方程式　191
熱力学ポテンシャル　192
粘性率　94

は　行

場　108
バイコネ変換　236
波数　111
パスカルの原理　92
発振回路　158
波動関数　176
波動光学　171
ハドロン　250
ばね　22
速さ　5
バリオン　249
反強磁性　139
半減期　249
反磁性　139
反磁場　144
反射　166
反射の法則　167
半値幅　42
半導体　161
反発係数　251
万有引力　42
万有引力定数　42

非圧縮流体　99
ヒートポンプ　196
ビオ・サバールの法則　134
光　151
非慣性系　57
ピストン　184
ひずみ　82
ひずみテンソル　83
非同次線形方程式　40
ピトー管　102
微分形式　130
微分方程式　22
標準理論　250

ファラデーの法則　147
ファンデアワールス状態方程式　204
フーコーの振り子　65
フーリエ級数展開　120, 122
フォッカープランク (Fokker-Planck) 方程式　228
不確定性原理　218, 219
複素インピーダンス　161
フックの法則　22
普遍測度　236
フラクタル　241
フラクタル次元　242
ブラッセルモデル　232
プランク定数　221
プランクの輻射式　221
プリズム　168
ブリュースター角　179
分極　136
分散　168, 227
分散関係　111

平均的な速度　14
平行四辺形の法則　13
平衡の条件　197
ベータ崩壊　248
ベクトル　12
ベクトル解析　130
ベクトル積の公式　150
ベクトル積の微分　150
ベクトルの外積　58, 60
ベクトルのスカラー三重積　61
ベクトルポテンシャル　142, 143
ベナール (Bénard) 不安定性　232
ペルティエ効果　224
ベルヌーイの定理　101
ヘルムホルツの
　　自由エネルギー　193
変圧器　155
変位電流　139
偏光　178
偏微分　192
ポアズイユ (Poisuille) 流　94
ポアソンの関係　201
ポアソン比　87
ホイヘンスの原理　171
ボイル・シャルルの法則　198
崩壊率　249
放射線　248
ホール効果　145
保存力　33
ボルツマンの原理　222

索　引

ボルツマンの定数　220

ま 行

マイスナー効果　139
マイヤーの関係　199
マクスウェルの関係　194
マクスウェルの方程式　148
摩擦　34
動摩擦力　34
マスター方程式　225

みかけの重力　66
見かけの力　58

メートル原器　4
メゾン　250
面積速度　50

や 行

ヤング率　87

誘電分極　137
誘電率　138
輸送現象　223

陽子　246
横波　90, 109

ら 行

ラグランジュ微分　97, 98
ラザファードの実験　55
落下　16
ラメの弾性定数　86
ランダムウォーク　224
乱流　103

リアプノフ数　236
力積　31
リミットサイクル　239
流線型　102
量子光学　179
量子力学　218
臨界温度　206
臨界減衰　38
臨界点　206

ルジャンドル変換　193

レイノルズ数　94, 100
レイノルズの相似法則　100
レイリージーンズの輻射式　220
レーザー　179
レート方程式　231

レプトン　250
レンズ　169
ローレンツゲージ　143
ローレンツ収縮　215
ローレンツ変換　149, 213, 216
ローレンツ力　144, 145
ロジスティックマップ　237
ロトカ・ヴォルテラモデル　230

わ 行

惑星の運動　42
ワット　154

欧 字

C　8
cal　8
div　130
grad　131
J　7
MKSA 単位系　8
N　6
n 型半導体　161
p 型半導体　161
Q 値　42
rot　130

著者略歴

宮下 精二
（みやした せいじ）

1976年　東京大学理学部物理学科卒業
1981年　東京大学大学院博士課程修了
　　　　理学博士
同　年　東京大学理学部助手
1988年　京都大学教養学部助教授
1992年　京都大学大学院人間・環境学研究科助教授
1995年　大阪大学理学部教授
1996年　大阪大学大学院理学研究科教授
現　在　東京大学大学院工学系研究科教授

主要著書
熱・統計力学（培風館）
熱力学の基礎（サイエンス社）
解析力学（裳華房）
数値計算（朝倉書店）
相転移・臨界現象（岩波書店）
21世紀、物理はどう変わるか（裳華房）

新・数理科学ライブラリ [物理学] ＝ 1
物理学入門

2003年12月10日　ⓒ　　　　初　版　発　行

著　者　宮下精二　　　発行者　森平勇三
　　　　　　　　　　　印刷者　中澤貞雄
　　　　　　　　　　　製本者　関川　弘

発行所　　株式会社　サイエンス社

〒151-0051　東京都渋谷区千駄ヶ谷1丁目3番25号
〔営業〕（03）5474-8500（代）　振替　00170-7-2387
〔編集〕（03）5474-8600（代）　FAX（03）5474-8900

組版　ビーカム
印刷　（株）シナノ　　製本　（株）関川製本所
《検印省略》

本書の内容を無断で複写複製することは、著作者および出版者
の権利を侵害することがありますので、その場合にはあらかじ
め小社あて許諾をお求め下さい。

ISBN4-7819-1047-5
PRINTED IN JAPAN

サイエンス社のホームページのご案内
http://www.saiensu.co.jp
ご意見・ご要望は
rikei@saiensu.co.jp　まで